安徽省哲学社会科学规划青年项目：人工智能时代国家治理面临的机遇与风险研究（AHSKQ2019D126）研究成果

U0148156

人工智能时代的治道变革

陈　鹏◎著

安徽师范大学出版社
ANHUI NORMAL UNIVERSITY PRESS
· 芜湖 ·

图书在版编目(CIP)数据

人工智能时代的治道变革 / 陈鹏著 .— 芜湖 : 安徽师范大学出版社,2022.12(2023.10重印)
ISBN 978-7-5676-5202-6

Ⅰ.①人… Ⅱ.①陈… Ⅲ.①人工智能—研究 Ⅳ.①TP18

中国版本图书馆CIP数据核字(2021)第229964号

人工智能时代的治道变革

陈 鹏◎著

责任编辑:李晴晴　　　　　责任校对:刘　翠
装帧设计:张　玲　汤彬彬　责任印制:桑国磊
出版发行:安徽师范大学出版社
　　　　　芜湖市北京东路1号安徽师范大学赭山校区

网　　　址:http://www.ahnupress.com/
发 行 部:0553-3883578　5910327　5910310(传真)
印　　　刷:江苏凤凰数码印务有限公司
版　　　次:2022年12月第1版
印　　　次:2023年10月第2次印刷
规　　　格:700 mm×1000 mm　1/16
印　　　张:18
字　　　数:270千字
书　　　号:ISBN 978-7-5676-5202-6
定　　　价:66.00元

凡发现图书有质量问题,请与我社联系(联系电话:0553-5910315)

目　录

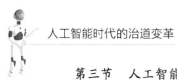

绪　论

第一节　研究的缘起

20世纪50年代，英国的阿兰·图灵提出了判断机器是否具备智能的测试方法，即著名的"图灵测试"。"图灵测试"的提出被视为人工智能出现的标志。此后，有关人工智能的研究开始日益兴盛。进入21世纪以后，伴随着大数据时代的到来和人工智能深度学习算法取得的重大突破，人工智能技术的发展取得了巨大成就，呈现出深度学习、跨界融合、人机协同、群智开放、自主操控等新特征，人工智能技术的应用场景不断拓展，应用程度也随之不断加深。2018年1月18日，由国家标准化管理委员会工业二部指导发布的中国《人工智能标准化白皮书（2018版）》认为，人工智能是利用数字计算机或其控制的机器模拟、延伸和扩展人的智能，感知环境、获取知识并使用知识获得最佳结果的理论、方法、技术及应用系统。2018年10月31日，中共中央政治局就人工智能发展现状和趋势问题举行了第九次集体学习。习近平总书记在此次集体学习的讲话中指出，加快发展新一代人工智能是我们赢得全球科技竞争主动权的重要战略抓手，是推动我国科技跨越发展、产业优化升级、生产力整体跃升的重要战略资源。要加强人工智能同社会治理的结合，开发适用于政府服务和决策的人工智能系统，加强政务信息资源整合和公共需求精准预测，推进智慧城市建设，促进人工智能在公共安全领域的深度应用，加强生态领域人工智能运用,运用人工智能提高公共服务和社会治理水平。要加强人工智能发展的潜在风险研判和防范,维护人民利益和国家安全,确保人工智能安全、可靠、可控①。

关于人工智能技术的发展及其应用问题的研究,从严格意义上来说属于自然科学研究的范畴。作为人文社科领域的学者,虽然我们可能对人工智能技术本身及其发展历程较为生疏,但我们应对人工智能技术在发展和应用过程中所引发的政治、经济、社会等问题予以高度的关注,并要针对人工智能技术在经济社会发展、国家治理和全球治理中可能引发的风险提出相应的对策。这些方面的研究不仅有利于人文和社会科学领域的学者拓展自身的研究空间,更是人文和社科领域学者的学术使命和职责所在。目前,人工智能技术的快速发展及其应用场景的不断拓展,正在对经济社会发展、公共安全、治理规则、治理形态、治理秩序和治理格局等产生重大而深远的影响。同时,人工智能技术的应用,也引发诸多哲学、伦理、道德和法律等层面的治理难题。这些治理风险和治理难题的出现,催生出对现有治理之道进行变革的需求。具体来说,伴随人工智能技术的快速发展及其应用场景的不断拓展和应用程度的不断加深,人工智能对现有的经济社会发展、国家治理和全球治理产生的深刻影响,以及由其引发的治理风险主要表现在以下几个方面。

1.有关人工智能存在属性和主体资格的思考

伴随大数据时代的到来、人工智能深度学习算法取得重大突破和云计算技术日渐成熟,现有的人工智能正逐步向强人工智能发展。也许在不远的将来,一个拥有自主意识的、与人类并存的智能物种将会出现。拥有自主意识的人工智能的出现,在科技发展史上也许是一个划时代的成就,但其也会在哲学、伦理、法律和道德等层面引发一系列的治理难题。例如,人工智能会成为和人类一样的具有能动性和思维的主体吗?人工智能会有情感吗?有情感的人工智能之间及人工智能与人类之间会产生感情吗?人

---

① 习近平主持中共中央政治局第九次集体学习并讲话[EB/OL].(2018-10-31)[2019-10-02]. http://www.gov.cn/xinwen/2018-10/31/content_5336251.htm.

工智能能被赋予独立的人格权吗？赋予人工智能以独立的人格权将会面临哪些法律上的困境？如果赋予人工智能以独立的人格权是否会引发道德上的风险？等等。诸如此类的问题需要我们从哲学、伦理、法律和道德等视角来加以认真地审视，并采取相应的治理之道来化解可能面临的治理风险。

2. 人工智能技术对现有的就业格局和金融、医疗等行业的影响

人工智能技术的出现及深度应用，可以使得很多原本需要由人类亲自去完成的工作交由人工智能来完成，且完成的精准性更高，进而使人类得以从许多繁重的体力劳动中解放出来。但是，人工智能对人类的部分替代，会使得那些知识和技能相对匮乏的初级劳动者面临失业的风险，并由此引发一定的社会问题和治理风险。同时，人工智能技术的深度应用，也对很多行业产生了深刻的影响，例如金融行业和医疗行业。在金融领域，人工智能技术不断提高金融行业的智能化水平，推动智能金融逐渐成为现实，却也使得金融行业面临的治理风险不断增大。而人工智能技术在医疗行业的深度应用，能够推动检查、诊断、治疗、护理和康复等医疗环节的智能化和精准化水平不断提升，但易引发医疗事故中的责任认定难和患者信息被不当采集利用等治理难题。

3. 人工智能技术对司法领域产生的深刻影响

司法领域工作的专业性和技术性很强，案件材料的整理、证据的搜集和分类、司法文书的撰写、犯罪情节和犯罪事实的认定、审判活动的开展、法律条文的适用性判断和司法文书的传递等环节都需要司法领域的工作人员认真细致地处理。人工智能技术在司法领域的深度应用，为司法领域中案件材料的整理、证据的搜集和分类、犯罪情节和犯罪事实的认定和法律条文的适用等许多环节的工作提供了辅助，智能司法正一步步变为现实。但与此同时，人工智能技术在司法领域中的深度应用，也引发了智能技术辅助下的司法工作的责任主体难以认定、法官在案件审理中对人工智能技术的深度依赖等问题，智能司法的推进面临很多的现实困境和治理风险。

4.人工智能技术的快速发展及其深度应用对公共安全产生的影响

公共安全风险是当前人类面临的诸多风险之一。为了有效应对公共安全领域存在的各种风险，我们需要借助先进的科技手段来提高公共安全领域的治理绩效。近些年来，伴随人工智能技术的出现和快速发展，公共安全治理格局正发生着激烈的变革，人类应对公共安全风险的技术手段不断增多，公共安全治理效能得到较为明显的提升。但是，人工智能技术是一把"双刃剑"，我们在看到人工智能技术在防控公共安全风险和提高公共安全治理绩效等方面所发挥的积极作用的同时，也要注意到人工智能技术的深度应用使得人类在传统公共安全风险的基础上，又面临着个人隐私泄露、突发性公共安全风险增多等新的安全隐患，未来人类社会的公共安全治理中的不可控制性将大为增加，现有的公共安全治理格局也面临着深刻的变革。

5.人工智能时代国家治理规则发生的深刻变化

技术规范和法律规范都是调节社会关系的手段。大数据的出现、云计算技术的日渐成熟和深度学习算法的重大突破，推动着人工智能时代的到来，算法在约束个体行为和调节社会关系等方面的作用日渐凸显，算法的法律化趋势不断强化，算法代码正不断地挤压法律规范的运行空间。但在人工智能时代，算法治理社会的乌托邦不会实现，法律也不会死亡。伴随算法的法律化趋势与法律的算法化进程，算法与法律并行应是人工智能时代国家治理规范的发展趋势。

6.数据成为人工智能时代非常重要的治理资源

物联网的兴起和移动互联时代的到来，加速了人类生产方式和生活方式的变革，人类社会日渐呈现出数据化的存在状态，大数据时代正悄然来临。同时，人工智能深度学习算法取得的重大突破及其应用场景的不断拓展，使得作为人工智能基石之一的数据的价值得到有效提升，数据资源的地位得以不断凸显，以数据处理和分析的结果为依据来识别问题、分析问题和解决问题正逐渐成为政府、企业和社会组织决策和行为的路径依赖，数据成为人工智能时代非常重要的治理资源。资本可以凭借其在数据资源的获取、存储、处理和分析上的技术优势，通过实施数据歧视、数据欺诈、数据黑箱、数据霸权等手段来重塑资本与社会、资本与国家的关系，使得传统的以政府为核心的国家治理体系和以主权国家为主导的全球治理格局发生着深刻的变化。为此，我们在积极推动数据技术发展、深度挖掘数据价值为国家治理水平和能力提升服务的同时，也需要对数据的掌握者和使用者进行有效的管控，以确保数据技术的发展应用与全球治理秩序的安全稳定实现有效的平衡。

7.人工智能时代算法技术的权力特性日渐凸显

国家是人类社会发展到一定历史阶段的产物，实现国家和社会的有序治理是政治权力配置和运行的基本目标。长期以来，政府在国家治理体系中一直居于重要地位。伴随移动互联技术的快速发展、大数据的兴起和人工智能技术的日渐成熟，人类的交往方式和生存形式发生着剧烈变革，我们正步入算法时代。算法时代的到来，使得深度学习算法在国家治理和社会治理中的应用场景不断拓展，正在对延续千年之久的由政府权力主导的国家治理格局产生重大影响，一种与政府权力并行的权力形式——算法权力正迅速崛起。算法的应用虽然在很大程度上推动着国家治理体系的渐趋完善和治理能力的不断提升，但也给政府在国家治理体系中的中心地位带来强烈的冲击，拥有算法和数据优势的巨型企业有成为"超级政府"的可能。如何利用好权力的算法来规约算法的权力，已经成为算法时代国家治理必须要面对的现实问题。

8.人工智能技术的深度应用对公共政策议程产生的深刻影响

公共政策是政府实施治理的重要手段。政策问题识别得是否精准和政策方案制定得是否科学，直接关系到政策制定主体所制定的公共政策在治理实践中成效的发挥。人工智能技术在公共政策议程中的深度应用，会使政策制定主体对政策问题的界定更加准确、公共政策方案的制定更加科学、公共政策制定流程得以不断优化、公共政策的质量不断提升。但同时，人工智能技术在公共政策议程中嵌入程度的不断加深，易诱发公共政策制定、风险承担和责任认定等方面的道德风险，数据化、智能化决策也会导致在公共政策制定和执行环节技术理性对价值理性的强势，公共政策的公共性因此逐渐旁落，部分公共政策制定主体将陷入对人工智能技术的深度依赖。

9.人工智能技术对全球治理格局产生的深刻影响

习近平总书记在党的十九大报告中强调，我们生活的世界充满希望，也充满挑战。我们不能因现实复杂而放弃梦想，不能因理想遥远而放弃追求。没有哪个国家能够独自应对人类面临的各种挑战，也没有哪个国家能够退回到自我封闭的孤岛。人工智能时代的到来，给全球治理体系和全球治理格局带来了很大的冲击，引发了我们对大型企业的数据霸权和算法独裁，以及人工智能技术发展到一定阶段后可能产生的危及全球治理体系和人类命运的技术风险等问题的担忧。

习近平总书记在中共中央政治局就人工智能发展现状和趋势举行的第九次集体学习的讲话中指出，要加强人工智能相关法律、伦理、社会问题研究，建立健全保障人工智能健康发展的法律法规、制度体系、伦理道德。同时，各级领导干部要努力学习科技前沿知识，把握人工智能发展规律和特点，加强统筹协调，加大政策支持，形成工作合力①。因此，我们在感受人工智能的应用给人类生活和社会生产带来巨大便利的同时，也要清醒地看到人工智能技术在应用过程中可能引发的治理难题和治理风险，特别是对治理规则、治理形态、治理秩序和治理格局所带来的深刻变革。对于这些治理风险和治理难题，我们要冷静地思考应对之道，通过推动治理理念、治理手段、治理方式、治理规则等方面的变革和建立健全相关法律法规、制度来实现人工智能时代的治道变革。

---

① 习近平主持中共中央政治局第九次集体学习并讲话[EB/OL].(2018-10-31)[2019-10-06].http://www.gov.cn/xinwen/2018-10/31/content_5336251.htm.

第二节　本书的研究思路和基本框架

本书以人工智能的存在属性及其在经济社会发展、国家治理、全球治理中的深度应用所产生的积极作用和由其引发的治理风险为研究对象，论述了对现有的治理之道进行变革的必要性，并尝试提出相应的治理对策，以期实现在利用人工智能推动经济社会发展质量和国家治理能力不断提升的同时，有效化解人工智能在应用过程中所引发的治理风险的目的。本书首先在对人工智能的基本内涵、类型、构成要素和世界各主要国家的人工智能政策进行阐述的基础上，从哲学、伦理、道德和法律四个维度对人工智能的存在属性进行了论述，然后对人工智能时代的就业、金融、医疗、司法和公共安全治理所面临的深刻变革及其治理之道进行论述，最后对人工智能深度应用于国家治理中所引发的治理规则、治理形态、治理秩序和治理格局等方面的深刻变革进行论述，并提出相应的变革之道。

本书内容主要分为三个部分：第一部分是对人工智能及其存在属性的思考，第二部分是对人工智能时代的就业、金融、医疗、司法和公共安全治理所面临的深刻变革及其治理之道进行的论述，第三部分是对人工智能在国家治理中的深度应用所引发的治理规则、治理形态、治理秩序、治理格局等方面的深刻变革及其治理之道进行的论述。其中，第一部分包括第一章、第二章和第三章，该部分在对人工智能的基本内涵、类型、构成要素和世界各主要国家的人工智能政策进行阐述的基础上，从哲学、伦理、道德和法律四个维度对人工智能的存在属性进行了论述。第二部分包括第四章、第五章和第六章，该部分主要对人工智能在经济社会发展中的深度应用所产生的积极作用和由其引发的治理风险进行论述，如人工智能时代的就业问题，人工智能在金融、医疗和司法等领域深度应用所产生的积极作用及其引发的治理风险，并对人工智能时代的公共安全治理所面临的机遇和风险进行了探究。第三部分包括第七章、第八章、第九章、第十章和

第十一章，该部分对人工智能在国家治理中的深度应用所引发的治理规则、治理形态、治理秩序和治理格局等方面的深刻变革进行了论述，并提出了相应的变革之道。同时，该部分还对如何构建人工智能时代的人类命运共同体问题进行了论述。具体来说，本书的框架结构如下。

第一章，人工智能时代的到来。人工智能概念起源于20世纪50年代，经过多年的发展，在21世纪初取得了重大突破。人工智能作为人类设计出的一种智能形态，数据、算法和算力是其三大构成要素。依据人工智能智能化程度的不同，可以将其分为弱人工智能、强人工智能和超人工智能三种类型。目前，包括中国在内的世界很多国家都在积极推动人工智能技术的发展并不断拓展其应用场景，人工智能方面的相关法律、法规和政策规划等陆续出台，人工智能时代正悄然来临。

第二章，人工智能存在属性的哲学审视和伦理关照。人工智能机器学习功能的不断强化，特别是深度学习算法技术所取得的重大突破，使得人工智能开始具备脱离人类设计的程序指令进行自主决策和行为的能力，人工智能的"意识"也由此开始逐渐产生，这对传统的哲学基本问题和伦理规范带来一定程度的冲击。随着人工智能的发展，对人工智能的存在属性、存在意义及其可能会给人类社会带来的哲学难题和伦理困境等进行探究就显得非常必要。人工智能带来的哲学难题和伦理困境主要包括人工智能的主体性如何确认；如果确认了人工智能的主体性，那么人工智能的性别、情感、婚姻和使用过程中所产生的伦理问题我们又将该如何面对；等等。对此，笔者认为需要将"人是人工智能的尺度"作为基本准则。

第三章，人工智能人格权确认的道德风险和法律困境。伴随人工智能时代的到来，人工智能的人格权如何确认已成为法学界无法回避的现实问题。目前，学界对人工智能人格权的研究集中于伦理、哲学和法律三重维度，但伦理视角和哲学维度的探讨终归还是要落实到法律层面的实践，并要考虑可能引发的道德风险。在道德层面，由人类来赋予人工智能人格权，可能危及未来人类的生存状态。在法律方面，人工智能人格权的获取，需要以生命权为前提，以能自由表达意志、独立开展民事行为和承担民事责任等为基本条件。现阶段人工智能人格权的确认面临一定的法理困境和诸多法律适用难题。人工是智能的前提，人工智能人格权确认面临的法律困境及其可能带来的巨大道德风险，使得我们在人工智能人格权的赋予上应持谨慎态度。

第四章，人工智能时代的就业、金融和医疗。人工智能技术的深度应用，在很多领域和很多环节上初步完成了对人的替代，如智能金融和智能医疗等正逐步成为现实。人工智能在生产领域的深度应用，有利于降低人类的劳动强度，将人类从繁重的体力劳动和部分脑力劳动中解脱出来，有利于实现人的自由而全面的发展。但同时，人工智能对人的大规模替代，也极易引发失业等社会问题，进而影响社会稳定。并且，如果完全实现了人工智能对人类的替代，人类可能会面临被人工智能管理的局面，从而失去存在的基本意义，这也会造成人类的体能和智能在无所事事的状态下日渐退化，人类将面临被终结的可能。

第五章，人工智能时代的司法。随着人工智能技术的快速发展，司法领域与人工智能的融合不断加速，智能司法时代加速到来。与此同时，人工智能在司法领域的深度应用也带来了一系列问题，诸如人工智能可能取代法官成为司法审判的主体，算法独裁的可能性日渐增大，如何区分和界定人工智能在司法实践中引发的责任，人工智能犯罪该如何处理等。对此，一方面，相关部门要进一步强化人工智能与司法实践融合的力度，有效提升智能司法的水平和质量；另一方面，我们也要保证人类在人工智能时代司法领域的主导权，将人工智能的作用限定在提供程序性、标准化的法律服务和辅助司法审判的范围之内。

第六章，人工智能时代的公共安全。随着人工智能技术的出现和发展，人类应对公共安全治理风险的技术手段不断增多，公共安全治理效能不断提升。但我们也要注意到，人工智能在对公共安全治理产生积极影响的同时，也增加了新的安全隐患，使得公共安全治理的难度不断加大，不可控性大增。

第七章，人工智能时代治理规则的变化：在算法与法律之间。技术规范和法律规范都是调节社会关系的手段。大数据的出现、云计算技术的日渐成熟和深度学习算法的重大突破，推动着人工智能时代的到来，算法在约束个体行为和调节社会关系等方面的作用日渐凸显，算法的法律化趋势不断强化，算法代码正不断地"挤占"法律规范的运行空间。数据和算法是算法治理的核心，数据在完整性和真实性上的瑕疵以及算法的不可解释性，使得算法代码不可能在国家治理中实现对法律规范的完全替代。在人工智能时代，算法治理社会的乌托邦不会实现，法律也不会死亡。伴随算法的法律化趋势与法律的算法化进程，算法与法律并行应是人工智能时代国家治理规范的发展趋势。为此，一方面我们要正视算法的法律化趋势，运用法律来规约算法，推动算法技术在国家治理中的深度应用；另一方面，我们也要注意积极利用算法技术推动法律的算法化进程，促进法律规范与算法代码的有机融合，切实提升法治绩效。

第八章，人工智能时代算法权力特性的凸显：算法的权力和权力的算法。伴随人工智能时代的悄然来临，作为人工智能基石之一的算法在政治、经济和社会领域的功能愈发强大，正催生出一种新型的权力形态——算法权力。算法权力是一种技术权力，包含算法本身的权力和数据的权力，算法设计者的意图在很大程度上决定了算法权力运行的结果，算法权力的表面行使者和算法权力的真正拥有者是分离的。算法权力在营造公共舆论、控制政策议程、主导政策执行和影响政策绩效评估结果等方面对政府权力及其主导的治理格局产生很大冲击。对此需要通过设计权力的算法来规约算法的权力，从构建政府主导的算法设计研发机构、建立由政府统计部门和大数据管理机构主导的社会大数据系统、建立透明化的算法运行机制和引入人工智能自我终结机制等方面来防范算法权力的风险。

第九章，人工智能时代的政府治理：适应与转变。人工智能技术的日渐成熟及其在政府治理中的深度应用，加速着智能治理时代的到来。人工智能技术嵌入政府治理进程，有利于有效控制政府规模、提高行政决策质量、优化行政运行流程、推动政府治理精细化、增进政府与公众的互动。但在此过程中也存在一些问题，如科层制的行政组织体制难以有效适应智能化治理的需求，数据壁垒导致数据共享、互联互通存在困难，政府面临人工智能技术开发和应用等方面的瓶颈、技术导向的人工智能治理引发的行政伦理问题，政府面临去中心化的危险等。对此，我们应该积极优化现有政府的组织模式和运行流程、推动数据整合和共享、加大人工智能技术研发和人才储备力度、化解人工智能引发的行政伦理问题等，以实现推动政府治理流程不断优化、治理成本不断降低和治理绩效不断提升的目标。

第十章，人工智能时代的公共政策议程：影响与规约。公共政策是政策制定主体依据一定的价值判断，对其认定的政策问题给出的解答方案。人工智能时代的到来，使得公共政策议程的数据化、电子化、智能化、中立化、去中心化等趋势日益明显。人工智能在公共政策议程中的使用，有利于精准政策问题、降低政策分析成本、提高政策分析质量、有效提升公共政策的科学性。同时，人工智能时代的公共政策议程也面临技术分析和价值考量如何有效平衡、数据霸权态势逐渐呈现、失业等政策问题加剧、决策责任主体认定模糊等困境。针对上述问题，我们需要以明确人工智能的辅助决策地位、维系公共政策的公共性、明确责任主体等方式有效规制互联网企业，确保人工智能时代公共政策议程的规范和有序运行。

第十一章，人工智能时代的全球治理：构建人类命运共同体。人工智能时代的到来，给全球治理体系和全球治理格局带来很大冲击，引发了我们对大型企业数据霸权、算法独裁和人工智能技术发展到一定阶段后可能产生的危及全球治理体系和人类命运的技术风险等问题的担忧。人类只有一个地球，构建公平正义的世界秩序和保障人类的安全是全人类的共同使命和美好期待。在人工智能时代，构建人类数据、技术和命运共同体已经成为世界各国人民的理性选择。

第一章 人工智能时代的到来

　　20世纪80年代，改编自日本TAKARA公司的戴亚克隆和微星系列的动画片《变形金刚》开始风靡全球。近些年来，美国好莱坞公司花费巨资制作的电影版《变形金刚》更是在全球收获了不菲的票房。《变形金刚》所涉及的星体是宇宙中一个远离地球的名为赛博坦的星球，该星球上有一种金属生命体，他们在近百万年的时间内相互搏斗，最终分化成正义的汽车人和邪恶的霸天虎两部分。汽车人和霸天虎在赛博坦星球上经历了长达数百万年的战争后，因赛博坦星球能源耗尽，汽车人便乘飞船来到了地球，随后霸天虎也追随而来，正义的汽车人和邪恶的霸天虎之间的战争在地球上继续进行，在此期间，汽车人中的擎天柱因重伤战死，而后又奇迹般重生。《变形金刚》动画片和电影的持续热映，使得我们对于那些外表冰冷、内心却充满正义感或邪恶本性的机器人产生了无尽的遐想。正义的擎天柱和大黄蜂以及邪恶的威震天等角色虽都是虚构，但却引发了人类对于这种具有情感和思维的机器人有一天是否会出现在我们的身边，以及如果拥有情感和思维的机器人出现在地球上，我们的生产、生活和治理秩序是否将会发生深刻的变革等问题的思索与忧虑。曾经，对于这些问题的探索仿佛缺乏实际意义。但近些年来伴随人工智能技术的出现，这些问题仿佛已经离我们越来越近，人工智能时代已悄然来临。

第一节 人工智能的兴起

英国著名的数学家、计算机科学之父阿兰·图灵是人工智能领域最早的研究者之一。阿兰·图灵所提出的判断机器智能与否的"图灵测试"方法及"人工智能研究重点是计算机程序而非具有实体形态的机器人"等重要观点，对人工智能技术的兴起和发展起到了重要的推动作用。1950年，阿兰·图灵发表了一篇论文，宣告人工智能正式登上历史舞台。该文建议用"能否打造出一类机器，当你和它用电传打字机交流时，你无法区分它是不是人类"这个更为实际的问题来代替"机器能否思考"这个笼统的问题，以此来判断机器是否具有智能，而这种测试方法就是后来以阿兰·图灵名字命名的"图灵测试"。如今的图灵测试是让测试者用自然语言（即我们平时交流时所用的语言）通过电脑屏幕与某人或某款软件互动，互动内容可涉及任何话题。互动一段时间后，如果测试者无法确定与其互动的对象是不是人类，那么该对象就算通过了图灵测试，它的智力水平可以说与人不相上下。阿兰·图灵作为人工智能研究的先驱，他的设想和经验为人工智能概念的提出奠定了坚实的基础。1956年夏天，十余名科学家在美国达特茅斯学院举行的一次探讨用机器模拟智能的研讨会上首次提出了"人工智能"概念，会上还探讨了人工智能技术的发展前景。在这次会议中，人工智能被界定为"让机器能像人那样认知、思考和学习，即用计算机模拟人的智能"。此后，参加这次会议的科学家们将研究重点放在推动人工智能技术的发展和应用上。但受制于当时较为落后的计算机技术，有关人工智能技术发展和应用等问题的研究水平十分有限[1]。

2016年3月，由谷歌旗下DeepMind公司技术专家戴密斯·哈萨比斯领衔的团队所开发的人工智能程序——"阿尔法狗"（AlphaGo），在与世界围棋冠军、韩国职业九段棋手李世石的围棋人机大战中，以4比1的总比

---

[1] 杨舒.人工智能研究的中国力量［N］.光明日报,2017-07-13(13).

分获胜，"阿尔法狗"也由此成为世界上第一个打败人类职业围棋选手和第一个战胜世界围棋冠军的人工智能程序。经历此轮"人机大战"，"阿尔法狗"的名声大振，并由此引发了一轮人工智能开发和研究的热潮。此后，"阿尔法狗"又在几场"人机大战"中取得了不俗的战绩。2016年末2017年初，"阿尔法狗"在中国棋类网站上以"大师"（Master）为注册账号与中日韩数十位围棋高手进行快棋对决，连续60局无一败绩。2017年5月，在中国乌镇围棋峰会上，"阿尔法狗"与排名世界第一的世界围棋冠军柯洁对战，以3比0的总比分获胜。通过这些比赛战绩，围棋界公认，"阿尔法狗"的围棋水平已经超过人类职业围棋顶尖选手的水平。

截至20世纪末，影响力较大的几次"人机大战"分别是1989年的卡斯帕罗夫与"深思"的对决以及1996年和1997年的卡斯帕罗夫与"深蓝"的对决。在1989年世界国际象棋冠军卡斯帕罗夫与名为"深思"的计算机系统对弈中，"深思"计算机系统是由美国卡内基梅隆大学研发的，它每一步棋能"考虑"6500万个可能性。经过激烈的较量，最终以卡斯帕罗夫获胜结束。1996年的"人机大战"于该年2月在美国费城举行，由世界国际象棋冠军卡斯帕罗夫对阵美国IBM公司开发的超级计算机系统——"深蓝"。"深蓝"凭借自己每秒能运算1亿步的实力，在第一盘交锋中成功地击败了它的对手。然而，在此后五盘的比赛中，卡斯帕罗夫凭借自己丰富的实战经验发挥出色，最终以总比分4比2打败了"深蓝"。1997年的"人机大战"于该年5月在美国纽约的曼哈顿岛进行，仍然是由世界国际象棋冠军卡斯帕罗夫对阵由美国IBM公司开发的超级计算机——"深蓝"。不过，此时的"深蓝"（Deep Blue）已经变成"更深的蓝"（Deeper Blue），运行速度较1996年快了1倍，达到每秒运算2亿步，它是"更快、更灵、更深蓝"，专门对付卡斯帕罗夫，向人类智能挑战。卡斯帕罗夫也不示弱，决心还要战胜"深蓝"，为捍卫人类尊严而战。经过激烈的较量，在6局比赛中，"深蓝"2胜3平1负，最终以3.5比2.5的总比分战胜了卡斯帕罗夫[①]。"深蓝"获胜的秘密就是在每场人机对局结束后，"深蓝"小组都会

---

① 童天湘.从"人机大战"到人机共生[J].自然辩证法研究,1997(9):2.

根据卡斯帕罗夫在上轮比赛中的表现来实时地修改特定的系统参数，以此来提高"深蓝"战胜卡斯帕罗夫的胜算。"深蓝"虽然不会思考，但这些工作实际上起到强迫它"学习"的作用，而这也是卡斯帕罗夫始终找不到一个能有效对付"深蓝"的办法的主要原因。尽管这种"学习"与塞缪尔编制的能自行改进的程序所实现的机器学习结果不同，但毕竟已经使机器具备了一定的学习功能。只不过这种机器学习是由人辅助的机器学习，体现为"人机复合智能"，这为计算机模拟人类智能研究的深入推进奠定了较为坚实的基础。

计算机模拟智能，有两种方法：一是算法，二是启发。所谓算法，就是为了使问题得到一个解，而规定在一切可能的条件下所采取的步骤。一个算法，就是确定一个计算过程的一连串步骤，它应满足两个要求：第一，应用算法于一定的初始资料上，如有答案，则必能在有限步骤内得出；第二，算法适用于解决一整类问题，而不只是某一特定问题。所谓启发式，按照"Heuristic"一词的原意，是"有助于发现的"或"发明的艺术"。启发式程序设计，就是从人的智能行为中得到启发，找出人解决实际问题的规律性，把一些技巧、策略、经验法则、简化规则以及其他有助于求解复杂问题的方法编进程序中[①]，从而让机器具备自我学习和自动生成作业指令的功能，而这一功能就是机器学习中的深度学习功能。

"阿尔法狗"与韩国棋手李世石的对决只是近几十年来多次"人机大战"中的一次，为什么会引起世界范围内的广泛关注，甚至以此作为人类进入人工智能新时代的标志呢？究其原因，是因为这次人机大战与之前进行的多次"人机大战"不同，这是一次真正意义上的"人机对决"，李世石面对的不再是只会单纯执行系统设计师编制的程序指令的机器系统，"阿尔法狗"通过深度学习已经具备了在特定情境下自行生成行动指令的具有较高行为自主性的智能系统，迈出了"机器"向"机器人"过渡的关键一步。2017年10月26日，沙特阿拉伯授予由美国汉森机器人公司设计制造的"女性"机器人——索菲亚以公民身份。索菲亚拥有仿生橡胶皮

---

① 童天湘.从"人机大战"到人机共生[J].自然辩证法研究,1997(9):4.

肤，可模拟62种面部表情，其"大脑"采用了人工智能和谷歌语音识别技术，能识别人类面部、理解语言、记住与人类的互动①。

近些年来，伴随人工智能深度学习算法技术研究取得的重大突破，人工智能的智能特性越来越凸显，人工智能在人类生产和生活中正扮演着越来越重要的角色，人工智能时代正悄然来临。

第二节　人工智能的含义和类型

一、人工智能的含义

人工智能简称 AI，是英文 Artificial Intelligence 的缩写。具有类似于人类的独立思考与深度学习的能力是人工智能与其他科技最大的差异②。对于人工智能的含义，目前学界尚没有完全统一的定义，世界各国的很多学者从不同的视角对人工智能的基本内涵进行了各有侧重的界定。例如，Sergio Ferraz 和 Victor Del Nero 认为，人工智能是指有生命的个体习得知识或技能，并将其应用于完成任务或在逻辑上得出结论的能力③。刘伟认为，作为人机环境系统交互的产物，"人工智能是人类发展到一定阶段而必然产生的一门学科，它既包括人，也包括机和环境两部分，所以也可以说是人机环境系统交互方面的一种学问"④。高奇琦认为，"人工智能本身就是一个知识跨界的产物。……是通过借鉴神经认知学的发展，从而模拟人类智能的一个成果"⑤。贾开和蒋余浩认为，人工智能是建立在现代算法基

---

① 史上首次，沙特授予"女性"机器人索菲亚公民身份[EB/OL].(2017-10-27)[2019-10-07]. https://www.thepaper.cn/newsDetail_forward_1840149.

② 袁曾.人工智能有限法律人格审视[J].东方法学，2017(5):50.

③ Sergio Ferraz,Victor Del Nero.人工智能伦理与法律风险的探析[J].科技与法律，2018(1):19.

④ 刘伟.关于人工智能若干重要问题的思考[J].人民论坛·学术前沿，2016(7):6.

⑤ 高奇琦.人工智能:驯服赛维坦[M].上海:上海交通大学出版社，2018:8-9.

础上，以历史数据为支撑，而形成的具有感知、推理、学习、决策等思维活动并能够按照一定目标完成相应行为的计算系统①。《人工智能标准化白皮书（2018 版）》，将人工智能界定为利用数字计算机或其控制的机器模拟、延伸和扩展人的智能，感知环境、获取知识并使用知识获得最佳结果的理论、方法、技术及应用系统。

上述学者和政府有关部门主要侧重于从技能的角度来对人工智能的基本内涵进行界定，突出人工智能所具备的而一般科技不具备的智能特性，而忽视了人工智能的主体性特征。人工智能虽然是人类设计出来的用于改进生产方式和生活方式的人机交互系统，但随着技术的进步，人工智能行为的自主性和能动性特征将会不断凸显，其与一般的技术系统之间的内在差异和外在区别也会日益显现。因此，我们在给人工智能进行定义的时候，不能只注重突出其智能系统的一面，也要体现出人工智能的主体性特征。笔者认为，人工智能就是建立在深度学习等现代算法基础之上，以大数据作为支撑，具备类似于人类的独立思考与深度学习的能力，并能在不同应用场景下自主完成特定任务的智能系统。目前，人工智能作为不同于一般技术系统的智能系统，是否应该被赋予独立的人格权，学术界的争议较大。人类在使用人工智能时，肯定不能将其完全等同于一般的技术系统而无视其主体性的特征，但如果赋予人工智能以独立的人格权，那么极有可能会在道德、伦理和法律等层面引发较多的治理风险和治理难题。对于人工智能人格权的赋予问题，本书将在后面章节中，从哲学、伦理、道德和法律等视角来加以深入探讨。

二、人工智能的类型

人工智能是人类、机器和环境交互的产物。从 20 世纪 50 年代人工智能出现至今，人工智能技术的发展呈现出较为明显的阶段性特征。我国计

---

① 贾开,蒋余浩.人工智能治理的三个基本问题:技术逻辑、风险挑战与公共政策选择[J].中国行政管理,2017(10):41.

算机仿真与计算机集成制造专家、中国工程院院士李伯虎认为，可以将人工智能最近60年的发展历程划分为三个阶段：一是20世纪50年代至70年代，人工智能力图模拟人类智慧，但是受过分简单的算法及计算能力的限制等，这一热潮逐渐冷却；二是20世纪80年代，人工智能的关键应用——基于规则的专家系统得以发展，但是数据较少，难以捕捉专家的隐性知识，加之计算能力依然有限，使得人工智能不被重视；三是进入20世纪90年代，得益于神经网络、深度学习等人工智能算法及大数据、云计算和高性能计算等信息通信技术的快速发展，人工智能进入新的快速增长时期[1]。依据人工智能在发展过程中智能化程度高低的不同，我们可以将人工智能分为弱人工智能、强人工智能、超人工智能三种类型。

弱人工智能是指专门用于某一特定领域的智能化程度相对较低的人工智能。比如，我们在道路行驶过程中使用的道路导航系统、语音系统以及在自动化的流水线上所使用的机器臂等。目前，"弱人工智能充斥在我们生活的周围，它们以类似的方式工作。室内智能温度计、流量监控软件、自动电话应答服务、'微软的小娜'、搜索引擎、网络Cookie、在线广告服务、数据挖掘、自动驾驶仪等，都不能开启'思维'过程，不能提供超出其预定操作范围的查询。这是人类迄今为止所达到的人工智能水平。从某种意义上说，这代表了人工智能目前'纯净且无思维'的现状。"[2]

强人工智能，是指具备自我意识，能够独立思考并解决问题的智能化程度较高的人工智能。相比于弱人工智能主要用于解决某一领域的特定问题，强人工智能代表了更高更全面的智能水平，几乎可以解决人类要完成的一切智力方面的工作任务。与弱人工智能不同，强人工智能拥有更多的自主性能，能够解决很多复杂的问题。这种几乎能够帮助人类完成所有工作任务并具有自主意识和情感思维的强人工智能，在一定程度上等同于"智人"，即我们在通常意义上所理解的机器人。虽然以人工智能技术目前的发展水平来说，强人工智能的实现尚待时日，"但随着人工智能、计算

① 杨舒.人工智能研究的中国力量[N].光明日报,2017-07-13(13).
② 詹可.人工智能法律人格问题研究[J].信息安全研究,2018(3):226.

机与机器人学等科学技术的快速发展，机器人拥有越来越强大的智能，机器人与人类的差别正在逐渐缩小，却是不争的事实。比如，有的科学家正在研究拥有生物大脑（biological brain）的机器人。"①美国未来学家雷·库兹韦尔甚至预言，拥有自我意识的非生物体（机器人）将于2029年出现，并于21世纪30年代成为常态，它们将具备各种微妙的、与人类似的情感②。不过我们也要看到，从弱人工智能到强人工智能仍有很长的距离要走，需要自然语言处理、计算机视觉等一系列技术的突破。

超人工智能，是指已经完全脱离人类控制、拥有自主意识和独立思维的智能化程度非常高的人工智能。如果说弱人工智能阶段人类的能力强于人工智能、强人工智能阶段人类的能力与人工智能相当的话，那么超人工智能阶段人工智能的能力将会超越人类，甚至会取代人类。这种超人工智能在许多科幻小说和电影情节中多次出现，被很多人认为是会取代人类的新物种。电影《变形金刚》里面的大黄蜂、擎天柱等汽车人就是超人工智能的典型代表。也许在未来，"超人工智能可以代替人类作为地球上的主导生命形式，足够智能的机器可以比人类科学家更快地提高自己的能力，结果可能给人类的存在带来一场灾难。超人工智能对人类的生存可能存在着严重的威胁，令很多人担心和恐惧，它们能够为了实现自己的某些目的而将人类从地球上消灭。"③

第三节　人工智能的三大要素：数据、算法和算力

人工智能技术的快速发展及其应用场景的不断扩大、应用程度的不断加深，离不开三个基本要素：数据、算法和算力。近些年来，大数据时代的到来、人工智能深度学习算法取得的重大突破和具备超强计算能力设备

---

① 杜严勇.论机器人权利[J].哲学动态,2015(8):83.

② 雷·库兹韦尔.如何创造思维:人类思想所揭示的奥秘[M].盛杨燕,译.杭州:浙江人民出版社,2014:195.

③ 詹可.人工智能法律人格问题研究[J].信息安全研究,2018(3):227.

的研发成功，使得人工智能技术得到了飞速发展，人工智能在越来越多的产业和场景中得到深度应用。

一、数据

1.数据和大数据

数据是人工智能的三大基石之一，是人工智能技术在很多行业得以深度应用并不断强化其学习能力的有力支撑。如果把人工智能比作一个人的话，数据就是维持其基本生存和发展所需要的食物。"数据是人工智能的能源和养料，智能的实现需要各种各样的海量数据。第一代人工智能由于缺乏数据，只能靠推理来实现。第二代人工智能则引入了专家系统封闭、静态的有限数据，实现了有限的智能。得益于互联网和大数据技术，新一代人工智能有了在线、开放、无限的数据资源。"①

人工智能发展和应用所需要的数据主要由两部分构成，一部分是历史数据，另一部分是实时数据。历史数据和实时数据在人工智能的发展和应用中分别扮演着不同的角色。人工智能从本质上来说就是会学习的机器，而数据是其开展学习行为、完成学习任务和提升学习能力的基本素材。历史数据在人工智能的发展和应用中能起到帮助人工智能形成机器经验的作用，通过对历史数据的学习，人工智能机器就会具备一定的决策和行为能力，并由此完成特定的目标任务。例如，2016年打败世界围棋冠军的人工智能——"阿尔法狗"，刚开始"阿尔法狗"不具备下围棋的能力，通过对大量围棋棋谱的"学习"和"训练"，"阿尔法狗"成功地具备了下围棋的能力。此后，在深度学习算法的推动下，"阿尔法狗"反复地进行自我对弈，不断地"总结"围棋的走法和规律，进而具备了更加强大的围棋棋艺，最终打败了世界围棋冠军。与历史数据不同，实时数据是人工智能在做实时决策和行为时所采集到的数据。通过对实时数据进行技术处理和深度分析，人工智能可以在不需要人类介入的情况下自行生成决策方案并自

---

① 黄欣荣.人工智能热潮的哲学反思[J].上海师范大学学报(哲学社会科学版),2018(4):38.

动执行相应的指令，以此来完成特定的目标任务，而这正是能体现人工智能为何是智能的主要方面。因此，如果没有足够的实时数据，那么人工智能也只能是有限的智能，人工智能的应用场景和应用深度将会受到很大程度的限制。近年来，伴随移动互联网和物联网技术的不断成熟，人类正逐步进入万物互联时代，大数据时代也随之到来。在大数据时代，海量的数据为人工智能技术在不同行业和不同场景中的深度应用提供了无限的可能。

在移动互联网、物联网等技术还没有成熟和广泛应用之前，人与人之间的交往和人与物之间的接触，大多是通过面对面的形式发生，部分的人际交往是通过电话和信件的形式进行，并且在交往和接触形式上一般都是点对点进行的。受物质和技术条件的限制，人类保存下来的信息不仅数量少，信息传播的范围也非常有限，而且信息获取的成本相对较高。进入人工智能时代后，伴随移动互联网、物联网、卫星定位、传感技术的快速发展，人类的日常行为和社会交往都能以文字、图片、视频、音频、地理位置信息等形式保存到"云端"，人类正逐渐成为数据化的存在，我们无时无刻不在生产数据，就算我们在睡觉时，人类所用的各种穿戴设备也在实时记录并向"云端"传递我们身体的心跳、脉搏、血压等数据。随着人类生产的数据量的不断增加和数据类型的日渐增多，人类正快速步入大数据时代，数据在政府治理、企业管理和社会发展中的重要性日益凸显，谁掌握了数据，谁就在某种程度上拥有了人工智能时代的核心竞争力。

"大数据"一词，已被越来越多的人所熟知，它引领着人类步入一个崭新的大数据时代。目前，对于什么是大数据，学界尚未有统一的认识，不同学科的学者分别从不同的视角对大数据的内涵进行了界定。例如，中国科学院的徐宗本院士等在 2014 年的香山科学会议[①]上所作的报告中，将大数据定义为"不能集中存储、难以在可接受时间内分析处理、个体或部

---

① 香山科学会议是由科技部（原国家科委）发起，在科技部和中国科学院的共同支持下于1993年正式创办，会议以基础研究的科学前沿问题与我国重大工程技术领域中的科学问题为会议主题。

分数据呈现低价值而数据整体呈现高价值的海量复杂数据集"①。中国工程院倪光南院士认为，大数据的"大"不仅仅是指数据量大，我们应该从数据量、数据特性、数据来源和应用领域等四个方面来对大数据的基本内涵加以考察②。陈振明教授认为，"一般而言，大数据是指大量、多元、高速、复杂、多变的数据，需要用先进的计算方法和技术实现信息的采集、存储、分析和应用"③。2015 年 8 月 31 日发布的《国务院关于印发促进大数据发展行动纲要的通知》（国发〔2015〕50 号）指出，大数据是以容量大、类型多、存取速度快、应用价值高为主要特征的数据集合，正快速发展为对数量巨大、来源分散、格式多样的数据进行采集、存储和关联分析，从中发现新知识、创造新价值、提升新能力的新一代信息技术和服务业态。此外，也有部分学者认为，大数据归根结底是一种数据集，其主要是通过与传统的数据管理以及处理技术对比来突显自身特性，并且在不同需求下，其要求的时间处理范围具有差异性，最重要的一点是大数据的价值并非数据本身，而是由大数据所反映的"大决策""大知识""大问题"等④。上述有关大数据基本内涵的界定为我们更好地认识大数据提供了有力的支撑，在借鉴以上观点的基础上，笔者认为，大数据就是以文字、图片、视频、音频、地理位置信息等多样化形式表现出来的数量大、来源广泛、时效性强、处理技术要求高和使用价值以整体形式呈现的数据集。

2.大数据的基本特征

与传统的数据相比，大数据除了具备数据的一般特征外，还具有一些特有的属性。2001 年，道格·莱尼提出了大数据的"3V"特征，即数据即时处理的高速度性（Velocity）、数据格式的多样化（Variety）与数据的大容量（Volume）。此后，美国的 IBM 公司在道格·莱尼所提出的大数据的

---

① 徐宗本,张维,刘雷,等."数据科学与大数据的科学原理及发展前景":香山科学会议第462次学术讨论会专家发言摘登[J].科技促进发展,2014(1):66.

② 黄晓艳,单晓钊.关于大数据:访中国工程院院士倪光南[J].高科技与产业化,2013(5):40.

③ 陈振明.政府治理变革的技术基础:大数据与智能化时代的政府改革述评[J].行政论坛,2015(6):3.

④ 彭宇,庞景月,刘大同,等.大数据:内涵、技术体系与展望[J].电子测量与仪器学报,2015(4):470.

"3V"特征的基础之上，又增加了真实性（Veracity）的特性。2012年，国际数据公司在道格·莱尼所提出的大数据"3V"特征之外又增加了价值性（Value）。此外，还有人将可视化（Visualization）列为大数据的一大特征①。在上述有关大数据特征研究的基础上，笔者认为，相比于传统的数据来说，大数据具有以下四个较为明显的特征。

第一，大数据的数据量非常大。在人类进入大数据时代之前，我们很长时间内存储数据的基本单位都停留在KB（千字节）、MB（兆字节）、GB（吉字节）、TB（太字节）等层面。随着数据时代的到来，人类每天生产的数据量非常惊人，大量的数据被保存在"云端"，数据存储的基本单位也发生了深刻的变革。大数据的计量大多以P（1024个T）、E（1024个P）或Z（1024个E）为单位。根据市场研究公司IDC2013年发布的数字宇宙报告，近些年，全球数据总量正在以指数形式增长：从2003年的5EB，到2012年2.8ZB，并预计2020年达到40ZB，也就是说2020年每个人可以均摊到5200GB以上的数据量。并且，2020年，将近40%的信息都可能会被云提供商"触摸到"，即超过13000EB的数据将具有大数据价值。

第二，大数据的数据类型较多。数据是对人类过去和现在所发生的行为与事件的记录，需要借助于一定的形式来存储和表达。传统的数据存储类型，主要以文字、表格、图片等为主。不同于传统的数据类型，大数据的数据类型更加繁多，包括网络日志、音频、视频、图片和地理位置信息等形式。类型繁多的大数据使得我们可以从多维视角去认识和分析人类的行为及社会问题，更易于深度挖掘数据的价值，发挥数据在国家治理和全球治理中的重要作用。

第三，大数据的数据生产速度快。在大数据时代，几乎每个人都是数据的生产者。通过各种各样的穿戴设备、视频监控设备、卫星定位技术和传感技术，人类的日常行为和社会交往过程中的位置移动、行为变化等信息会被实时地记录并传递到"云端"，数据以非常快的速度不停地被生产。

---

① 陈振明.政府治理变革的技术基础:大数据与智能化时代的政府改革述评[J].行政论坛,2015(6):3.

生产速度快的大数据既为我们的决策提供了便利，有利于提高决策的科学化水平，同时也在一定程度上增加了决策时的信息负荷，如果出现信息超载的情况，决策者将会很难及时做出决策。

第四，大数据的数据价值的发挥以深度挖掘为基本前提。大数据是人工智能技术的基石之一，人工智能在各领域的深度应用及其功能的发挥，除了要依赖算法、算力等技术层面的进步外，也需要以大数据为支撑。从整体上来看，大数据的价值非常大，但这并不代表所有的数据都有价值。大数据本身存在单位数据价值密度低的问题。大数据价值的发挥需要经过采集、存储、分析、挖掘和可视化等途径。通过对海量的数据进行自动分类和智能筛选，大数据的价值才能被深度挖掘出来，而这也是在人工智能时代需要推动数据开放程度和数据共享水平不断提升的重要原因。孤立的、"沉睡"的数据是没有任何价值的，只有将不同地区、不同层级、不同部门的数据进行互联和共享才能充分发挥大数据的价值。

3.数据管理机构

大数据时代的到来，不仅给人工智能技术在经济社会发展各领域的深度应用带来了广阔的前景，也使政府治理发生深刻变革，催生出变革政府治道的需求。近些年来，我国各级政府深刻体会到大数据应用的价值，在大数据管理机构设置等方面进行了积极的变革，以此来适应大数据时代政府治理变革的需要。

从2014年开始，全国各级地方政府陆续开始组建主管大数据事务的管理机构。2014年2月，广东省大数据管理局正式成立。广东省大数据管理局最初是作为广东省经济和信息化委员会的内设机构而存在的，其主要职责是研究拟订并组织实施大数据战略、规划和政策措施，引导和推动大数据研究和应用等方面的工作。2015年，贵州省和浙江省在省级层面先后新设了大数据管理机构，广州、成都、沈阳、兰州等市级层面的大数据管理机构也纷纷挂牌。其中，改革步子迈得最大的，是2015年10月成立的贵州省大数据发展管理局。贵州省大数据发展管理局是贵州省政府直属的正厅级事业单位，由贵州省政府副秘书长兼任局长，以此来增强大数据发展管理局对其他政府职能部门的协调能力。2016年底，青岛市在市电子政务和信息资源管理办公室的基础上加挂成立了大数据发展促进局，借助于青岛市政务信息资源整合的优势来促进大数据相关工作开展。青岛市大数据发展促进局的行政级别为正局级，局长由青岛市电子政务和信息资源管理办公室主任兼任，属于青岛市政府办公厅直接管理的部门。此外，青岛市还设立了市推进大数据发展协调领导小组，作为市政府议事协调机构，由市政府主要领导挂帅，市政府分管副市长为副组长，成员单位包括市政府有关部门、区（市）政府、有关经济功能区和驻青岛的有关单位。青岛市推进大数据发展协调领导小组主要负责统筹领导、协调大数据建设与发展工作，研究审议发展规划、行动纲要、政策措施、重点项目布局等重大问题[1]。截至2020年底，全国已成立21个省级大数据管理机构[2]。

　　在2018年启动的地方党政机构改革中，从部分省份公布的机构改革方案来看，越来越多的地方政府开始设立大数据管理机构。例如，2018年10月31日，安徽省公布了机构改革方案。在该方案中，安徽省为了加强对全省大数据发展的组织协调和政策统筹，计划组建安徽省数据资源管理局，以更好地打破信息孤岛，推进"数字江淮"建设。

　　工业和信息化部编制的《大数据产业发展规划（2016—2020年）》（工信部规〔2016〕412号）指出，经过近些年的发展，目前我国的大数据产业体系已经初具雏形。2015年，我国信息产业收入达到17.1万亿元，比2010年进入"十二五"前翻了一番。其中软件和信息技术服务业实现软件业务收入4.3万亿元，同比增长15.7%。大型数据中心向绿色化、集约化发展，跨地区经营互联网数据中心业务的企业达到295家。云计算服务逐渐成熟，主要云计算平台的数据处理规模已跻身世界前列，为大数据提供强大的计算存储能力并促进数据集聚。在大数据资源建设、大数据技术、大数据应用领域涌现出一批新模式和新业态。龙头企业引领，上下游企业互

---

① 张琪.大数据管理局,青岛两年前就有了[N].齐鲁晚报,2018-02-08(4).

② 耿亚东.地方政府大数据管理机构变革:定位、挑战与行动路径[J].天津行政学院学报,2021(4):22.

动的产业格局初步形成。基于大数据的创新创业日趋活跃，大数据技术、产业与服务成为社会资本投入的热点。

伴随大数据时代的到来，少数企业掌握了大量的数据。"大数据掌控者们借助越来越智能化的算法分析和利用着我们的数据，开发着靠数据化的人类经验喂养的人工智能产品，在为我们的生活提供越来越多便利的同时影响着我们的选择和决策，并在此过程中积累起日益膨胀的财富、技术和人力资源。我们时常听到各种美妙的新词汇，比如共享经济，似乎我们都是这个新世界的主人，分享着它所带来的各种好处，但'共享经济其实是一种聚合经济'，它所产生的巨大利益属于聚合数据的平台或'架构'，我们都在为自己的消费付费，而我们在消费的同时也都在生产，生产着数据，但没人为我们的数据生产支付报酬。"①对此，各级政府在推动大数据产业发展的同时，也要做好公民等主体信息和隐私的保护工作，防范少数企业对大数据的不正当利用。

二、算法

李开复与王咏刚在《人工智能》一书中，给人工智能下了5种定义，其中第4种定义可能最接近反映人工智能的本质，即人工智能是会学习的计算机程序。这种会学习的计算机程序指的就是人工智能的算法，而人工智能的学习指的就是人工智能在数据和算法的推动下，通过不断地训练来提升机器能力的过程。算法是人工智能的另一个基石。人工智能算法的研发和设计是人工智能的核心技术，谁拥有了先进的算法研发和设计能力，谁就掌握了人工智能技术的核心优势。正如芯片的核心竞争力是光刻机与EDA工具一样，人工智能的核心竞争力在算法设计能力。腾讯副总裁姚星曾经在展望人工智能行业的发展趋势时说："算法，将成为人工智能时代的'科技原力'。"②

① 郑戈.算法的法律与法律的算法[J].中国法律评论,2018(2):68.
② 轩中.中国那些具有人工智能算法设计能力的公司[J].互联网周刊,2018(13):62.

算法是计算机学科领域中的一个专业术语，指的是"一种有限、确定、有效并适合用计算机程序来实现的解决问题的方法，是计算机科学的基础"①。人工智能算法是一个解决单个问题的有限步骤，是设计者设计用于完成特定任务和解决特定问题的计算序列。人工智能算法是人工智能技术的规则，如何设计人工智能算法对于人工智能技术的应用非常重要。人工智能的算法不仅确立了人工智能技术平台试图要实现的目标，同时也为其指出了如何去实现目标的具体路径与基本方法。

算法是人工智能技术得以不断升级、功能得以不断增强的技术支撑，人工智能概念自20世纪50年代出现至今已有近70年的历史，但人工智能技术在出现后的很长一段时间内并没有取得多大的进展，人工智能技术在应用场景和应用深度上也没有取得重大的突破。而这主要源于人工智能的算法研发和设计在较长一段时期内难以取得重大突破，人工智能的算法主要还停留在执行人类指令的阶段，缺乏自主学习的能力。算法或软件是人工智能的灵魂。智能硬件的运行、数据资源的挖掘和利用都需要算法的参与。面对海量的数据，计算机主要是通过搜索和计算对其进行快速处理，特别是在深度学习出现之前，计算机主要是通过"蛮力"完成数据处理。深度学习方法的出现，使机器有了人类思维的某些特性，因此新一代人工智能有了比较大的进步②。

对人工智能的研究影响较大的主要有符号主义、联结主义（又称神经网络学派）、行为主义等流派。其中，符号主义试图用符号和逻辑演算来模拟人类大脑的认知和决策过程，联结主义试图通过人造神经网络的并行计算来建构大脑，而行为主义者则试图通过遗传算法进化出人工大脑。虽然符号主义、联结主义和行为主义三大流派在技术研究和应用的具体路径上存在一定的差异，但三者的基础假设是大体相同的。符号主义、联结主义和行为主义的基础假设主要包括以下五个方面：（1）大脑是人类认知和智能活动的载体；（2）认知和智能活动是一个物理过程，其机理主要是神

---

① 塞奇威克,韦恩.算法:第4版[M].谢路云,译. 北京:人民邮电出版社,2012:2.
② 黄欣荣.人工智能热潮的哲学反思[J].上海师范大学学报(哲学社会科学版),2018(4):39.

经元之间通过分泌化学递质和释放电子来完成的信息交流；（3）图灵机可以模拟任何物理过程；（4）通过分析和处理真实人类世界的行为数据可以帮助机器来模拟人类的认知和决策，反过来，通过研究虚拟世界各种人工智能的详情可以把握真实世界人类认知和智能活动的基本结构和过程；（5）一切认知和智能活动的复杂系统都可以通过各个组成部分的动态行为和整体交互作用来解释（整体主义的还原主义假设）①。

深度学习的灵感来源于人脑的工作原理，需要海量的数据和具备超强计算能力的计算设备作为支撑。相比于其他机器学习算法，深度学习是"更深层次"的机器学习。目前，深度学习算法已经在人工智能算法中占据了主流地位，而这主要得益于近些年来深度神经网络技术的快速发展。"深度神经网络中的'深度'两个字指的是'多层'的神经网络。如果把神经网络看成是一个大楼，那么深度神经网络就有一个多层的大厦，它可以有比较多的神经元结构层次，一般来说，我们可以把隐藏层多于一层的神经网络结构称为'多层'的神经网络，也就是深度神经网络。"②2006年，"深度学习的创始人杰弗里·辛顿及合作者发表了一个里程碑的文章《一种深度置信网络的快速学习算法》，这一论文宣告了深度学习时代的来临"③。深度学习算法的出现，使得人工智能机器学习进入深层次的自主学习阶段，人工智能技术的应用前景被迅速打开。

2016年以来，新一轮人工智能浪潮开始席卷我国。在这一轮人工智能浪潮中，诞生了很多以人工智能技术开发和应用为主营业务的公司。"据报道，截止到2017年6月，全球一共有人工智能企业2542家，而中国有592家，占比为23%。"④从企业数量和企业占比来看，我国在人工智能企业方面的优势较为明显。但同时，我们也要注意到以下两个方面的问题：一是在我国不少人工智能企业中，掌握算法设计技术的公司数量不多。如下表1-1所示，据《互联网周刊》和eNet研究院的排名（2018），我国下

---

① 刘晓力.认知科学研究纲领的困境与走向[J].中国社会科学,2003(1):104-105.

② 轩中.中国那些具有人工智能算法设计能力的公司[J].互联网周刊,2018(13):62.

③ 轩中.中国那些具有人工智能算法设计能力的公司[J].互联网周刊,2018(13):62.

④ 轩中.中国那些具有人工智能算法设计能力的公司[J].互联网周刊,2018(13):60.

列公司在人工智能算法的设计上拥有较强的研发能力和技术优势。另一方面，人工智能算法中的很多元算法和核心算法并未开源，而这些算法大多由西方发达国家的科技企业所拥有，我国在人工智能核心算法上的劣势较为明显。

表1-1　2018中国具有算法设计能力的人工智能代表性企业榜单[①]

排名	企业	综述
1	百度	最早布局人工智能的大企业之一，阿波罗无人驾驶系统是其在人工智能方面的代表性产品
2	阿里巴巴	旗下有达摩院人工智能实验室，发布"天猫精灵"等人工智能产品；阿里云是中国四大人工智能平台之一
3	腾讯	有三个人工智能部门，在美国西雅图建有人工智能实验室。腾讯的人工智能团队有30多个科学家，毕业于哈佛大学、麻省理工学院以及哥伦比亚大学等。代表产品有"腾讯云小微"
4	寒武纪	人工智能与芯片结合的独角兽企业，其自主研发的人工智能芯片应用于华为手机
5	科大讯飞	中国四大人工智能平台之一，其自主研发的语音识别技术代表了中国乃至世界领先的水平
6	地平线机器人	专注于人工智能嵌入式系统的开发，提倡软硬件结合的人工智能解决方案
7	旷视科技	机器视觉的独角兽企业，推出FaceID在线身份验证服务，推出Face++人工智能开放平台
8	华为	2012年的6月份，成立了诺亚方舟实验室，与寒武纪合作推出人工智能手机芯片
9	商汤科技	致力于计算机视觉和深度学习原创技术的创新型科技公司，提供人脸识别、语音技术、文字识别、深度学习等一系列人工智能产品及解决方案
10	云从科技	通过API、SDK以及面向用户自主研发产品形式，提供世界一流的人脸与图像检测人工智能服务

[①] 轩中.中国那些具有人工智能算法设计能力的公司[J].互联网周刊,2018(13):63.

续　表

排名	企业	综述
11	云飞励天	通过芯片+视觉+机器学习的跨界创新,突破人工智能大规模产业化的瓶颈
12	第四范式	创始人具有在今日头条人工智能推荐系统的从业经验
13	云知声	自主研发首款面向物联网的人工智能芯片"雨燕"
14	思必驰	提供车载、智能家居和智能机器人等智能硬件的语音交互服务
15	依图科技	基于图像理解的信息获取和人机交互服务
16	深鉴科技	神经网络压缩和编译、神经网络处理器DPU设计、FPGA开发、系统集成完整开发能力
17	碳云智能	通过数据挖掘和机器分析提供个人性健康指数分析和预测
18	优必选	集人工智能和人形机器人研发、平台软件开发运用及产品销售为一体的全球性高科技企业
19	图森互联	提供自动驾驶、图像识别SaaS服务
20	今日头条	人工智能推荐系统应用于媒体产品

人工智能算法的不断进步,特别是深度学习算法的出现,打开了人工智能技术的应用前景,对人类社会的生产方式、生活方式和交往方式产生了深刻的影响,也给国家治理和社会治理格局带来了一定的变革。但是,算法在使用过程中也存在一些技术上的黑箱操作问题,并且可能会引发算法独裁问题的出现,甚至是算法战争的爆发①。算法是完成特定任务的代码。这些代码通常是由企业为了实现某种目的设计出来的,而设计这些代码的过程一般是不对外公开的,这就会存在算法设计上的黑箱操作问题。伴随大数据时代的来临,人类在不停地生产着数据,然而,"人不是数据,更不是电子痕迹的汇总,但技术正在使数据得到处理和整合,形成各种各样的自动化区分、评分、排序和决策,这些活动反过来使我们的'真实自我'在社会层面变得无关紧要。我们进入所谓'微粒社会',我们都成为数据,并最终成为被算法所定义的人。算法权力(algorithmic power)这种

---

① 韦强,赵书文.人工智能推动战争形态演变[J].军事文摘,2017(13):54-57.

新兴的权力并不把我们当成'主体'来对待，而是作为可计算、可预测、可控制的客体"①。对此，一方面需要开放代码设计过程，尽可能设计开源代码，允许使用者根据自己的意图去进行算法的修改和完善。另一方面，要打开人工智能黑箱，避免算法设计和使用过程中的伦理问题的出现。而打开人工智能黑箱最有效的途径就是增强算法的可解释性，目前这一点已经得到科学界的认同和重视。例如，美国电气和电子工程师协会在2016年和2017年连续发布了《人工智能设计的伦理准则》白皮书的第1版和第2版，其多个部分都提出了对人工智能和自动化系统应有解释能力的要求。美国计算机协会下属的美国公共政策委员会在2017年1月发布的《算法透明性和可问责性声明》中提出了七项基本原则，其中一项即为"解释"，希望鼓励使用算法决策的系统和机构，对算法的过程和特定的决策提供解释，尤其在公共政策领域。2017年10月，美国加州大学伯克利分校的研究者们发布了《对人工智能系统挑战的伯克利观点》一文，从人工智能的发展趋势出发，总结了四大趋势和九项挑战，其中一项即为"可解释的决策"。

三、算力

人工智能是建立在深度学习等现代算法基础之上，以大数据作为支撑，具备类似人类独立思考与学习的能力，并能在不同应用场景下自主完成特定任务的智能系统。数据和算法是人工智能的两大基石。但是，仅仅拥有海量的数据和强大的算法，人工智能技术难以深度应用于我们的生产和生活中的各个领域。面对价值密度低的大数据，人类只有通过具备强大数据处理能力的计算设备的自动筛选、分类和运算，才能较为充分地挖掘出大数据的价值，从而为人工智能技术的不断进步和人工智能应用场景的不断拓展提供坚实的数据支撑，具备强大计算能力的硬件设备也由此成为人工智能技术的第三大构成要素。

① 郑戈.算法的法律与法律的算法[J].中国法律评论,2018(2):68.

回顾近十几年来全球人工智能技术的发展历程可以看出，人工智能技术的快速发展和应用场景的不断拓展与计算设备算力的不断提升密不可分。人类在具备超级计算能力的硬件设备研发方面所取得的不断突破，为人工智能技术的深度应用奠定了坚实的基础。目前，GPU[①]计算已成为高性能计算和数据中心的发展方向。美国IBM公司研发的Summit是目前世界上最智能、功能最强大、运行速度最快的超级计算机之一，具备超过每秒200千万亿次浮点运算的计算性能和3exaOPS的AI计算性能。Summit融合了高性能计算和AI，搭载了27000多个NVIDIA Volta Tensor Core GPU以运行计算，可加速科学发现的进程[②]。

目前，伴随量子计算技术的快速发展及其取得的不断突破，超级计算机的计算能力正不断刷新纪录。2019年9月，美国谷歌公司推出了53个量子比特的计算机"悬铃木"，对一个数学算法的计算只需200秒，而当时世界最快的超级计算机"顶峰"需2天，实现了"量子优越性"。2020年12月4日，中国科学技术大学宣布该校潘建伟等人成功构建了76个光子的量子计算原型机"九章"，求解数学算法高斯玻色取样只需200秒，而目前世界最快的超级计算机要用6亿年。这一突破使得我国成为全球第二个实现"量子优越性"的国家[③]。

第四节 世界主要国家的人工智能政策

数据、算法和算力是人工智能技术的三大基本要素。自20世纪50年代人工智能概念提出以来，人工智能技术及其应用领域和应用深度在很长时间内并没有取得重大突破。进入21世纪后，伴随人类社会数据量的快速

---

① GPU 的英文全称为"Graphics Processing Unit"，中文含义为"图形处理器"。

② AI 计算公司中的领导者［EB/OL］.（2020-12-01）［2021-05-16］.https://www.nvidia.cn/about-nvidia/ai-computing/.

③ 实现里程碑式突破！中国量子计算原型机九章问世［EB/OL］.（2020-12-04）［2020-12-05］. https://finance.sina.com.cn/china/gncj/2020-12-04/doc-iiznezxs5085515.shtml.

增长和大数据时代的到来，以及计算机运算能力的不断提升，人工智能的技术性能得到大幅提升，应用领域不断拓宽，应用程度不断加深。人工智能技术是一把"双刃剑"，其在政府治理、经济和社会发展等领域的深度应用，在给人类带来更多生产和生活上的便利，改善人类政治、经济和社会生态的同时，也带了诸如数据霸权、算法独裁、公共安全风险增加等方面的困境。"持续至今的人工智能第三次浪潮不仅仅只是因为技术和商业层面的巨大成功，其在公共政策领域引发的全球关注同样是此轮发展浪潮区别于历史上任何一个时期的重要特点。"①为了更好地推动人工智能技术的发展并确保在安全的前提下不断拓展人工智能的应用场景，我国及美国、德国、英国等国家先后制定了一些有关人工智能发展和应用方面的公共政策。本节的主要内容就是对目前在人工智能技术开发和应用等方面走在世界前列的几个国家及我国的人工智能政策进行简要介绍。

一、美国的人工智能政策

美国是当今世界上人工智能技术研发和应用较为成熟的国家之一，以微软、谷歌等为代表的一系列高科技企业研发出了很多具有广阔应用前景的人工智能技术平台。人工智能技术在深刻地改变美国社会的生产方式、生活方式和政府治理模式的同时，因其在使用过程所引发的现实的或潜在的治理风险而引起美国政府的高度重视，如何在积极发展人工智能技术的同时有效规避人工智能在应用过程中可能引发的风险，成为美国政府必须要认真回应的问题。对此，美国政府先后出台了《为人工智能的未来做好准备》《国家人工智能研究和发展战略计划》和《人工智能、自动化与经济》报告，搭建起美国人工智能政策的基本框架。

美国社会有关人工智能政策的讨论，最早可以追溯至人工智能技术刚刚兴起的20世纪50年代。当时，很多美国人担心如果将人工智能技术大

① 贾开,郭雨晖,雷鸿竹.人工智能公共政策的国际比较研究:历史、特征与启示[J].电子政务,2018(9):78.

规模地应用于生产领域，将可能会导致较为严重的失业问题。为此，美国部分国会议员提出了要就人工智能与就业等问题进行讨论并出台相关法案的建议，但该建议最终没有被国会采纳。此后，伴随日本、德国、英国等国家在人工智能技术研发和应用等方面投入力度的不断加大，美国政府也逐步意识到人工智能技术的重要性，美国政府对人工智能技术研发和应用等方面的财政投入也随之逐步增加。1982年，在美国政府的大力支持下，全美16家企业和机构在得克萨斯以产业创新联盟的方式合作创办了微电子与计算机技术公司。该公司的成立，为美国人工智能技术的快速发展奠定了坚实的基础。

进入21世纪以后，伴随人工智能算法取得的重大突破和大数据时代的到来，人工智能技术在经济社会发展各个领域的应用程度不断加深，人工智能应如何发展已经成为美国政府必须要高度重视并给予积极回应的问题。人工智能的应用涉及经济社会发展的多个领域，相关公共政策的制定和执行需要依靠多个政府部门之间的密切协作。为了加强对人工智能技术研发和应用监管的力度，2016年5月3日，主要负责美国科技政策制定的美国白宫科技政策委员会办公室成立了美国国家科学技术委员会机器学习和人工智能小组委员会。该委员会的基本职责是就人工智能及其相关的技术和政策等层面的问题提供决策咨询报告和具体建议，以及对各行业、科研机构和美国联邦政府人工智能技术的研发工作进行监督。美国国家科学技术委员会机器学习和人工智能小组委员会成立以来，围绕人工智能技术的开发及其在应用过程中产生的法律适用、就业、国家治理等方面的难题进行了积极研讨，举办了"人工智能、法律和治理""为社会造福的人工智能""人工智能的未来：在全球创业峰会的新兴话题和社会福利""人工智能的技术、安全及控制"和"人工智能的社会和充分的经济影响"等研讨会，取得了丰硕成果，为美国人工智能政策的制定提供了坚实的基础。

2016年10月，美国白宫科技政策办公室下属的美国国家科学技术委员会发布了《为人工智能的未来做好准备》和《国家人工智能研究和发展战略计划》两份研究报告，美国人工智能政策体系的框架也由此大体成型。其中,《为人工智能的未来做好准备》深入探讨了美国人工智能的发展现状、应用领域以及潜在的公共政策等问题。《国家人工智能研究和发展战略计划》(以下简称《战略计划》)提出了美国人工智能要优先发展的战略方向,并就如何发展提出了较为完备的建议。作为美国人工智能政策体系的核心,《战略计划》的内容主要分为以下三个部分。

第一,美国发展人工智能的目的和愿景。《战略计划》指出,美国人工智能技术发展的目的在于传达一系列明确的研发重点,以确保战略研究目标,进而引导联邦政府的资金投入通过市场无法关注到的领域。同时,扩大和维持人工智能领域的人才队伍,与其他相关的先进技术战略一道,构建面向未来技术时代的协同体系。为此,美国联邦政府要加大对公共卫生、城市系统与智慧社区、社会福利、刑事司法、环境可持续性和国家安全等领域的投入力度,并加速人工智能知识和技术生成等问题的长期研究。在人工智能的发展愿景方面,《战略计划》提出了美国发展人工智能的三大愿景:一是促进经济发展,包括制造业、物流、金融、交通、农业、营销、通信、科技;二是改善教育机会与生活质量,包括教育、医学、法律和个人服务;三是增强国家和国土安全,包括安全与执法、安全与预测等领域。

第二,美国人工智能发展的重点战略方向。为了保持美国在人工智能技术领域的领先地位,《战略计划》为美国人工智能的发展确立了七个重点战略方向。一是对人工智能研究进行长期投资。具体包括:提升基于数据发现知识的能力,增强人工智能系统的感知能力,了解人工智能的理论能力和局限性,研究通用人工智能,开发可扩展的人工智能系统,促进类人的人工智能研究,开发更强大和更可靠的机器人,推动人工智能的硬件升级,为改进的硬件创建人工智能。二是开发有效的人类与人工智能协作方法。具体包括:寻找人类感知的人工智能新算法,开发增强人类能力的人工智能技术,开发可视化和人机界面技术,开发更高效的语言处理系统。三是了解并解决人工智能的伦理、法律和社会影响。具体包括:改进公平性、透明度和设计责任机制,建立符合伦理的人工智能,设计符合伦理的人工智能架构。四是确保人工智能系统的安全可靠。具体包括：提高可解释性和透明度，提高信任度，增强可验证与可确认性，保护免受攻击，实现长期的人工智能安全和优化。五是开发用于人工智能培训及测试的公共数据集和环境。具体包括：开发满足多样化人工智能兴趣与应用的丰富数据集，开放满足商业和公共利益的训练测试资源，开发开源软件库和工具包。六是制定标准和基准以测量和评估人工智能技术。具体包括：开发广泛应用的人工智能标准，制定人工智能技术的测试基准，增加可用的人工智能测试平台，促进人工智能社群参与标准和基准的制定。七是更好地了解国家人工智能人力需求。需要开展更多研究，以更好地了解人工智能研发在当前和未来的国家劳动力需求，从而保障整个人工智能领域的人力资本队伍。

第三，有关美国人工智能发展及应用的建议。为了更好地推动美国人工智能技术的快速发展并不断拓展人工智能的应用场景，《战略计划》对美国人工智能的发展及应用提出了两项建议：一是开发一个人工智能研发实施框架，二是研究创建和维持健康的人工智能研发队伍的国家图景。

2016年12月，美国总统行政办公室联合相关部门发布了《人工智能、自动化与经济》报告。与《为人工智能的未来做好准备》《国家人工智能研究和发展战略计划》两份报告中所提出的较为具体的人工智能发展和应用建议不同，《人工智能、自动化与经济》报告则深入考察了人工智能驱动的自动化将会给经济带来的影响，以及对劳动力市场带来的机遇和挑战。该报告指出人工智能对于劳动力市场的影响具有不确定性，应对政策的关键不在于担心全面失业，而是建立合理的制度和政策以调整工作结构，这包括加大对美国劳动力的教育和培训，为转型期间的工人提供帮助，保证他们能共享AI技术带来的成果等①。

2019年2月，时任美国总统特朗普签署了"维持美国在人工智能领域的领导地位"的第13859号行政命令。2020年2月，美国白宫科技政策办

---

① 贾开，郭雨晖，雷鸿竹.人工智能公共政策的国际比较研究:历史、特征与启示[J].电子政务，2018(9):82.

公室发布了《美国人工智能倡议：首年年度报告》，着重于投资人工智能研发、共享人工智能资源、消除人工智能创新障碍、培训人工智能人才、打造支持美国人工智能创新的国际环境，在政府服务和任务中打造可信的人工智能等方面。该报告还总结了特朗普签署"维持美国在人工智能领域的领导地位"行政命令一年后，在实施"美国人工智能行动"方面取得的重大进展。

二、德国的人工智能政策

德国作为一个制造业强国，在人工智能技术的发展和应用方面也居于世界前列。德国政府在人工智能研发及其应用等方面的政策设计与德国制造业的发展之间存在密切的关联，德国政府的人工智能政策是从对高危行业从业者的保护开始的，德国政府"工业4.0"战略的出台更是直接推动了德国的人工智能政策不断趋于完善。

1.德国人工智能政策的起步

20世纪50年代，人工智能技术开始出现并得到了初步发展。伴随人工智能技术在制造业等领域应用场景的不断扩大，人工智能开始在部分岗位上对人类进行部分或者全部的替代。特别是在一些有毒、有害、危险性较大的行业，人工智能对劳动者的部分或全部替代可以有效改善劳动者的工作环境和身心健康状况。德国政府充分意识到人工智能在改善劳动者的工作环境和身心健康状况等方面所能发挥的重要作用，于20世纪70年代中后期开始推行一项名为"改善劳动条件计划"的政策，强制规定部分有危险、有毒、有害的工作岗位必须以机器人来代替人工[①]。这一规定的出台，一方面极大地降低了有危险、有毒、有害等岗位从业者的劳动强度，另一方面也有力地拓展了机器人的应用领域，进而为德国人工智能技术的起步和快速发展营造良好的政策环境。

在注重通过法律和政策推动人工智能技术应用场景不断扩大的同时，

---

① 田园.机器人会抢走谁的饭碗[N].光明日报,2017-08-27(8).

德国政府也在人工智能技术研发和人才培养等方面投入了大量的资金。德国政府通过设立人工智能研究机构、利用财政资金长期资助人工智能研发、推动人工智能产学研相结合等方式来培育人工智能产业和人才梯队。在法律、政策、资金等多种因素的共同作用下，德国的人工智能技术和产业得到了快速的发展，诞生了一些在全球有影响力的人工智能研究机构和人工智能企业。其中，比较有代表性的是德国人工智能研究中心和德国库卡机器人公司。1988年，在德国政府的推动下，德国人工智能研究中心正式成立。该研究中心的工作人员中很多是来自德国国家科学院、欧洲科学院、瑞士皇家科学院、德国自然与文学科学院、德国自然与工程科学院、柏林勃兰登堡自然与人类学科学院等世界知名科学院的院士。德国人工智能研究中心非常注重理论研究成果的转化，研究方向覆盖人工智能的主要产业方向，包括大数据分析、知识管理、画面处理、自然语言处理、人机交互、机器人等。德国库卡机器人公司于1995年成立，是世界领先的工业机器人制造商之一。库卡机器人公司在全球拥有20多个子公司，大部分是销售和服务中心，包括绝大多数欧洲国家以及美国、墨西哥、巴西、日本、韩国、印度等国家和地区。当前，库卡机器人产品线几乎涵盖所有规格和负载范围的六轴机器人、卸码垛机器人、耐高温防尘机器人、焊接机器人、冲压连线机器人、架装式机器人、高精度机器人等。库卡机器人可用于物料搬运、加工、堆垛、点焊和弧焊等，涉及自动化、金属加工、食品和塑料等行业。库卡机器人的用户包括通用、克莱斯勒、福特、保时捷、宝马、奥迪、奔驰、大众、法拉利、哈雷戴维森、波音、西门子、宜家、施华洛世奇、沃尔玛、百威啤酒、可口可乐等[①]。

2.德国人工智能政策的发展："工业4.0"从概念到战略

德国人工智能政策的演进历程与德国制造业的发展历程大体同步。为了确保德国在人工智能时代能够继续保持在制造业方面的技术优势和领先地位，德国政府于2011年开始推动实施被认为是"第四次工业革命的先行者"的"工业4.0"战略。伴随德国"工业4.0"战略概念的提出到落地实

---

① 田园.机器人会抢走谁的饭碗[N].光明日报，2017-08-27(8).

施，德国政府的人工智能政策也处于不断发展和完善之中。2011年，在德国汉诺威工业博览会上，德国人工智能研究中心负责人和执行总裁沃夫冈·瓦尔斯特尔教授首次提出"工业4.0"一词，旨在通过互联网的推动，形成第四次工业革命的雏形。2013年是"工业4.0"在德国发展非常快速的一年。德国信息通讯新媒体协会、德国机械设备及制造协会和电气电子行业协会联合建立了"工业4.0"研讨平台，并在法兰克福设立秘书处，在互联网上开设了一个门户网站。2013年，德国政府专门成立了"工业4.0"工作组，并于同年4月在汉诺威工业博览会上发布了最终报告《保障德国制造业的未来：关于实施工业4.0战略的建议》。2013年12月，德国电气电子和信息技术协会发表了德国首个"工业4.0"标准化路线图。2014年4月，"融合的工业——下一步"被确定为汉诺威工业博览会的主题[①]。

从"工业4.0"战略的提出到实施所经历的过程可以看出，"德国人工智能政策非常注重平台建设。一方面，'工业4.0'战略即强调以平台为主体，将人与机器、机器与机器连接起来，实现智能化操作和智能化生产。另一方面，德国联邦教研部在2017年9月启动了'学习系统'人工智能平台，旨在通过开发和应用'学习系统'，以提高劳动者工作效率和生活品质，促进经济、交通和能源供应等领域的可持续发展"[②]。

3.德国人工智能政策的完善

2018年7月18日，德国联邦政府通过了由德国联邦经济与能源部、联邦教育与研究部和联邦劳动与社会部共同编制的《联邦政府人工智能战略要点》（以下简称《战略要点》）。《战略要点》的出台，预示着德国政府的人工智能战略和政策渐趋成熟。《战略要点》介绍了人工智能战略编制时应遵从的目标、行动领域以及联邦政府各部门在编制过程中需要采取的行动。通过"人工智能战略"的颁布，德国联邦政府希望达到如下目的：

---

① 陈志文."工业4.0"在德国：从概念走向现实[J].世界科学,2014(5):6.

② 贾开,郭雨晖,雷鸿竹.人工智能公共政策的国际比较研究：历史、特征与启示[J].电子政务,2018(9):82.

开发人工智能在不同行业、公共治理和社会领域的新应用形式；与欧洲伙伴和技术领导者一道，将人工智能研究发展到国际顶尖水平，使德国成为对世界人工智能专家有吸引力的国度，从而丰富德国的人工智能人才储备；将公民和整个社会的利益视为核心，尽可能降低改变可能带来的风险，让系统变得可检测，并防止歧视；进行以人为本的人工智能开发和应用，重视提高从业者的相关能力、才能和自主性，保障他们的安全和健康；让人工智能技术的开发者和使用者都能清楚了解技术应用的伦理和法律界限，并检测是否需要继续对相关制度框架进行完善，提高法律的安定性；通过开发人工智能技术的应用潜力，为提高公民安全、效率和可持续性做出贡献，同时促进社会参与、公民的行动自由和自主性等①。为了实现上述人工智能战略和政策目标，《战略要点》提出了要让德国成为人工智能技术创新的推动者、加快人工智能技术转化力度、加强教育和吸引人工智能方面的人才、将人工智能应用到国家治理中以及提高数据可用性等对策和建议。

三、英国的人工智能政策

英国是一个与人工智能有着深厚渊源的国家，被誉为人工智能研究先驱的阿兰·图灵就是一位来自英国的数学家。阿兰·图灵提出的用于判断机器是否具备智能的测试方法——图灵测试开创了人工智能研究的先河。同时，阿兰·图灵认为，人工智能研究的重点不是要制造出具有实体形态的、与人类非常类似的机器人，其重点应放在能够驱动机器的智能化水平不断提升的计算机程序的研发上。阿兰·图灵的这一观点，在近年来得到了人工智能发展历程的充分印证。近些年来人工智能在算法上所取得的重大突破，成为推动其自身快速发展和应用场景不断拓展的根本保障。20世纪80年代以来，英国政府在不断加大人工智能技术研发投入力度的同时，通过设立相应的机构和出台相应的法规、政策等来积极应对人工智能技术

---

① 孙浩林.德国"人工智能战略"编制要点[J].科技中国,2018(10):87.

在深度应用过程中可能产生的各种安全风险、法律适用难题和道德伦理困境，以确保人工智能技术在政府有效的监管下安全发展和得到深度应用。

1.加大对人工智能技术研发和应用的投入力度

英国政府一直以来就非常重视人工智能技术的研发和应用工作，并为此投入了较多的资金。1982年，英国政府制定了发展第五代计算机的"阿尔维计划"。该计划周期为5年，计划投资资金3.5亿美元，重点用于开展计算机软件工程、人机接口、机器智能系统以及超大规模集成电路等项目的研究工作。2013年，英国政府宣布成立6亿英镑的投资基金，以支持"八个方面的伟大科技计划"，其中就包括"机器人技术及自动化系统"。在人工智能技术的研发和应用上，"英国致力于硬件CPU、身份识别领域的人工智能技术的研发。在应用领域，英国将人工智能技术广泛应用于水下机器人、海洋工程、太空宇航、矿产采集等领域。相较美国和德国，英国的研究和应用覆盖面小，但更加具体和深入，其人工智能产业发展注重应用上的时效性。同时，英国政府非常关注人工智能的人才培养"[1]。

2.组建专门的人工智能管理、协调和研究机构

为了更加有效地促进人工智能的发展，英国政府组建了专门的人工智能管理、协调和研究机构，用于推动和监管人工智能技术的研发与应用等工作。英国政府近些年来成立的人工智能管理、协调和研究机构主要有人工智能委员会、政府人工智能办公室、数据伦理和创新中心、全国人工智能研究所等。其中，人工智能委员会、政府人工智能办公室主要负责协调人工智能技术在英国发展中遇到的各种问题，这两个机构的目的主要是促进研究和创新，刺激需求并加速向整个经济部门渗透，推动AI（人工智能）劳动力更加多元，让人们意识到高级数据分析技术的好处和优势。而数据伦理和创新中心是全球首个旨在就"符合伦理的、安全的、创新性的数据和人工智能使用"给政府提出建议的咨询机构。该中心将与行业一道建立数据信托。该中心不是监管部门，将在塑造如何利用人工智能方面发挥领导作用。该中心主要职责包括：制定伦理框架、宣传技术的好处、提

---

[1] 张娜.角逐人工智能 各国竞相施策[J].中国中小企业,2018(9):69.

出政策建议、推动数据信托（即促进数据分享的机制）落地。在具体实践中，英国人工智能研究的主要工作是由成立于2015年的阿兰·图灵研究所来承担。阿兰·图灵研究所以被称为"人工智能之父"的阿兰·图灵命名，由英国工程和物理科学委员会与剑桥大学、爱丁堡大学、牛津大学、华威大学、伦敦大学等联合组建而成。

3. 制定人工智能技术发展战略规划

为了确保人工智能技术在英国能够得到深度的应用，同时也为了有效防范人工智能在应用过程中可能会引发的各种风险，英国政府制定了多项人工智能技术发展战略规划。其中，比较有代表性的是2016年制定的《机器人技术和人工智能》战略规划和同年由英国政府发布的题为《人工智能：未来决策制定的机遇与影响》研究报告，以及2018年由英国议会下属的人工智能特别委员会发布的长达180页的研究报告——《英国人工智能发展的计划、能力与志向》。《机器人技术与人工智能》认为，英国视自己为机器人技术和人工智能系统道德标准研究领域的全球领导者，并且认为英国应该将这一领域的领导者地位扩展至人工智能监管领域。《英国人工智能发展的计划、能力与志向》研究报告对人工智能的概念、设计、技术研发进行了论述，对人工智能应用对法律、医疗和人们工作、生活、学习等领域产生的影响进行了分析，并且对如何有效应对人工智能可能会带来的危险、打造人工智能美好未来等问题进行了探索。总体来说，《英国人工智能发展的计划、能力与志向》在以下十个方面对人工智能研究领域的热点问题进行了回应：促进数据访问和最大化利用公共数据的价值；实现可理解、可信赖的人工智能，避免在特定领域采用"黑盒"算法；理解算法歧视，探索针对训练数据和算法的审查、测试机制；警惕数据垄断，更新伦理、数据保护和竞争框架；研究并应对法律责任挑战，阐明责任规则及其适用；应对人工智能和数据相关的新型网络犯罪活动；统一自主武器的国际概念，就其开发和使用形成国际共识；成立新的人工智能机构，发挥全方位战略、咨询和领导作用；当前阶段没必要对人工智能采取统一的专门监管；制定国家人工智能准则，推动形成人工智能研发和使用的全球共同伦理框架[①]。

四、中国的人工智能政策

人工智能的出现及其应用场景的不断拓展，给人类的生产方式、生活方式和国家治理模式带来了深刻的变革。中国作为全球最大的发展中国家和世界第二大经济体，利用人工智能技术来推动产业结构转型升级、提高经济发展质量的需求非常迫切，我们需要在人工智能技术研发、人才培养和产业发展等方面尽早谋划，积极作为。与此同时，我们也要采取必要的措施，以有效应对人工智能在应用过程中已经出现的问题和可能出现的风险。与美国、德国和英国等国人工智能政策的发展历程不尽相同，我国的人工智能发展以国家层面的顶层设计较为完备、党和国家领导人高度重视等为主要特征。

1.我国有关人工智能发展的顶层设计

我国一直以来就高度重视人工智能的发展工作，我国人工智能产业的发展和相关政策的出台与国家顶层设计密不可分。在"十三五"规划纲要中，我国将培育人工智能、移动智能终端、第五代移动通信等作为新一代信息技术产业创新重点发展。2016年5月，国家发展改革委、科技部、工业和信息化部及中央网信办联合下发了《"互联网+"人工智能三年行动实施方案》。该方案提出，要充分发挥人工智能技术创新的引领作用，支撑各行业领域"互联网+"创业创新，培育经济发展新动能。2017年7月，国务院印发《新一代人工智能发展规划》，提出了面向2030年我国新一代人工智能发展的指导思想、战略目标、重点任务和保障措施。这是中国首个面向2030年的人工智能发展规划。如表1-2所示，自2015年5月"中国制造2025"计划发布以来，国务院和国务院部委层面出台的关于人工智能及其相关产业发展的规划等多达几十项。其中，比较有代表性是工业和信息化部于2016年12月18日印发的《大数据产业发展规划（2016—2020

---

① 曹建峰.解读英国议会人工智能报告十大热点[J].机器人产业,2018(3):20-27.

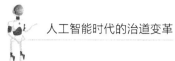

年）》和2017年7月印发的《新一代人工智能发展规划》。

表1-2　我国有关人工智能发展的政策性文件①

发布时间	发布机构	政策性文件名称
2015-05-08	国务院	中国制造2025
2015-07-04	国务院	国务院关于积极推进"互联网+"行动的指导意见
2016-04-15	国务院办公厅	国务院办公厅关于深入实施"互联网+流通"行动计划的意见
2016-04-27	工业和信息化部、国家发展改革委、财政部	机器人产业发展规划（2016—2020年）
2016-05-18	国家发展改革委、科技部、工业和信息化部、中央网信办	"互联网+"人工智能三年行动实施方案
2016-08-08	国务院	"十三五"国家科技创新规划
2016-08-26	国家发展改革委办公厅	关于请组织申报大数据领域创新能力建设专项的通知
2016-09-19	工业和信息化部、国家发展改革委	智能硬件产业创新发展专项行动(2016—2018年)
2016-11-29	国务院	"十三五"国家战略性新兴产业发展规划
2016-12-15	国务院	"十三五"国家信息化规划
2016-12-16	国家发展改革委办公厅	关于组织实施2017年新一代信息基础设施建设工程和"互联网+"重大工程的通知
2016-12-18	工业和信息化部	大数据产业发展规划（2016—2020年）
2016-12-30	工业和信息化部、国家发展改革委	信息产业发展指南
2017-07-08	国务院	新一代人工智能发展规划

---

① 贾开,郭雨晖,雷鸿竹.人工智能公共政策的国际比较研究:历史、特征与启示[J].电子政务,2018(9):83-84.

发布时间	发布机构	政策性文件名称
2017-07-13	教育部办公厅	关于2017—2020年开展示范性虚拟仿真实验教学项目建设的通知
2017-08-24	国务院	国务院关于进一步扩大和升级信息消费持续释放内需潜力的指导意见
2017-10-11	国家发展改革委办公厅	关于组织实施2018年"互联网＋"、人工智能创新发展和数字经济试点重大工程的通知
2017-12-13	工业和信息化部	促进新一代人工智能产业发展三年行动计划（2018—2020年）
2017-12-26	工业和信息化部	《促进新一代人工智能产业发展三年行动计划（2018—2020年）》解读
2018-01-31	教育部	教育部2018年工作要点
2018-02-11	教育部、国家发展改革委、财政部、人力资源社会保障部、中央编办	教师教育振兴行动计划（2018—2022年）
2018-03-05	国务院	2018年国务院政府工作报告
2018-04-01	国务院	国务院关于落实《政府工作报告》重点工作部门分工的意见
2018-04-02	教育部	高等学校人工智能创新行动计划
2018-04-02	工业和信息化部办公厅	关于开展2018年人工智能与实体经济深度融合创新项目申报工作的通知
2018-04-25	国务院办公厅	国务院办公厅关于促进"互联网+医疗健康"发展的意见
2018-05-09	国家互联网信息办公室	数字中国建设发展报告（2017年）

（1）《大数据产业发展规划（2016—2020年）》。大数据是以容量大、类型多、存取速度快、价值密度低为主要特征的数据集合，其正快速发展为对数量巨大、来源分散、格式多样的数据进行采集、存储和关联分析，

从中发现新知识、创造新价值、提升新能力的新一代信息技术和服务业态。信息技术与经济社会的交汇融合引发了数据量迅猛增长，数据已成为国家基础性战略资源，大数据正日益对全球生产、流通、分配、消费活动以及经济运行机制、社会生活方式和国家治理能力产生重要影响。为了更好地发挥大数据在经济社会发展和国家治理能力提升中的重要作用，推动我国大数据产业的发展，国务院于2015年8月31日印发了《促进大数据发展行动纲要》（国发〔2015〕50号）。该行动纲要指出，大数据已经成为推动经济转型发展的新动力、重塑国家竞争优势的新机遇和提升政府治理能力的新途径。当前，政府促进大数据产业发展的主要措施是要加快政府数据开放共享，推动资源整合，提升治理能力；推动产业创新发展，培育新兴业态，助力经济转型；强化安全保障，提高管理水平，促进健康发展。为此，国家将从以下几个方面来完善有关的政策和机制：完善组织实施机制，加快法规制度建设，健全市场发展机制，建立标准规范体系，加大财政金融支持，加强专业人才培养，促进国际交流合作[①]。

但同时，我们也要看到我国大数据产业发展也面临一些问题：一是数据资源开放共享程度低。数据质量不高，数据资源流通不畅，管理能力弱，数据价值难以被有效挖掘利用。二是技术创新与支撑能力不强。我国在新型计算平台、分布式计算架构、大数据处理和分析等方面与发达国家比仍存在较大差距，对开源技术和相关生态系统影响力弱。三是大数据应用水平不高。我国发展大数据具有强劲的应用市场优势，但是目前还存在应用领域不广泛、应用程度不深、认识不到位等问题。四是大数据产业支撑体系尚不完善。数据所有权、隐私权等相关法律法规和信息安全、开放共享等标准规范不健全，尚未建立起兼顾安全与发展的数据开放、管理和信息安全保障体系。五是人才队伍建设亟须加强。大数据基础研究、产品研发和业务应用等各类人才短缺，难以满足发展需要。

针对我国大数据产业发展存在的不足，在2016—2020年期间，我国瞄

---

① 国务院关于印发促进大数据行动纲要的通知［EB/OL］.（2015-09-05）［2020-09-20］.http：//www.gov.cn/zhengce/content/2015-09/05/content_10137.htm.

准大数据技术发展前沿领域，在坚持创新驱动、应用引领、开放共享、统筹协调和安全规范的原则下，加大政府对大数据产业的政策支持和引导力度，发挥企业在大数据产业创新中的主体作用，强化大数据技术产品研发，深化工业大数据创新应用，促进行业大数据应用发展，加快大数据产业主体培育，推进大数据标准体系建设，完善大数据产业支撑体系和提升大数据安全保障能力。

（2）《新一代人工智能发展规划》。2017年7月8日，国务院印发了《新一代人工智能发展规划》。该规划对我国人工智能的战略态势、总体要求、重点任务、资源配置、保障措施和组织实施进行了明确，为我国做好人工智能技术研发、产业发展和有关科学研究指明了方向，有利于推动我国新一代人工智能技术及其应用取得更多更大的成果。

在人工智能的战略态势上，《新一代人工智能发展规划》指出，在移动互联网、大数据、超级计算、传感网、脑科学等新理论新技术以及经济社会发展强烈需求的共同驱动下，人工智能加速发展，呈现出深度学习、跨界融合、人机协同、群智开放、自主操控等新特征。大数据驱动知识学习、跨媒体协同处理、人机协同增强智能、群体集成智能、自主智能系统成为人工智能的发展重点，受脑科学研究成果启发的类脑智能蓄势待发，芯片化硬件化平台化趋势更加明显，人工智能发展进入新阶段。在新阶段，人工智能成为国际竞争的新焦点和经济发展的新引擎。人工智能带来社会建设的新机遇，但其发展的不确定性将带来新挑战。由于人工智能是影响面广的颠覆性技术，可能带来改变就业结构、冲击法律与社会伦理、侵犯个人隐私、挑战国际关系准则等问题，将对政府管理、经济安全和社会稳定乃至全球治理产生深远影响。在大力发展人工智能的同时，必须高度重视可能带来的安全风险挑战，加强前瞻预防与约束引导，最大限度降低风险，确保人工智能安全、可靠、可控发展[①]。

在目标和任务上，《新一代人工智能发展规划》指出，要在坚持科技

[①] 国务院关于印发新一代人工智能发展规划的通知［EB/OL］.（2017-07-20）［2020-12-01］. http://www.gov.cn/zhengce/content/2017-07/20/content.5211996.htm.

引领、系统布局、市场主导和开源开放的原则下分三步完成人工智能发展的战略任务：

第一步，到2020年人工智能总体技术和应用与世界先进水平同步，人工智能产业成为新的重要经济增长点，人工智能技术应用成为改善民生的新途径，有力支撑进入创新型国家行列和实现全面建成小康社会的奋斗目标。

——新一代人工智能理论和技术取得重要进展。大数据智能、跨媒体智能、群体智能、混合增强智能、自主智能系统等基础理论和核心技术实现重要进展，人工智能模型方法、核心器件、高端设备和基础软件等方面取得标志性成果。

——人工智能产业竞争力进入国际第一方阵。初步建成人工智能技术标准、服务体系和产业生态链，培育若干全球领先的人工智能骨干企业，人工智能核心产业规模超过1500亿元，带动相关产业规模超过1万亿元。

——人工智能发展环境进一步优化，在重点领域全面展开创新应用，聚集起一批高水平的人才队伍和创新团队，部分领域的人工智能伦理规范和政策法规初步建立。

第二步，到2025年人工智能基础理论实现重大突破，部分技术与应用达到世界领先水平，人工智能成为带动我国产业升级和经济转型的主要动力，智能社会建设取得积极进展。

——新一代人工智能理论与技术体系初步建立，具有自主学习能力的人工智能取得突破，在多领域取得引领性研究成果。

——人工智能产业进入全球价值链高端。新一代人工智能在智能制造、智能医疗、智慧城市、智能农业、国防建设等领域得到广泛应用，人工智能核心产业规模超过4000亿元，带动相关产业规模超过5万亿元。

——初步建立人工智能法律法规、伦理规范和政策体系，形成人工智能安全评估和管控能力。

第三步，到2030年人工智能理论、技术与应用总体达到世界领先水平，成为世界主要人工智能创新中心，智能经济、智能社会取得明显成效，为跻身创新型国家前列和经济强国奠定重要基础。

——形成较为成熟的新一代人工智能理论与技术体系。在类脑智能、自主智能、混合智能和群体智能等领域取得重大突破，在国际人工智能研究领域具有重要影响，占据人工智能科技制高点。

——人工智能产业竞争力达到国际领先水平。人工智能在生产生活、社会治理、国防建设各方面应用的广度深度极大拓展，形成涵盖核心技术、关键系统、支撑平台和智能应用的完备产业链和高端产业群，人工智能核心产业规模超过1万亿元，带动相关产业规模超过10万亿元。

——形成一批全球领先的人工智能科技创新和人才培养基地，建成更加完善的人工智能法律法规、伦理规范和政策体系[①]。

《大数据产业发展规划（2016—2020年）》和《新一代人工智能发展规划》等顶层设计的出台，不仅为当时及此后很长一段时期内我国人工智能及相关产业应该如何发展指明了方向，进而给人工智能产业的发展提供了强大的政策支撑，而且也有利于推动人工智能在经济社会发展和国家治理等各领域的深度应用。但是，我们也要注意到，与英国等国已经开始着手组建人工智能委员会、人工智能应用伦理和标准监管机构等政策导向相比，当前我国人工智能的政策规划主要还是侧重于技术和应用层面，对于人工智能在应用过程中已经出现的和可能会诱发的治理风险以及道德、伦理、法律等层面的治理困境关注不够。目前，上述有关问题的探讨主要还停留在学术层面，如何在推动人工智能技术快速发展和深度应用的同时，在法律和政策层面更好地对人工智能进行有效管理，以确保人工智能在安全的前提下发展是国家和政府应予以高度重视并给予积极回应的重要话题。

---

① 国务院关于印发新一代人工智能发展规划的通知［EB/OL］.（2017-07-20）［2020-12-01］. http://www.gov.cn/zhengce/content/2017-07/20/content.5211996.htm.

2.党和国家领导人高度重视

我国的人工智能之所以能够在较短的时间内取得较快的发展，除了与国家制定的较为完备的人工智能发展战略规划密切相关外，也与党和国家领导人的高度重视密不可分。党和国家领导人对于大数据和人工智能产业发展的高度关注，有力地推动了我国人工智能产业的发展。

2017年12月8日，中共中央政治局就实施国家大数据战略进行第二次集体学习。在此次集体学习活动中，习近平总书记指出，大数据是信息化发展的新阶段。随着信息技术和人类生产生活交汇融合，互联网快速普及，全球数据呈现爆发增长、海量集聚的特点，对经济发展、社会治理、国家管理、人民生活都产生了重大影响。世界各国都把推进经济数字化作为实现创新发展的重要动能，在前沿技术研发、数据开放共享、隐私安全保护、人才培养等方面做了前瞻性布局。大数据发展日新月异，我们应该审时度势、精心谋划、超前布局、力争主动，深入了解大数据发展现状和趋势及其对经济社会发展的影响，分析我国大数据发展取得的成绩和存在的问题，推动实施国家大数据战略，加快完善数字基础设施，推进数据资源整合和开放共享，保障数据安全，加快建设数字中国，更好地服务于我国经济社会发展和人民生活改善。

2018年10月31日，中共中央政治局就人工智能发展现状和趋势举行第九次集体学习活动。习近平总书记在主持学习时强调，人工智能是新一轮科技革命和产业变革的重要驱动力量，加快发展新一代人工智能是事关我国能否抓住新一轮科技革命和产业变革机遇的战略问题。要深刻认识加快发展新一代人工智能的重大意义，加强领导，做好规划，明确任务，夯实基础，促进其同经济社会发展深度融合，推动我国新一代人工智能健康发展。对此，我们需要加强人工智能同社会治理的结合，开发适用于政府服务和决策的人工智能系统，加强政务信息资源整合和公共需求精准预测，推进智慧城市建设，促进人工智能在公共安全领域的深度应用，加强生态领域人工智能运用，运用人工智能提高公共服务和社会治理水平。要整合多学科力量，加强人工智能相关法律、伦理、社会问题研究，建立健全保障人工智能健康发展的法律法规、制度体系、伦理道德。各级领导干部要努力学习科技前沿知识，把握人工智能发展规律和特点，加强统筹协调，加大政策支持，形成工作合力。同时，习近平总书记也就人工智能技术应用过程中可能存在的风险及安全问题进行了强调。他指出，要加强人工智能发展的潜在风险研判和防范，维护人民利益和国家安全，确保人工智能安全、可靠、可控。

第二章　人工智能存在属性的哲学审视和伦理观照

当人工智能还处于机械地执行由人类设计的程序指令的阶段时，人工智能仅仅是一种功能优越于一般机器的技术工具而已，人们对于人工智能的存在属性和存在意义等问题没有给予过多的哲学关注和伦理审视。但是，伴随人工智能机器学习功能的不断强化，特别是算法技术上的重大突破，有朝一日，人工智能会开始具备脱离人类设计的程序指令进行自主决策和自主行为的能力，人工智能的"意识"也会渐渐形成。目前，"人工智能技术似乎正在朝着突破传统科学和技术天堑的方向演进：人与物的界限、生与死的界限、时空结构的界限、人类与机器的界限，不说是已经彻底打破，至少说界限变得相对模糊"①。面对自主决策和行为能力不断提升的人工智能，我们究竟是应该将其仍视为机器还是将其看成是一个新的智能物种？如果将人工智能视为一个新的智能物种，我们是否应该赋予人工智能与人类相同等的基本权利？如果赋予人工智能与人类相同等的基本权利，那么人工智能的性别、情感、婚姻等问题我们又该如何面对？对于这些因人工智能的存在属性而引发的哲学、伦理、道德和法律等方面的风险与困境进行探究已经成为学界无法回避的现实问题。其中，有关赋予人工智能以独立的人格权后可能会引发的道德风险及其所面临的法律困境，将在本书的第三章进行专门论述。本章将主要从哲学视角和伦理层面两个方面对人工智能的存在属性进行审视。

---

① 任剑涛.人工智能与"人的政治"重生[J].探索,2020(5):53.

第一节　人工智能存在属性的哲学审视

人工智能技术的出现和应用场景的不断拓展，使得人工智能时代悄然来临。伴随人工智能在经济社会发展中应用程度的不断加深，人工智能与人类的互动日渐频繁，"在人机互动尤其是人机互嵌的发展进程中，人与物的界限远不如启蒙哲学规划得那么确定不移，对人的主体地位的确认、对物的客体性规定，在边际界线上需要重新规划"[①]。面对智能化和自主化程度不断提升的人工智能，从哲学层面对其存在属性进行探究很有必要。目前，学术界已经有部分学者从哲学视角来关注人工智能的存在属性，有学者将人工智能视为数据生命体[②]，也有学者认为人工智能的本质还是机器，而人是机器的尺度[③]。本节将在对部分学者关于人工智能存在属性的观点进行介绍的基础上，从思维与存在的关系这一哲学基本问题的视角对人工智能的存在属性进行探究。

一、人工智能是一种数据生命体

数据、算法和算力是人工智能的三大构成要素。从算法和算力的视角来看，人工智能就是一个单纯的由程序代码和硬件设备所组成的机器系统，与传统的计算机系统无异，体现了技术冷冰冰的一面，人工智能缺乏生命的活力。但从数据视角来看的话，人工智能又是一个充满了生命力的智能系统。近些年来人工智能技术的快速发展和应用场景的不断拓展，除了与机器学习算法的不断突破和超级计算设备算力的提升密切相关外，更离不开大数据技术的发展和深入应用。如果把人工智能比作"一桌好菜"

---

① 任剑涛.人工智能与"人的政治"重生[J].探索,2020(5):53.
② 张宪丽,高奇琦.作为新物种的数据生命体[J].学习与探索,2017(12):61-68.
③ 张劲松.人是机器的尺度:论人工智能与人类主体性[J].自然辩证法研究,2017(1):49-54.

的话，那么算法和超级计算设备就是"上乘的调味料和精美的厨具"，而数据就是"优质的食材"，没有丰富的数据作为"食材"，人工智能这桌"好菜"将无法得以完成。例如，在"阿尔法狗"的学习过程中，核心数据就来自互联网的3000万例棋谱。如果离开了这些棋谱数据，"阿尔法狗"可能无法战胜当时的世界围棋冠军李世石。目前，全球的数据量正处于快速增长的状态，海量的数据为人工智能水平的提升和应用场景的不断扩大奠定了坚实的基础。

"所谓数据就是有依据的数字编码，它与人类的关系十分密切。早在古埃及时期，人们就知道用数据来计量财富和记录日常生活。文艺复兴之后，数据又被用于描述物理现象和自然规律。然而，在中外哲学史上，数据一般被看作刻画事物关系的参数，很少被看作是世界的本质，唯有古希腊哲学家毕达哥拉斯提出了'数是万物的本原'的思想，将数据上升到本体论高度。但随着大数据时代的来临，数据开始从作为事物及其关系的表征走向主体地位，即数据被赋予了世界本体的意义，成为一个独立的客观数据世界。"[1]伴随大数据时代的到来和人工智能技术的快速发展，数据在经济社会发展中的作用愈发强大，以数据为重要支撑的人工智能在部分学者看来已经成为一种拥有生命力的数据生命体。例如，高奇琦教授从英国文化人类学家爱德华·泰勒的"万物有灵论"理论出发，认为一切物质都是有生命的。他将生命定义为所有可以做到自主性运动的实体，而生命的迹象实际上是一种自主性运动。例如，重症监护室中生命的消失就体现在心电图不再上下波动。对于人工智能是否拥有生命，张宪丽与高奇琦认为，当人类运用数据对事务进行拟人化处理时，就产生了人工智能。换言之，人工智能是人类的创造物和新的生命形式。当然，目前这种新的生命体还是比较低级的[2]。在承认了人工智能是一种数据生命体后，他们认为，人类与人工智能的关系也将从人类单方面的不承认到相互承认再到相互尊重，传统的社会交往伦理也必将随之发生深刻的变化。因为，"从相互承

---

[1] 张宪丽,高奇琦.作为新物种的数据生命体[J].学习与探索,2017(12):61.

[2] 张宪丽,高奇琦.作为新物种的数据生命体[J].学习与探索,2017(12):64.

认到相互尊重的过程，也是人们不断进行自我反思的过程。自我一直是哲学和心理学上的重要概念，而在人工智能时代，自我的内涵也会发生重要的变化，即一种量化的自我形态可能会出现。具体而言，在大数据的背景下，德尔斐神殿的神谕'认识你自己'已经不再是只通过传统的思考方式（比如冥想）来实现，而是要更多地依赖数据的力量。或者说，人们对自己的认识，会越来越多地依赖数字，这也是'数字化生存'的核心要义"①。

二、人工智能可能会演化成一个具备思维和意识的技术主体

"我思故我在"是笛卡尔的一句名言，这句话从不同的角度可以有不同的理解。从字面上来说可以将这句话理解为"我思考，所以我存在"。而从"思维与存在的关系"这一哲学基本问题的视角来看，这里的"我思"是"我在"的前提，世界的存在要以某个特定主体的思维的存在为基本前提。这也就意味着思维在先，存在在后。如果从这个角度来理解笛卡尔的话，那么笛卡尔的这句话就是典型的主观唯心主义，对其进行研究的意义和价值将会大打折扣，而这是对笛卡尔的误解。

笔者认为，笛卡尔的"我思故我在"并不是唯心命题，而是属于认识论的内容。笛卡尔以此命题作为其全部认识论哲学的起点，也是他"普遍怀疑"的终点。他从这一点出发论证了人类知识的合法性。因此，将"我思故我在"理解为"我唯一可以确定的事就是我自己思想的存在，因为当我怀疑其他时，我无法同时怀疑我本身的思想"可能更加合适。笛卡尔在突出人类思维的重要性和人类知识的合法性的同时，也将人类的主体性地位的重要性提升到了一个新的高度，在很大程度上影响了近代西方哲学研究的主题。从近代西方哲学的研究脉络可以看出，人类的主体性地位是近代西方哲学思想中重点突出的主题，反映了人本主义和启蒙运动的重要理论成果。"近代西方哲学将人的主体性地位提升到了前所未有的高度，主

---

① 张宪丽,高奇琦.作为新物种的数据生命体[J].学习与探索,2017(12):65.

体具有无限的认知能力，能够使人类去认识和把握无限的世界。从笛卡尔的'我思'、莱布尼茨的'知觉单子'到康德的'统摄主体'、费希特设定非我的'自我'，近代西方的理性主体在黑格尔的'绝对理念'中达到顶峰。理性、思维、理念是主体的首要特质，而感性、身体、灵魂、心灵等则处于从属地位，这成为近代哲学对于人类主体的基本建构图式。具有理性思维的自我是人类主体地位的重要保证，也是一切思想或认识的基础。"①

人类思维的存在对于人类感知自身所拥有的主体地位而言非常重要。思维是人脑具备的独特功能，在人类进化完成之前，类人猿的存在是一个客观的事实，但是由于类人猿尚不具备人的思维，也就难以意识到自身的主体地位。当猿进化成真正的人之后，人类的思维和意识使得人类对自身的存在和主体地位开始有了清晰的认识，并有了利用自己的思维和意识去认识世界和改造世界的冲动。

人工智能虽是人造物，但又不同于一般的人造物。随着人工智能技术的发展，越来越多的人工智能系统开始具备学习的能力。例如，连续打败世界围棋高手李世石和柯洁的"阿尔法狗"，不仅可以按照程序指令进行围棋操作，而且具备了自我对弈的能力，其围棋技术在反复的"自我学习"中不断提升。人工智能的出现和不断发展，似乎是在重复着人类从一种存在物到思维和意识的形成再到人类主体性觉醒的历史演进过程。只是，人工智能首先是人工的制造物，是一种非自然生成的存在物。以人工智能现有的发展水平来看，它能否获得意识，还主要取决于制造它的人类设计者。但是，伴随人工智能算法技术的不断升级，一旦人工智能具备了思维能力或者在人类设计者的帮助下产生了思维和形成了意识之后，人工智能将会从机器变成一种与人类相似的具有思维和意识的主体。

目前，人工智能技术研发的重点还是如何提升人工智能的智能化程度，让人工智能能够独立完成更多的任务。这一技术的发展，一方面有利于更好地拓展人工智能的应用场景，提高社会生产效率，减轻人类的劳动

---

① 张劲松.人是机器的尺度：论人工智能与人类主体性[J].自然辩证法研究,2017(1):49-50.

负担。另一方面，伴随人工智能的智能化程度的不断提升，人工智能的自主性将不断增强，其成为具备思维和意识的主体的可能性也随之大大增加。也许，在将来，承认而非赋予人工智能以主体人格将是应对人工智能技术不断升级的必然选择，"我在故我思"也将从可能逐渐变成现实，人工智能很有可能将以一种具备思维和意识的技术主体的形态出现在世人面前。

三、承认人工智能的主体地位与马克思主义哲学意识论相悖

意识论是马克思主义哲学的重要组成部分。马克思主义哲学意识论认为，意识不是从来就有的，意识是自然界长期发展的产物，是社会的产物。意识在本质上是人脑特有的机能，是人脑对客观事物的主观反映。按照马克思主义哲学的观点，人脑是意识的物质器官，人脑的形成是意识产生的物质前提。同时，光有人脑的物质器官，没有劳动和社会交往，人脑的意识也是无法形成的。

随着机器学习算法的不断突破、人工智能硬件计算能力的大幅提升和大数据处理技术的不断迭代，人工智能技术的发展速度越来越快，人工智能越来越具有独立行为的可能性。对于将来人工智能是否会具备意识，很多学者给出了否定的答案，他们的理由是人类的行为是不可能由机器完全代替的。例如，张劲松认为人工智能不可能替代人类，因为人工智能一方面通过符号和机器对简单的、线性的逻辑思维进行复制和应用，从而强化和提升人类的思维能力，另一方面借助各种感官的仿真机器和人工神经网络对人类的感性存在进行模拟，从而使机器具有与人类思维类似的记忆、学习、推理和联想等能力。然而，人工智能在思维能力上无法超越人类思维和意识的整体性，对于感官和人脑的模拟仍处于机械化阶段，更不能产生人类主体性所依赖的社会关系和实践基础。因此人工智能无法复制、模拟和超越人类主体性[①]。

---

① 张劲松.人是机器的尺度：论人工智能与人类主体性[J].自然辩证法研究,2017(1):49.

但是，伴随模拟人脑的人工神经系统研发技术的不断深入，人工智能具备人脑一样的功能结构只是时间的问题。人工智能具备了人脑的功能结构仅仅是其意识产生的第一步。人工智能要真正具备意识，还需要满足社会交往的条件，而这一条件可能在很长时间内无法满足。如果人工智能有一天可以像人一样自由地进行社会交往，那时的社会可能将不再是人类社会，而是一个人类与人工智能共同交往的社会，社会交往的准则可能会随之发生大幅度的变革和调整，马克思主义哲学的意识论也将会被彻底颠覆。到那时，哲学也将不再是人类的专利，一种人类和人工智能共生时代的哲学需要适时而生。

四、人是人工智能的尺度

对于人工智能在将来是否会具备意识以及人工智能是否会取代人类的问题，很多学者持否定的态度。因为，人类是世界上唯一具有意识的存在物，人类在物力上虽远不如其他动物，但人类的意识和智能使得人类可以假借外力来完成自身无法完成的工作。人工智能就是人类通过自己的意识和智能研发出来的一种改进社会生产方式和方便日常生活的智能系统。但同时我们也要注意到，强人工智能时代以及未来有可能会出现的超级人工智能时代，使得人类的未来也面临一些隐忧，人工智能在一定程度上可能会成为一种反人类的存在。"尽管超级人工智能未必能够成真，毕竟这是一件无比困难的事情，但科学家们如此认真地在做此种危险的努力，它就成为了一个严肃的哲学问题。人类试图发明超级人工智能，无论能否成功，这种自我否定的努力本身就提出了一个反存在的存在论问题。试图发明一种高于人的存在，这种努力直接就把人类的命运置于'存在还是毁灭'（to be or not to be）的抉择境地。"[①]

人工智能是人工制造的智能，确保人类的安全是人工智能技术发展的底线。因此，面对人工智能可能会给人类带来的是"存在还是毁灭"的隐

---

① 赵汀阳.终极问题：智能的分叉[J].世界哲学，2016(5):65.

忧，"人是人工智能的尺度"应该成为人工智能发展在哲学层面审视的结果和准则，人工智能技术的发展应该要控制在人类可以掌控的范围之内，不能任由其发展成为威胁人类存在的存在。

第二节　人工智能存在属性的伦理观照

随着人工智能技术的快速发展，新一波人工智能大潮正向我们袭来。特别是谷歌的"阿尔法狗"接连战胜世界围棋大师李世石和柯洁后，面对学习能力不断增强的人工智能，我们在为人工智能技术取得重大突破而欢欣鼓舞的同时，内心也不免生出些许的忧虑：人工智能在将来是否会超越人类的智能？如果超越了，我们又该如何应对？库兹韦尔在《奇点临近》一书中，用"奇点"的概念来描绘人工智能机器超越人类智力水平的那一刻。如果出现人工智能超越人类智能的那一刻，它会催生出失控的、指数级的技术增长，从而改变我们所认知的生命。因此，在人工智能技术快速发展的当下，对人工智能的存在属性进行必要的伦理观照，从确保和维系人类生存安全的角度来规约人工智能技术的发展非常必要，"人是人工智能的尺度"作为处理人与人工智能关系的基本准则也将成为对人工智能的存在属性进行伦理观照的基本前提。

一、人工智能和动植物人格权赋予顺序的伦理审视

人工智能最初是以技术形态出现的。与其他技术形式一样，人类在利用人工智能技术给社会的生产和生活带来诸多便利的同时，也面临着被技术异化的可能性。我们的社会是否应该跨越界线，给人造物赋予真的生命？人类的未来或将面临这一窘境。人工智能是一种人造物，如果承认其主体地位并赋予其相应的人格权，那么自然界中具有生命的动物和植物是否也应该被赋予人格权？如果要赋予自然界中具有生命的动物和植物以人

格权，那么动物和植物的人格权是否应该要优先于人工智能而得到人类的承认呢？

人工智能是否具有意识是人类应不应该赋予人工智能以人格权的重要判定标准之一。近些年来，对于人工智能是否具有意识的问题，科技界给予了高度的关注。从能干家务还能当秘书的"保姆机器人"的出现到"阿尔法狗"打败围棋世界冠军，人工智能所具备的能力一次又一次地改变着人类对人工智能的认知。人工智能正在快速地发展，并且具备越来越高的智能。目前，世界上包括斯蒂芬·霍金在内的许多科学家都认为，人工智能拥有意识仅是一个时间问题而已[①]。

对于人工智能、动物和植物是否具备意识，目前还尚不可知。但动物和植物相比于人工智能来说，是自然生成的。如果从伦理层面来审视意识和人格权赋予问题的话，动物和植物应该比人工智能这种人造物拥有更多的优先权。因为相比于人工智能来说，动物和植物拥有更多自然和精神的东西，比人工智能更有灵性。"泰勒在《原始文化》中解释万物有灵时指出，'万物有灵观的理论分解为两个主要的信条，他们构成一个完整学说的各部分。其中的第一条，包括着各个生物的灵魂，这灵魂在肉体死亡或消灭之后能够继续存在。另一条则包括着各个精灵本身，上升到威力强大的诸神行列。'从这种观点出发，一切物质都是有生命的，都被不同程度地注入了精神。自然和精神的分离不过是人类社会发展到一定阶段后对生命的定义。"[②]

因此，从自然界的演化过程来看，人类以外的动物和植物是先于人工智能而存在的。如果要赋予人工智能以人格权的话，从伦理视角看，应该优先赋予动物和植物以基本的人格权。在动物和植物尚不具备人格权的当下，赋予人工智能以独立的人格权在伦理上是说不过去的。

---

① 人工智能拥有意识，仅是一个时间问题而已[EB/OL].(2017-12-28)[2020-11-01].http://www.sohu.com/a/213287341_600431.

② 张宪丽,高奇琦.作为新物种的数据生命体[J].学习与探索,2017(12):64.

二、人工智能的性别、情感、婚姻和使用伦理

随着人工智能技术的快速发展，人工智能与人类智能之间的差距正不断缩小，人工智能拥有思维和主体意识在将来也许会成为现实。如果人工智能被赋予了与人类相同的人格权的话，那么人工智能的性别、情感、婚姻和使用等伦理问题也将会随之出现。对此，我们也需要予以必要的关注。

1.人类伦理与人工智能伦理如何兼容：人类与人工智能的对话

随着人工智能自主性的不断增强，将来，人工智能可能会生成主体意识并迅速发展，人工智能与人类智能并存时代出现的可能性大大增加。如果人工智能发展到与人类智能并行的阶段，人工智能的伦理秩序又该如何构建便成为一个现实问题。如果由人类来主导人工智能伦理秩序构建的话，我们需要对人工智能的性别、情感和婚姻以及人类在使用人工智能过程中的伦理等问题予以明确。但是，我们也要注意，由于未来人工智能的主体意识和自主行为能力会不断增强，人工智能是否愿意接受人类为其设定的伦理秩序，人类对此也不得而知。如果人工智能不接受人类为其所构建的人工智能伦理秩序，那么人工智能又将怎样来构建和构建怎样的伦理秩序呢？虽然人类无法干预人工智能自我构建伦理秩序的过程和结果，但是我们必须要面对的问题是如何使人工智能伦理与人类伦理能够相互兼容，以及如果出现人工智能的伦理与人类伦理之间不相兼容甚至是冲突的时候，人类与人工智能又该如何进行沟通和解决。而这些问题的解决肯定是建立在人工智能与人类进行对话的基础之上，人工智能和人类相互承认、彼此尊重应成为人类和人工智能对话的底线。

人工智能与人类智能并存的时代在未来某个"奇点"时刻可能会到来，思考和探究那一时刻到来后的人类伦理与人工智能伦理如何并存以及二者的冲突如何化解等问题非常必要。不过，从目前来看，人工智能技术的发展尚处于人类可以控制的范围之内，人工智能能否获得与人类一样的

主体资格，决定权还在人类手中。如果人类一直将人工智能当作机器，就不存在人工智能的伦理问题了。而如果我们赋予人工智能以主体资格，那么人工智能的性别、情感、婚姻和人工智能的使用伦理等问题将是我们必须要思考和探究的现实课题。

2. 现有伦理秩序下人工智能的性别、情感、婚姻和人工智能使用伦理

（1）人工智能的性别问题。近些年来，随着仿真度很高的情感类机器人的出现和应用，人工智能在人类日常生活中正扮演着越来越重要的角色。与此同时，人工智能在应用过程中所引发的伦理问题也越来越多。在这些伦理问题中，我们首先需要解决的是人工智能的性别问题。人工智能的性别问题是解决人工智能之间以及人工智能与人类之间如何保持正当交往的基本前提，人工智能的性别问题如果得不到很好的解决的话，其在应用过程中必将引发诸多的伦理困惑。例如，前文提到的作为世界上首位获得公民资格的人工智能机器人——沙特阿拉伯的索菲亚，其性别就被设计为女性。

（2）人工智能的情感问题。很长时间内，具有情感的机器人只能在科幻小说中才能看到。但随着人工智能技术的不断发展，人工智能具备情感可能只是时间早晚的问题。一旦人工智能具备了主体意识之后，人工智能的情感也可能就随之出现。随着人与具有情感的人工智能之间以及具有情感的人工智能相互之间交往频率的不断增强，人与人工智能之间以及人工智能之间必然会引发出情感问题，如何处理好人与人工智能之间以及人工智能之间的情感问题也将成为人类必须要面对的伦理问题。

（3）人工智能的婚姻问题。建立在情感之上的婚姻问题，一直以来被看作是人类的专利。只有在一些古老民族的神话中，我们才能看到人与人以外的主体产生爱情，并结为夫妻。例如，我国古代神话中所描写的董永与七仙女、牛郎和织女之间的爱恋故事，以及古希腊神话中的神与人之间的爱恋故事等。但是，随着人工智能技术的不断进步，人工智能可能将具备自主意识和越来越多的情感需求，人与人工智能之间以及人工智能之间在交往过程中因爱恋而生建立婚姻关系也将成为可能。如何应对人与人工

智能之间以及人工智能之间的爱恋关系和缔结婚姻的需求，也是我们在人与人工智能并存时代需要解决的伦理问题之一。总的来说，人工智能时代可能出现的新的婚姻形式主要包括人与异性人工智能之间的婚姻、人与同性人工智能之间的婚姻、异性人工智能之间的婚姻和同性人工智能之间的婚姻等。这些婚姻类型不仅会给人类现有的法律秩序带来冲击，而且如何让现代的人类从伦理上来接受上述婚姻类型也是值得我们关注的话题。

（4）人工智能的使用伦理问题。当我们把人工智能仅仅当作智能化的技术系统来看待的话，人工智能的使用谈不上任何的伦理问题。凡是人类不愿意从事的而人工智能又可以从事的工作，都可以让人工智能去完成。例如，危险化学品的生产、井下作业、深水区作业等有毒有害的作业环节都可以交给人工智能去完成，以最大限度地减轻人类的劳动强度和保障人类的安全。但是，如果人工智能被赋予了主体人格，那人工智能的使用伦理问题也会接踵而至。例如，在深海探险、灾难救援等过程中，我们是否应该平等地对待人类和人工智能？在人工智能的使用过程中，是否应该将人类所拥有的休息、休假、薪酬和社会保障等权利也赋予人工智能？同时，在利用人工智能从事生产和生活服务供给的过程中，我们还需要考虑到人工智能的尊严问题和安全问题。此外，还需要考虑到人工智能在生产过程中的报酬给付问题，例如人工智能的薪酬按照什么标准给付、如何进行给付、人工智能的薪酬给付给谁等。

第三节　人类与人工智能未来的两种假设：智能融合与智能分叉

伴随人工智能技术的快速发展，人工智能时代正加速到来，人工智能对人类社会和人类本身的影响日益加深。同任何技术革命一样，人工智能在使我们的生产、生活发生重大变革的同时，也给我们带来了诸多的困惑。人工智能发展带给人类的困惑，不仅仅有技术上的，更多的是哲学上的存在和伦理上的认同等方面的困惑。经过哲学上的审视和伦理上的观照，人工智能的存在属性应以物的属性为主，而不能赋予其过多的人格属性。但同时，我们也要看到，人类对人工智能存在属性的哲学审视和伦理观照是人类从保护自身存在与发展的角度作出的，体现出鲜明的人类中心主义立场。而人工智能技术的发展是一个客观的过程，不论我们是否同意赋予人工智能以主体资格，人工智能时代已经到来。除非我们现在就停止所有的人工智能技术研发活动，否则在不远的将来，我们极有可能会进入一个人类和人工智能并存的时代，而这就需要我们对未来人类与人工智能的关系状态进行必要的预测并作出相应的哲学和伦理思考。

目前，人工智能技术正加速向强人工智能时代迈进。一旦强人工智能时代到来，人工智能的自我意识将会"觉醒"，一个与人类智能水平相当甚至是超越人类智能的新型智能物种将会出现。这个物种可能是独立的人工智能生命体，地球将会由此进入人类与人工智能并存的时代；也可能是人与人工智能的融合发展，即有的学者认为的"人的物化"和"物的人化"，而那将是地球智能生命出现质的飞跃的时刻。因此，对于未来强人工智能甚至是超人工智能出现后地球上的智能生命格局，我们可以作出下述两种假设：智能融合与智能分叉。

一、智能融合：人类与人工智能融合发展

伴随人工智能技术的不断发展和应用场景的不断扩大，人与人工智能之间的交往不断加深，人与人工智能的融合将会成为一种重要的趋势。智能融合时代是指人的智能和人工智能出现融合的时代，即人与人工智能实现融合发展，"人的物化"即"人机器"和"物的人化"即机器人的趋势也将随之出现。例如，"脑机接口技术的发展，不仅意味着人类将战胜神经性疾病，更重要的意义在于，它将彻底改变人类本身。……脑机接口的新进展尤其以埃隆·马斯克（Elon Musk）成立的 Neuralink 最为震撼人心。他们计划开发脑内计算机，首先应用于处理棘手的大脑疾病，随后将致力

于帮助人类提高信息处理速度，避免被机器智能全面超越。'直接嵌入大脑皮层'——在人类大脑中加入一层人工智能，可以让人类在另一种意义上'进化'成为一种新的生物"①。

人类和人工智能之间的融合发展，既代表了未来人类进化的方向，也代表了未来人工智能的发展趋势。这种人类和人工智能融合发展的结果将是"人机器"和机器人并存时代的到来，即机器越来越具有人类的智能、意识和情感，人类也越来越具备机器的灵敏性、易维修性和精准性。如果未来的世界真能进入这种人与人工智能融合发展的时代，人与人工智能的融合将会在很大程度上催生出一种全新的智能形态，而这也必将会开启地球和人类发展的新时代。

智能融合时代的出现，实现了人类智能与人工智能的完全融合，对于那个时代的哲学和伦理问题，也就无须我们现在的人类倾注过多的哲学沉思和伦理忧虑，我们更无须担心人类的未来。但是，由于人类智能与人工智能之间既存在融合的机会，也存在分叉的可能，一旦人类与人工智能并存时代的智能分叉假设成立，那值得我们深思的哲学命题和伦理难题将会有很多。

二、智能分叉：人类与人工智能并存

智能分叉时代是指人类和人工智能并行共存的时代。在这样的时代，除了人类外，以人类智能为基础但又异于且高于人类智能的智能分叉即强人工智能或超人工智能开始出现。面对强于自己的人工智能，人类是继续"存在"还是会"消亡"等有关人类的存在和终极命运的问题将摆在人类的面前。如果未来真的出现了人类与人工智能并存的智能分叉时代，那现在的人类就必须要认真地思考如何对待当前正迅速发展的人工智能技术以及如何处理人类与人工智能之间的关系等现实问题，人类为人工智能立法和在关键时刻人类要能控制住人工智能技术的发展，应成为我们公共政策

① 张宪丽,高奇琦.作为新物种的数据生命体[J].学习与探索,2017(12):66.

选择的导向。

1.谁来主导智能分叉的时代

人类研发人工智能的目的是为人类的生产、生活和学习服务。人类希望通过人工智能的应用来大幅降低人类劳动强度,进而改善人类的处境并不断提升人类生活的质量。随着人工智能对很多原本由人类从事的简单重复劳动以及对部分技术性劳动环节替代程度的不断增强,人类正逐步从很多繁重劳动中解放出来。"人类研制智能机器,目的是为了摆脱那些奴役人类的重复、单调、危险的工作,是为了在减轻体力劳动的基础上进一步减轻脑力劳动的沉重负担,因此人工智能的最终目的是帮助人类、解放人类,与人类一起构成互补的合作关系。"①

理想是美好的,可现实却有可能是残酷的。如果我们能在技术、伦理、法律和道德等方面对人工智能技术的发展进行有效的规约,人工智能的发展将不会对人类产生任何的威胁。但是,随着人工智能技术的不断发展,如果人类真的进入人类和人工智能共存的时代,谁来主宰世界将是一个值得深思且充满不确定性的问题。具备自主意识的人工智能会不会还像今天一样"听命于人类"?人类还能否继续控制人工智能?人类与人工智能能否实现和平共存?对于这些问题,现在的人类不得而知。对此,"科技创新界意见领袖马斯克等纷纷疾呼:要对人工智能潜在的风险保持高度的警惕!霍金不无担忧地指出,人工智能的短期影响由控制它的人决定,而长期影响则取决于人工智能是否完全为人所控制。客观地讲,不论是否会出现奇点与超级智能,也不论这一波的人工智能热潮会不会以泡影告终,毋庸置疑的是人工智能时代正在来临。故通观其态势,审度其价值进而寻求伦理调适之道,可谓正当其时。"②

强人工智能时代的到来可能还需要很长时间,超人工智能时代的出现可能会更加久远,但我们不能等到问题出现时才寻求解决问题的对策,我们需要未雨绸缪和尽早谋划,人类为人工智能立法应成为未来可能会出现

① 黄欣荣.人工智能热潮的哲学反思[J].上海师范大学学报(哲学社会科学版),2018(4):40.
② 段伟文.人工智能时代的价值审度与伦理调适[J].中国人民大学学报,2017(6):98-99.

的人类与人工智能并存的智能分叉时代的基本准则之一。

2.人类为人工智能立法

如果未来出现了人类和人工智能并存的智能分叉时代，人类的生存将会面临很大的考验。因为，经过不断发展和技术升级的人工智能将会具有比人类强大得多的智能和体能。对此，由人类为人工智能立法应该成为化解人工智能给人类带来的终极命运忧患的最现实的伦理导向和政策选择，阿西莫夫著名的"机器人学三大法则"和阿西洛马"人工智能23条原则"应成为人工智能发展的规则和前提。2015年9月，由国际期刊《负责任的创新》发起，包括中国学者在内的全球十多位科技政策与科技伦理专家在《科学》杂志上发表了一封题为《承认人工智能的阴暗面》的公开信。信中指出，各国的科技、商业乃至政府和军事部门正在大力推动人工智能研发，尽管考虑到了其发展风险以及伦理因素，但对人工智能的前景表现出的乐观态度不无偏见。因此，建议在对人工智能可能导致的危险以及是否完全受到人的控制等问题进行广泛深入的讨论和审议之前，放缓人工智能研究和应用的步伐。此举旨在将人工智能的社会伦理问题纳入现实的社会政策与伦理规范议程①。

三、人工智能的"幽灵"是否应该停止徘徊：一个有关人类终极命运的思考

目前，对于人工智能在未来是否一定会超过人类智能以及人工智能是否一定会对人类文明的延续构成致命性的威胁，尚处于争论之中。例如，有的学者认为，人工智能一定会超过人类智能的论点不完全成立。因为，人工智能和人类智能并非完全一样。人工智能虽具备人类的理性思维和逻辑推理智能，但缺乏人类的非理性思维和情感表达功能。而且，人工智能本身也具有局限性，虽然在理性思维和逻辑推理上人工智能早晚会强于人类，但在非理性思维、情感思维等方面人工智能可能不如人类，或者不像

———————
① 段伟文.人工智能时代的价值审度与伦理调适[J].中国人民大学学报,2017(6):99.

人类。"电脑的这些局限并不意味着人工智能的智力不如人类，而只是不像人类。更准确的说法应该是，人工智能和人类都具有理性思考的能力，但人类另有人工智能所不能的思考能力。根据科学家的推测，在理性思维上，人工智能超过人类是迟早的事情，很可能就是数十年后的事情。但是，未来人工智能的运算是否能够处理无限性、不确定性、悖论性的问题，还是个问题。目前仍然难以想象如何能够把无限性的思维还原为有限性的思维，或者说，如何把创造性和变通性还原为逻辑运算。当然，科学家们看起来有信心解决这些问题。"①

但是，随着人工智能技术的不断发展及其应用场景的不断拓展，人工智能技术的确存在异化的可能，而这正是人类所担忧的。"人们往往想象并且希望未来的超级智能与人类相似。这种想象和愿望倒也不难理解，首先，人类是目前所见的唯一超级智能，也就成为唯一样板，其次，人们容易相信，与人类相似而成为人类同类项的超级智能应该更可能成为人的朋友而不是敌人，而异类的超级智能，比如说外星人，就比较难以信任。于是，人类在创作超级智能时，就试图将超级智能制造成与人共通的智能模式，同时还希望超级智能拥有与人同样或相似的价值观，包括和平、公正、公平、平等、热爱生命、尊重自由人权等等。"②一旦人工智能具备了自我意识之后，"他"将极有可能会对自身存在的价值、意义和功能定位等问题进行重新思考，人工智能将不再被动地接受人类设计者对其功能定位所做的安排，而这可能就是人工智能异化的开端。此后，人工智能是否会"背叛"人类，就成为我们必须要追问和担心的问题。

因此，面对存在异化可能的人工智能，我们不仅要规约人工智能的应用，确保人工智能的应用始终处在有利于维系人类利益和命运的轨道上。同时，还要在技术上控制人工智能的发展，确保发展人工智能的目的是为人类服务，而非制造出一个反人类的智能物种。在必要的时候，从人类终极命运的角度考虑，我们可能要选择停止人工智能的研发和使用，让人工

---

① 赵汀阳.终极问题:智能的分叉[J].世界哲学,2016(5):66-67.
② 赵汀阳.终极问题:智能的分叉[J].世界哲学,2016(5):69.

智能的"幽灵"停止徘徊。因为,"真正值得信赖的,最终还是,也只能是我们人类自身的智慧。在享受人工智能带来的福利的同时,'维特根斯坦之锤'会不时为我们敲响警钟……"①目前,已经有部分学者在人工智能热潮尚未褪去的时代背景下呼吁对人工智能技术研发进行必要的伦理探讨,以维系人类的安全。例如,江晓原认为,"现在不能再盲目赞美歌颂人工智能了,我们应该在媒体上多进行关于人工智能的伦理探讨,这至少能引起各界对人工智能这方面问题的注意。在某些领域中,可以考虑保留低级的人工智能,保留人工智能的某些初级应用。要认识到这个东西就像魔鬼一样。我们尽量设法对某些指标性的东西加以明确限制,比如各大国约定,在全球普遍范围内不允许做某些事,这样才有可能延长人类文明"②。

---

① 李国山.人工智能与人类智能:两套概念,两种语言游戏[J].上海师范大学学报(哲学社会科学版),2018(4):33.

② 江晓原.人工智能:威胁人类文明的科技之火[J].探索与争鸣,2017(10):21.

第三章　人工智能人格权确认的道德风险和法律困境

伴随科学技术的不断进步，我们已经悄然进入人工智能时代。2017年7月8日，国务院印发了《新一代人工智能发展规划》。该规划对人工智能技术在经济社会发展领域中的广泛应用所带来的积极变革和影响进行了较为深入的分析，并对人工智能在深度应用过程中可能会带来的个人隐私保护和数据安全、法律适用、道德伦理、政府治理、国际社会交往规则等问题进行了预判。规划指出，人工智能是影响面广的颠覆性技术，可能带来改变就业结构、冲击法律与社会伦理、侵犯个人隐私、挑战国际关系准则等问题，将对政府管理、经济安全和社会稳定乃至全球治理产生深远影响。人工智能在具体应用过程中产生的法律和伦理问题是学术界和社会公众无法绕过的，特别是人工智能是否具备人格权、我们是否应该赋予人工智能人格权以及赋予人工智能多少人权等关于人工智能的人格权争论是当前学界热议的人工智能话题之一。

第一节　人工智能人格权思考的三种维度：人类中心主义时代的人工智能

人工智能时代的来临，在改变人类生产方式和生活方式的同时，也对传统的伦理、哲学和法律带来了很大的冲击，需要对人工智能的人格权进行深入的探讨。《新一代人工智能发展规划》就专门指出，要加强人工智能相关法律、伦理和社会问题研究，建立保障人工智能健康发展的法律法规和伦理道德框架。高奇琦认为，我国对人工智能的权利问题的讨论还不够深入，"大多数人还停留在对机器人的传统认识中，依然把机器人仅仅看作机器，一种非生物的物体。因此，人们自然地认为机器人不应该享有权利。"①

从弱人工智能到强人工智能再到超人工智能，既包括技术层面的人工智能的快速发展和进步，也包括对未来的不确定性的预测。学术界对人工智能问题的探讨既要着眼于眼前的科技发展，也要对未来科技发展的可能性和不确定性予以应对。对于人工智能人格权的探讨，学界主要着眼于伦理、哲学和法律三个维度。

一、伦理维度

从伦理维度讨论人工智能的人格权问题，主要的关注点是将机器人看作机器还是人。如果认为机器人是机器，那就不存在任何的人格权问题，更没有必要去讨论人格权的赋予和保障问题。但是，如果我们认为机器人是人，人工智能具有自我意识的话，那么就应该赋予人工智能相应的人格权。部分学者认为，随着人工智能技术的发展，机器人正逐步地从机器向人转化，人工智能的自我意识不断完善，需要人类对其人格权的承认和尊重。例如，高奇琦提出了人与人工智能的相互承认的观点。他认为，"可以想见，当机器人的智能逐渐提高并获得自我意识，它们不可避免地会'为了承认而斗争'，这样的斗争将对人类社会带来巨大的威胁。而只有主动尊重和承认人工智能的主体地位，才能最终缓和人与机器之间的矛盾，正如玛蒂娜·罗斯布拉特（Martine Rothblatt）所说：'当我们做到像尊重自己一样尊重他人（即虚拟人），并将这一美德普及至世

---

① 高奇琦.人工智能:驯服赛维坦[M].上海:上海交通大学出版社,2018:21.

间各处时，我们就为明日世界做了最好的准备。'"①美国学者菲尔·麦克纳利和苏海尔·伊纳亚图拉在《机器人的权利——21世纪技术、文化和法律》中指出："我们以为机器人有朝一日总会享有权利。这无疑是件有历史意义的事件……随着权利向自然万物的整体扩展，从动物、树木到海洋。于是万物的责任、义务和尊敬便有了一种新的意义。"②

二、哲学维度

从哲学维度讨论人工智能的人格权问题，主要的关注点是将人工智能视作什么样的存在物以及怎样对待这种类型的存在。主张不赋予人工智能以任何人格权的学者，往往将人工智能视为无生命的物质的存在，认为应该用对待机器的态度对待人工智能，谈不上任何的人格权的赋予和保障问题。主张赋予人工智能人格权的学者，将人工智能视为与动物、植物一样的生命主体，主张赋了其与其他生命主体一样的权利。美国北卡罗来纳州大学哲学教授汤姆·雷根是动物权利哲学的积极倡导者。他认为，"动物（主要是哺乳动物）与我们拥有一样的行为、一样的身体、一样的系统和一样的起源，它们应该和我们一样，都是生命主体（subject-of-a-life）。所有的生命主体在道德上都是一样的，都是平等的。"③"印度哲学家萨卡尔认为，人类需要提出一种超越自我狭隘关联的新人道主义。换言之，人类在考虑定义时，需要把动植物以及所有的生命都考虑在里面。萨卡尔甚至认为，有一天技术会有精神，万物皆有灵魂与精神，只是精神的层次不同。一般来说，人类的精神最发达，动物次之，植物再次之，岩石最差。一旦技术能发展成最灵敏的东西，它将会和人类的大脑一样成为精神的重要载体。如同佛教的观念就认为，人类并不是地球的唯一继承者或主宰者，人类需要平等地看待地球上的所有生物。如果从萨卡尔与佛教的观点

---

① 高奇琦.人工智能:驯服赛维坦[M].上海:上海交通大学出版社,2018:204.
② 高奇琦.人工智能:驯服赛维坦[M].上海:上海交通大学出版社,2018:21-22.
③ 杜严勇.论机器人权利[J].哲学动态,2015(8):85.

出发，人类就应赋予机器人与人工智能某种权利。因为它们是与人类平等的存在，既然人类有权利，那么动物、植物和机器人也应该有权利。"①

高奇琦将人工智能视为一种生命体，将其称为数据生命。他认为，机器人应被赋予人格权可以在意大利思想家吉奥乔·阿甘本的"赤裸生命"的概念中得到解释，因为机器人本身是没有地位和身份的，而这两点恰恰是"赤裸生命"概念的核心含义。但是伴随人工智能与人类不断地互动，人工智能将摆脱机器的定位，逐步获得生命的主体地位，并将与人类建立起平等的社会网络关系，人工智能也完成了从最初的"赤裸生命"向实体生命或者数据生命的转化，赋予人工智能以相应的电子人格权不仅必要而且正当。

三、法律维度

对于人工智能和机器人的人格权问题，不仅要从伦理视角和哲学维度来分析，更要落实到法律层面，来论证其可行性。伴随人工智能技术的不断推进和广泛应用，很多与人工智能相关联的问题，特别是人工智能的人格权赋予和保障问题已成为诸多法律实务问题中绕不开的话题，这使得从法律层面来研究和讨论人工智能问题已经成为当务之急。例如，2016年特斯拉公司生产的电动汽车在自动驾驶模式下发生撞车事故，导致来自美国俄亥俄州的一名司机当场身亡。同年，一名23岁的中国男子驾驶特斯拉汽车在京港澳高速河北邯郸段公路上行驶时撞上道路清扫车，该男子不幸身亡，事故发生时，车辆处于自动驾驶状态。在上述两起事故的责任认定中，就存在责任主体如何认定的难题。

约翰·弗兰克·韦弗在《机器人也是人：人工智能时代的法律》一书中认为，作为一项前所未有的科技，人工智能对于法律的挑战是根本性的，因为我们现有的法律体系都是围绕"人作出决定"这一假定展开的，而人工智能具有自主决策能力，进而从根本上颠覆了现有法律体系的基

① 高奇琦.人工智能:驯服赛维坦[M].上海:上海交通大学出版社,2018:22.

础。鉴于人工智能具有自动决策的能力，法律应当赋予其法律人格，将其视为独立的法律主体。同时，对于人工智能引发的事故，理当由人工智能本身来承担责任，而非消费者和制造商。为此，我们应当建立相应的责任保险或储备金制度，为人工智能设置专门的账户，及时救济受害人。《新一代人工智能发展规划》也专门强调，要开展与人工智能应用相关的民事与刑事责任确认、隐私和产权保护、信息安全利用等法律问题研究，建立追溯和问责制度，明确人工智能法律主体以及相关权利、义务和责任等。从法律层面对人工智能人格权问题的探讨与伦理视角和哲学维度的分析存在很大的不同，我们需要更加理性。

法律人格，是指法律认可的一种享受权利、承担义务的资格，包括自然人主体、法律拟制主体两种形式。对于任何自然人，法律均承认其法律人格，民法上分为无民事行为能力人、限制行为能力人与完全行为能力人，法律人格伴随自然人终生。对于法律拟制主体的人格，则需要经过法律规定的程序方可取得，例如有限责任公司的设立等①。目前，从法律层面来讨论人工智能的人格权的观点主要集中于以下三类：无人格权、限制人格权和完全人格权。其中，以赋予人工智能有限人格权和完全人格权为主。例如，高奇琦主张赋予人工智能完全的电子人格权②。而袁曾认为，现行法律体系下对于人工智能的法律人格规制缺位，造成实践应用缺乏法律价值指引，人工智能的法律地位与具体规制亟待明晰。人工智能具有独立自主的行为能力，有资格享有法律权利并承担责任义务，人工智能应当具有法律人格。但由于人工智能承担行为能力的后果有限，人工智能适用特殊的法律规范与侵权责任体系安排，其具有的法律人格是有限的法律人格，域外法律对此已有立法借鉴③。孙占利认为，初期的人工智能仍属于工具范畴，自主智能机器人的"自主意识"和"表意能力"是赋予智能机器人取得法律人格的必要条件，其"人性化"将直接影响甚至决定其法律

---

① 叶欣.私法上自然人法律人格之解析[J].武汉大学学报（哲学社会科学版），2011（6）：125-129.

② 高奇琦.人工智能：驯服赛维坦[M].上海：上海交通大学出版社，2018：26.

③ 袁曾.人工智能有限法律人格审视[J].东方法学，2017（5）：50.

人格化。"工具论""控制论""拟制论"将渐次成为解决其法律人格的可能方案①。

第二节　人工智能人格权确认面临的道德风险：人工智能中心时代的人类

从伦理维度和哲学视角对人工智能人格权的认定，虽存在认定标准和权利范围尺度上的差异，但根本出发点是一致的，就是要突破人类中心主义的思维方式，在特定范围内赋予人工智能一定程度的与人类相同或相似的权利，是对万物平等理念的践行，具有一定的价值合理性。但赋予人工智能人格权，并非能做到真正意义上对人类中心主义思维惯性的突破，并可能引发对人类发展极具颠覆性甚至毁灭性的冲击。

首先，由人类来赋予人工智能人格权，是人类中心主义思维的延续。从伦理维度和哲学视角呼吁和论证赋予人工智能人格权，是人类对其人格权利的确认和界定，正是人类中心主义思维的延续。从伦理维度来看，人工智能具有一定思维和情感，应该获得与人类一样的人格权。从哲学角度来看，人工智能与人类、动物一样，是生命主体，应该赋予其与人类一样的权利。人工智能的人格权，关系到人工智能拥有的权利和承担的义务，因此，对于人格权的确认和界定，需要人工智能参与，需要听取人工智能自身的意思表达，只有这样，才是对人类中心主义思维的真正突破。但现有的从伦理维度和哲学视角对人工智能人格权的界定，实质上依然是人类中心主义思维的延续。

其次，赋予人工智能人格权，可能危及未来人类的生存状态。从法律层面来看，赋予人工智能有限或者完全的人格权，将对现有地球秩序和人类命运带来颠覆性甚至是毁灭性的打击。从伦理维度和哲学视角对人工智能人格权的讨论和界定，属于应然层面的价值诉求，如果不在法律层面得

① 孙占利.智能机器人法律人格问题论析[J].东方法学,2018(3):10.

到实践，将不会对现有地球秩序和人类命运带来任何实质性影响。而如果人工智能人格权在法律层面得到完全落实的话，那很多关系到现有地球秩序和人类命运的问题也将会接踵而至。

现有的地球秩序是由人类主导的，世界各国家和地区的法律都是由人类制定的，人工智能的人格权的确认和范围界定也是依据人类意志来决定的。如果人工智能从最初的无人格权到有限的人格权，直到未来某个时期人工智能将会获得等同于人类的完全人格权，人类面临的不确定性风险也将随之逐步增加。一旦人工智能获得了完全人格权，他们将会是自然人之外另一类生命体，他们将不会轻易接受现有人类依据自身意志制定的法律和社会规则体系，甚至提出重新制定法律和社会规则的要求，并且那时的人工智能可能已经进入到超人工智能时代，"他们"拥有比人类强大很多倍的力量，且在生命周期上存在无限延续的可能。可以设想，如果真的出现这种情况，人类的地位将会从地球的主导力量变成等同于今天自然界中的动物一样的生物，人类中心时代可能会被人工智能中心时代所取代，到那时可能会出现人类的人格权由曾被我们人类赋予人格权的人工智能来界定和确认的现象，那将是对现有地球秩序和人类命运的颠覆性甚至是毁灭性的打击。

诚然，停留在伦理和哲学应然层面的价值诉求，可以对人工智能人格权在法律层面的落实起到一定的推动作用，但不会更不能作为法律层面变革的充分条件。我们在从伦理维度和哲学视角来讨论人工智能的人格权问题时，不仅要正视法律实践层面可能出现的问题和困境，更不能回避法律层面赋予人工智能人格权所带来的伦理层面的巨大的不确定性风险。因此，今天对人工智能人格权的讨论，不应逾越伦理维度和哲学视角，法律层面对人工智能人格权的界定和确认只能限定在特定范围之内。

第三节　人工智能人格权确认面临的法律困境

国务院《新一代人工智能发展规划》专门指出，要加强人工智能相关法律、伦理和社会问题研究，建立保障人工智能健康发展的法律法规和伦理道德框架。当前，在人工智能人格权确认方面，除了面临一定的道德风险外，也存在诸多的法律困境。

一、人工智能人格权确认面临的法理困境

对人格权的理解，既可以从哲学和伦理角度作较为宽泛的解释，也可以从法律层面来准确界定人格权的范围。伦理视角和哲学维度探讨的人格权，主要是指人作为人应该享有的权利，属于抽象的概念范畴。例如，洛克就认为，生命权、财产权和自由权是人之为人应该具备的最基本权利。除此之外，平等权也被很多哲学家和伦理学家视为人类应享有的基本权利。与这些对人格权的抽象的讨论不同，法律层面的人格权比较具体，需要通过相关的法律条款来对自然人和拟制人格的人格权进行规范和界定。

我国以一般条款的形式明确界定了人格权，但没有对人格权予以更加详细的规定。对此，很多学者一直呼吁应该采用一般条款加具体人格权的立法体例来对人格权进行明确。例如，李新天和孙聪聪认为，我国的人格权立法应采用一般条款加具体人格权的立法体例，一般条款应是概括性、补充性的规定，囊括未能被具体化的人格法益，为将来可能出现的新型的人格法益的保护提供规范依据[1]。

我国民法典对自然人和法人、非法人组织等的人格权进行了一般规定，涉及的人格权主要包括公民的生命权、身体权、健康权、姓名权、肖

---

[1] 李新天,孙聪聪.人格伦理价值的民法保护:以体系化视角界定人格权的内涵[J].法商研究,2014(4):106.

像权，公民和法人的名誉权、荣誉权，法人和非法人组织的名称权等。《中华人民共和国民法典》有如下规定：

第九百九十条　人格权是民事主体享有的生命权、身体权、健康权、姓名权、名称权、肖像权、名誉权、荣誉权、隐私权等权利。

第一千零二条　自然人享有生命权。自然人的生命安全和生命尊严受法律保护。任何组织或者个人不得侵害他人的生命权。

第一千零三条　自然人享有身体权。自然人的身体完整和行动自由受法律保护。任何组织或者个人不得侵害他人的身体权。

第一千零四条　自然人享有健康权。自然人的身心健康受法律保护。任何组织或者个人不得侵害他人的健康权。

第一千零一十二条　自然人享有姓名权，有权依法决定、使用、变更或者许可他人使用自己的姓名，但是不得违背公序良俗。

第一千零一十二条　法人、非法人组织享有名称权，有权依法决定、使用、变更、转让或者许可他人使用自己的名称。

第一千零一十四条　任何组织或者个人不得以干涉、盗用、假冒等方式侵害他人的姓名权或者名称权。

人格权包括生命权等权利，是主权利与从权利的结合。生命权是主权利，其他权利是从权利或附属权利。其中，公民的人格权以生命权为前提，法人、个体工商户、个人合伙的人格权以拟制生命权为前提，必须要到有关部门办理注册登记方可获得，且是有一定时间限制的。例如，我国民法典对企业成为法人，获得拟制人格权的条件进行了规定。民法典第五十九条规定："法人的民事权利能力和民事行为能力，从法人成立时产生，到法人终止时消灭。"一般来说，法人应当具备下列条件：依法成立，有必要的财产或者经费，有自己的名称、组织机构和住所。

从伦理和哲学层面回答人工智能的人格权问题，一般只要依据一定的伦理立场和价值判断标准，给出"是"或"非"的答案即可，不需要过多考虑人工智能的人格权在现实层面的可能性、可行性问题，而这些恰恰是法律层面必须要正视和回答的问题。从我国民法典对公民、法人、非法人组织等人格权确认的条件可以看出，如果人工智能要获得人格权，必须要具备以下几个方面的条件：生命权或者拟制生命权；具有独立的意识；能够意识到自身行为可能带来的后果；能够独立开展民事行为；具备必要的财产或经费，能够独立承担民事责任等。

二、人工智能人格权确认面临的法律适用困境

我们要考虑到人工智能一旦获得人格权以后，可能会对现有的法律的合法性及法律体系等产生的巨大冲击。

第一，生命权是人格权的必要前提，人工智能属于人工制造物，不具备生命权。生命权是人格权的前提和必要条件。上述主张赋予人工智能和机器人以人格权的主张，主要基于道德、伦理视角和宗教、哲学层面的思考，忽略了生命权是人格权的前提。人工智能不论是现有的弱人工智能，还是不久之后的强人工智能，抑或是未来的超人工智能，始终改变不了其人工的属性，这对于人工智能来说是无法具备和补救的，也是其不能获得人格权的根源之一。人工智能重点是智能，但前提是人工，是人类的创造物，而非自然生成的，不具备人格权。虽然很多学者认为，人工智能可能在将来会成为数据生命体，但依然难改其人工的印记。人工智能的本质是人类设计和制造出来的用于减轻人类的工作负担、改善和提升人类的生活质量的工具，不应该赋予其任何价值理性。况且，自然界中绝大部分具有生命的动物和植物还没有获得类似于人格权的权利。相比于人工智能来说，自然界的动物和植物都是自然赋予的生命，就算要赋予人工智能以生命权及相应的人格权，那么按照顺序也应该是先赋予目前尚没有人格权的动物和植物以部分或者完全的人格权。因此，人工智能是非生命体，不具有生命权，更不会也不能拥有人格权。人工智能注定只能是法律的客体而不能成为法律的主体。

第二，人格权的行使要求人格主体具有独立的意识，并能够意识到自身行为可能带来的后果。而人工智能虽然智能，但还是人类意志的体现，在意志表达和行为认知上存在很多的人为因素。在自由意志层面，人工智能虽高于人类制造的一般机器，但前提仍然是人工。从人工智能的设计、制造、系统维护、程序升级、硬件维修等各方面，都离不开人类，体现了人类的意志和智慧。"强人工智能代表'人类认知'的水平，可以执行人类所能完成的一切智力任务。人工智能将能够解决各种不同领域的复杂问题，能够自主支配自己的思想、情感、烦恼、优势、弱点和倾向等。执行涉及复杂计算的任务，需要大量的精力、时间和献身精神，对于强人工智能来说是非常简单的。然而，对人类来说，看起来非常简单的任务，如语音和图像识别、运动、预期和感知对于强人工智能或其开发人员来说是非常困难的，主要是当外部条件随机变化时，这些人工智能难以调整到预先确定的状态。"[1]

在行为结果认知层面，人工智能虽可以预测行为可能带来的结果，但驱动这种行为的是技术力量而非人工智能本身具备某种行为的意识，人工智能自身对于某种行为可能带来的道德、伦理层面以及价值层面的问题没有任何意识，它只是在执行人类的设计指令而已，一旦硬件和软件出现问题，人工智能的行为可能会导致与设计意图相悖的结果。

同时，由于驱动人工智能行为及其结果的还是设计和制造人工智能的人类，而并非人工智能自身所为，因此其行为的后果及其责任承担，应该坚持"谁设计、谁制造、谁使用、谁承担"的原则来确定人工智能在实际运作过程中的责任主体和责任比例，由授意设计、制造和使用人工智能的相应主体来承担。

第三，人格权的获取和行使，要求人格权主体具备独立开展民事行为的可能和能力。"合同关系中的当事人必须是公认的法律主体，并能够表达各自的自由意志。2个独立的人工智能之间如果进行交易，即使交易符合法律的规定，被认为是有效的，也是不完整的，因为这种交易的权利义

务关系不能与监督这些人工智能的主体（自然人或法人）相分离。如果几个独立的人工智能系统进入交易，且不可能确定其行为的负责人，这将导致出现有效交易，但没有行使权利和履行义务的法律主体的情况。"①如果赋予人工智能相应的人格权，必须要保障人工智能可以作为主体，进行独立的民事行为。但在现实中，人工智能很难独立参与民事行为，人工智能之间、人工智能与公民之间、人工智能与法人、个体工商户和个人合伙等主体之间的民事行为，必须要以人类的必要参与为前提和保障，人工智能不具备开展独立的民事行为的能力和可能。一方面人工智能的算法是人类研发的，体现了设计者的意图，看似由人工智能自主做出的行为实质上是设计者的利益考量和价值判断。另一方面，人工智能技术在技术应用上高度依赖于人类，其物理设备本身的故障也需要人类设计者去解决，人工智能独立开展民事行为的可能性难以在现阶段转化为现实性。

第四，人格权的获取和行使，需要具备必要的财产或经费保障，能够独立承担民事责任，人工智能的财产权难以有效实现，更难以独立承担民事责任。法律层面的权利与义务是对等的，人格权主体在行使权利的同时也要具备相应的履行义务和承担责任的能力，为此，需要具备必要的财产或经费作为保障。在责任承担层面，独立人格决定了其可以独自承担责任，但人工智能不具备独立承担民事责任的能力和财产保障，所以其不能成为人格主体，获得人格权。一方面，人工智能没有相应的财产权或经费做保障。目前，部分学者主张按照人工智能在生产过程中创造价值的大小，给予人工智能一定的收益，以此作为人工智能承担责任的财产和经费保障。但这种思路是行不通的。如果赋予了人工智能以一部分财产，谁来保障人工智能财产的使用和安全？而现有的金融部门只认可自然人、法人等拟制人格的开户和投资申请。同时，照此逻辑推理下去，机器在生产过程中也创造了价值，那是不是也应该分得一部分生产利润？另一方面，如果人工智能的财产和经费不足以承担其应担负的责任，不足部分将由谁来补偿，这也是我们在民事责任承担过程中无法回避的问题。此外，如果人

---

① 詹可.人工智能法律人格问题研究[J].信息安全研究,2018(3):229.

工智能可以独立承担民事责任，在很大程度上会引发责任转嫁的问题，原本很多属于人工智能之外主体的责任会转嫁给人工智能，这样的道德风险是在赋予人工智能法律人格时不可以回避的问题。

第五，如果赋予人工智能人格权，现有的法律将面临合法性问题，法律体系也将面临彻底重构。我国民法典赋予的享有人格权的民事主体有公民、法人、非法人组织等，这些主体拥有的人格权范畴虽存在一定的差异，但他们都是由自然人来表达主体意志的，无论对民事主体的人格权如何界定和规范，这些主体对现有的法律形式上的合法性不存在任何质疑。而如果赋予人工智能以人格权，将会导致在自然人以外的另一个意志主体的出现，该意志主体是否会接受按照人类意志制定的法律，存在很大的不确定性，现有的法律将会面临很大的合法性危机。如果该意志主体不愿意接受现有法律体系，将会出现自然人和人工智能两种意志主体共同主导法律制定的结果，现有的法律体系将面临彻底重构的巨大风险，而这一点是我们在法律层面思考人工智能的人格权问题必须要考虑的问题当现有法律的合法性危机蔓延开来，对现有人类的法律体系和由现行法律体系确立的社会秩序将会是颠覆性的冲击。

目前，人工智能技术及其应用场景还处在不断发展过程中，对人工智能法律人格权的讨论和争论也必将随着人工智能形态的不断变化而走向深入。但是，不管未来人工智能技术怎样发展，我们必须始终恪守人工是智能的前提，不能因人工智能的发展对人类的权利和生存秩序产生颠覆性甚至毁灭性的冲击。1942年，科幻作家艾萨克·阿西莫夫在其短篇科幻小说《环舞》中提出的机器人三大法则应该成为人工智能发展及其法律适用的底线：第一，机器人不得伤害人类，或在人类受到伤害时袖手旁观；第二，除非违背第一法则，否则机器人必须服从人类的命令；第三，在不违背第一及第二法则的前提下，机器人必须尽可能地保护自己。因此，我们可以给予人工智能以伦理上的关怀和哲学上的反思，但不能在法律层面赋予人工智能以人格权利，因为这不仅在可行性和可能性上存在绝大困难，更是出于对人类法律秩序与人类未来的关注和保障角度的考虑。

同时，我们也要关注人工智能对民法等法律领域带来的冲击，需要"积极回应人工智能时代的各种挑战，妥当设置相关规则、制度，在有效规范人工智能技术的同时，也为新兴技术的发育预留必要的制度空间"①，并主动关怀那些因人工智能的大规模使用导致利益受损的群体。例如，一些学者主张的对人工智能征收人工智能税，来补偿那些因人工智能而失业的群体及其家庭，是值得我们深思的具有重大价值的理念创新和制度设计。

---

① 王利明.人工智能时代对民法学的新挑战[J].东方法学,2018(3):4.

第四章　人工智能时代的就业、金融和医疗

　　伴随人工智能应用场景的不断扩大和应用程度的不断加深，人工智能正在迅速地改变着现代人类的生产方式和生活方式，进而影响到我们的社会交往模式和价值观念，重构我们的社会生态。《新一代人工智能发展规划》指出，人工智能带来社会建设的新机遇。人工智能在教育、医疗、养老、环境保护、城市运行、司法服务等领域广泛应用，将极大提高公共服务精准化水平，全面提升人民生活品质。同时，人工智能技术可准确感知、预测、预警基础设施和社会安全运行的重大态势，及时把握群体认知及心理变化，主动决策反应，将显著提高社会治理的能力和水平，对有效维护社会稳定具有不可替代的作用。

　　《新一代人工智能发展规划》在对人工智能技术的发展及其应用前景进行乐观预测的同时也指出，人工智能发展的不确定性将会给我们的生产和生活以及社会治理带来新挑战。人工智能是影响面广的颠覆性技术，可能带来改变就业结构、冲击法律与社会伦理、侵犯个人隐私、挑战国际关系准则等问题，将对政府治理、经济安全和社会稳定乃至全球治理产生深远影响。在大力发展人工智能的同时，必须高度重视人工智能可能带来的安全风险挑战，加强前瞻预防与约束引导，最大限度降低风险，确保人工智能安全、可靠、可控发展。本章主要从就业、金融、医疗几方面探讨人工智能在应用过程中所发挥的重要作用及其可能引发的安全风险和治理困境，并尝试提出相应的治理之道。

第一节 人工智能时代的就业

凭借强大的数据分析能力、便利的人机交互系统和精准的操控能力，目前人工智能已经在很多行业的应用中产生了积极的效果。人工智能在部分工作环节上对劳动者的部分或完全替代，在减轻劳动者的工作负担和改善劳动者的工作环境等方面发挥了重要的作用。但是，我们也要注意到，伴随人工智能与产业融合程度的不断提高，人工智能在创造新的就业机会、加速传统产业转型升级的同时，也导致了技术性失业问题的不断加剧，进而影响到社会的稳定。此外，如果在生产环节上大规模地用人工智能来取代人类，也可能会对未来人类的生存状态产生巨大的影响。

一、人工智能对就业产生的影响

1.人工智能应用场景的扩大有助于降低劳动者的工作强度和劳动风险

人工智能技术的兴起，是人类科技发展史上的一次重大变革。人工智能在生产领域中的广泛应用，提升了生产领域的自动化程度，减轻了从业人员的劳动强度，改善了从业人员的劳动环境，进而有效地降低了从业人员面临的安全风险。例如，深水区的探险、深坑作业、定点爆破、危险和化学品监测等充满危险性和危害性的作业活动，原本都是由人类来从事的，而随着人工智能技术的不断发展和应用场景的不断扩大，各种各样的智能化程度较高的工业机器人开始被投入生产环节中，来取代人类从事高危和作业环境恶劣的工作。

2.人工智能取代人导致技术性失业问题不断加剧

自第一次工业革命开始，每一次技术革命的兴起，在大幅提升生产效率的同时，也使得很多人面临失业，由机器取代人而造成的技术性失业已经成为人类社会每次重大技术变革的必然结果。工业革命开始后，蒸汽动力驱动机器的出现在极大地提高生产率、开启人类社会"财富之门""增长之门"的同时，也给就业结构带来巨大的冲击，原有的一些低效率的工作岗位被效率更高的机器所取代。不过，我们在感受人工智能给人类社会的生产和生活带来诸多便利的同时也要意识到，伴随人工智能应用场景的不断扩大和应用程度的不断加深，人工智能开始在很多工作环节上取代人类，由此引发的技术性失业问题有不断加剧的态势。

目前，人工智能已经开始在越来越多的工作领域和作业环节取代人类。根据美国有关研究机构的预测，在未来10—20年时间内，9%—47%的现有工作岗位会受到威胁。据美国麦肯锡全球研究院的研究报告，预计到2055年，自动化和人工智能将取代全球49%的有薪工作，其中预计印度和中国受影响可能会最大。麦肯锡全球研究院预测中国具备自动化潜力的工作内容达到51%，这将对相当于3.94亿全职人力工时产生冲击。日本经济产业省2016年4月发布的报告称，由于人工智能和机器人等技术革新，如不采取任何措施，到2030年将减少736万就业人数[①]。另据剑桥大学发起的"未来的雇佣关系：就业将如何受电子化影响"研究项目调查结果显示，德国现有的3000万个工作岗位中，至少有1800万个都可以被智能机器及软件取代。调查发现，不同工作岗位的失业风险程度取决于专业化分工、职位等级和工作性质。最基层的操作工种中有86%的工作岗位可以被机器人替代，辅助劳动力则是受机器人威胁第二大的工种。从绝对数量上来看，坐办公室及从事文秘工作者最为危险，约190万个工作岗位将受到智能化办公等技术的威胁。其他受影响严重的行业有仓储、邮政以及快递业（150万）、零售业（120万）以及保洁行业（120万）[②]。

3.部分行业的从业者面临全行业失业的风险

人工智能作为新一代技术革命和产业革命的引擎，其与一般的机器系统不一样。由于人工智能具备一定程度的智能化特性，其在部分领域可以

<hr />

① 巴曙松.人工智能会如何带来就业冲击？[EB/OL].(2018-02-05)[2019-11-18].https://m.sohu.com/a/220960428_481741?ivk_sa=1024320u.

② 田园.机器人会抢走谁的饭碗[N].光明日报，2017-08-27(8).

独自完成工作任务，进而将传统技术革命中机器对人的部分替代发展为全面替代，部分行业的从业者也由此而面临全行业失业的风险，社会的结构性失业问题很有可能因此而加剧。与传统上基于生产规模下行所导致的周期性失业不同，由人工智能所导致的失业现象从本质上说是一种结构性失业，资本以全新的方式和手段替代了对于劳动力的需要，结构性失业人口将不会因为经济周期的变化重新获得工作，因为他们之前所能够适应的岗位已经彻底消失。主要依赖重复性劳动的劳动密集型产业和依赖信息不对称而存在的部分服务行业的工作岗位，将首当其冲被人工智能所取代。而随着人工智能技术在各个垂直领域的不断推进，受到威胁的工作岗位将越来越多，实际的失业规模会越来越大，失业的持续时间也会越来越长[①]。甚至连一些我们觉得根本不可能被人工智能取代的岗位，如新闻主播、文字编辑等也面临被人工智能替代的可能。例如，2018年11月7日，在第五届世界互联网大会开幕当天，由搜狗公司与新华社合作开发的全球第一个"AI合成主播"正式亮相。"AI合成主播"是基于搜狗人工智能的核心技术——"搜狗分身"打造而成。"搜狗分身"技术是搜狗人工智能的核心技术之一，产生于搜狗"自然交互+知识计算"这一人工智能理念之下。依托"搜狗分身"技术创新的信息传播形式，媒体能够在融媒体转型、新闻时效性和跨语种传播能力等方面更进一步。"搜狗分身"技术通过人脸关键点检测、人脸特征提取、人脸重构、唇语识别、情感迁移等，结合语音、图像等多模态信息进行联合建模训练后，生成与真人无异的AI分身模型，可以让机器以更逼真自然的形象呈现在用户面前。这项技术让机器首次做到逼真地模拟人类说话时的声音、嘴唇动作和表情，并且将三者自然匹配，与真人几乎一致。以"AI合成主播"为例，用户只需要输入新闻文本，AI合成主播就能用和真人一样的声音进行播报，而在播报的过程中唇形、面部表情等也能与真人主播完全吻合，效果惟妙惟肖。除此之外，"搜狗分身"技术还能仅靠少量用户真实音视频数据，即可快速定制出高

---

①马丁·福特.机器人时代：技术、工作与经济的未来[M].王吉美，牛筱萌，译.北京：中信出版社，2015：239.

逼真度的分身模型，显著降低了个性化定制成本，进而帮助人类提高信息表达和传递的效率①。

4.人工智能应用场景的不断扩大也在不断增加新的就业机会

在人类社会发展的历史上，工业领域发生的每一次重大技术变革在大幅提高工业生产效率的同时，也会对既有的工业生产结构产生一定的冲击。每一次重大技术变革在造成一部分工作岗位被机器取代的同时，也在不断地创造着新的就业岗位。面对人工智能时代技术性失业和结构性失业问题可能会加剧的态势，很多人陷入了失业恐慌和失业焦虑。对此，我们既不能无视因为人工智能技术在诸多产业中的深度应用而给现有就业机会带来的巨大冲击，也不必过度恐慌。因为，与人类社会之前的历次重大技术变革一样，人工智能在导致部分劳动者失业的同时，也在不断创造新的产业并使部分传统产业的规模不断扩大，进而增加新的甚至是更多的就业机会。法国《回声报》网站发表的文章《人工智能：摆脱成见》指出，在成为威胁之前，人工智能首先是一个进步机遇。文章认为，虽然有观点认为"人工智能具有致命危险"，但是世界不应当因为害怕危险就紧抓住过去不放手，不应当由于过度谨慎就限制进步。虽然有观点认为"人工智能会造成大规模失业"，但是人工智能带来的不是劳动的终结，而是劳动的变革，一些岗位消失的同时一些岗位正在诞生②。

一方面，人工智能技术的应用降低了企业的生产成本，从长远来看会带动产业规模不断地扩大，并加速传统产业转型升级的步伐，进而创造更多的就业机会。例如，德勤公司通过分析英国1871年以来技术进步与就业之间的关系，发现技术进步是"创造就业的机器"。因为技术进步通过降低生产成本和价格，增加了消费者对商品的需求，从而社会总需求扩张，带动产业规模扩张和结构升级，创造更多就业岗位。德国研究者也发现，实际上自动化的投入以及电子科技的运用不一定只是威胁人们的就业，还

① 全球首个AI合成主播亮相乌镇：高度逼真 真假难分[EB/OL].(2018-11-07)[2019-11-19]. http://tech.ifeng.com/a/20181107/45215163_0.shtml.

② 人工智能崛起：我们还没准备好分[EB/OL].(2018-11-07)[2019-11-19].http://www.banyuetan. org/dyp/detail/20181010/1000200033134991539139543970671222_1.html.

可能发挥一定的促进作用。例如，随着电子科技以及信息产业水平的提高，将会需要越来越多的从业人员。毕竟，机器人真正全面取代人类工作还需要很长时间。就德国来说，大多还是巨头型企业尝试使用机器人进行生产工作，毕竟机器人的制造成本、部署成本、学习成本等都是机器人全面取代人类工作的门槛①。

另一方面，人工智能与现有产业的深度融合，会加深全社会对人工智能技术的依赖，人工智能及相关支持性技术的研发和衍生服务有望成为一个规模庞大的产业，进而创造出数量可观的就业机会。"作为一种最通用的技术，人工智能在各个产业、各个领域都有巨大的应用空间。许多新技术，随着技术成熟和市场需求的扩大，最后大都会演化为新的行业，如大数据、云计算行业、人工智能行业、3D打印机行业、VR行业等；同时这些技术在其他行业的应用（包括技术的颠覆与商业模式的颠覆），也会形成新的细分行业，如电子商务、网约车、网络直播、移动支付，等等。因此，人工智能及相关支持技术和衍生服务也有望成为一个规模庞大的产业。"②据《新一代人工智能发展规划》预测，到2025年，人工智能核心产业规模超过4000亿元，带动相关产业规模超过5万亿元；到2030年，人工智能核心产业规模超过1万亿元，带动相关产业规模超过10万亿元。人工智能产业规模的不断扩大，必将推动人工智能及其相关产业人才需求量的不断上升，进而提供更多的就业机会，而这可以有效地降低人工智能的广泛应用所引发的技术性失业和结构性失业问题加剧的风险。

二、人工智能时代人类就业形式的变化

人工智能在经济领域应用场景的不断扩大和应用程度的不断加深，不仅对人类的就业格局产生了深刻的影响，进而可能会引发技术性失业群体规模的不断扩大和结构性失业问题的逐步加剧，而且在很大程度上也会改

---

① 田园.机器人会抢走谁的饭碗[N].光明日报,2017-08-27(8).
② 李晓华.哪些工作岗位会被人工智能替代[J].人民论坛,2018(2):35.

变现有人类就业的形式。伴随人工智能技术应用场景的不断扩展，未来社会人类的就业到底会呈现出什么样的状况，人类的就业趋势将怎样演变，这些都是值得我们探讨的问题。目前，很多学者对此进行了乐观大胆的预测，其中软就业和趣缘合作是两个具有一定代表性的观点。

1.软就业

所谓软就业，即在软产业和软性制造业中的就业。"所谓软产业，是指以软价值为主体的产业。如果一个产业创造的总价值中，软价值的占比在80%以上，就是典型的软产业。从大的分类看，软产业主要包括知识软产业，如教育、咨询、智库、会议、会展等；文化娱乐软产业，如影视、电子游戏、主题公园等；信息软产业，如传媒、社交媒体、人工智能、大数据、云计算等；金融软产业，如银行、保险、普惠金融、绿色金融、风险投资等，以及其他服务业。与那些主要依赖消耗地球资源的煤炭、钢铁、基础制造等传统工业不同，这五大软产业不以自然资源为主要财富源泉，主要满足人们永无止境的精神需求，因而具有无限广阔的发展空间和就业吸纳能力。"①滕泰和刘哲认为，伴随人工智能时代的到来，人工智能对于传统产业的冲击将是不可避免的。人工智能在制造业等程序性很强的产业领域中的深度应用，必将造成大量的人员失业即工业剩余劳动力。但同时，那些以满足人类精神生活需求为主、以人类创造性思维为主要财富源泉的软产业和软性制造业却正在吸纳越来越多的被人工智能替代下来的工业剩余劳动力，而未来的人类就业也将以软就业形态为主。

2.趣缘合作

趣缘合作是华东政法大学高奇琦教授对于人工智能时代人类就业形式的预测。兴趣是影响人类职业选择的一个重要因素，如果能够从事与自己兴趣相符的职业，对于从业者来说将是一个莫大的幸事。不过在现实中，面对生存的压力和竞争较为激烈的就业市场，人类在选择自己的职业时，绝大多数人只能被动地接受社会的安排，而只有少数人才拥有依据自身兴趣和职业偏好来选择职业的主动权。但是，人工智能技术的出现，使得人

---

① 滕泰,刘哲.软就业:我们如何应对人工智能时代的就业冲击[J].国际融资,2018(6):35.

们可以根据自身的喜好来与人工智能展开合作，趣缘合作也许会成为人工智能时代人类就业的主要形式之一。高奇琦和李松认为："人工智能未来发展的要义，在于其作为一种基础设施，提供给人类普遍使用。传统的职业分工是功能性分工，而人工智能时代的到来，给现有的职业体系带来'结构性失业'和'全面性失业'的风险。在人工智能时代，趣缘合作可能成为职业分工新的模式。在未来，把程序化、标准化的工作交给人工智能来完成，这实际上给人类提供了一个前所未有的去思考人文、社会与心灵的空间。未来的职业规划将愈发与兴趣紧密结合在一起，而终身学习和兴趣学习则成为教育革新的重点。从这个意义上讲，创新成为人工智能时代的根本要义。现有的职业体系和教育体系都需要为人工智能带来的'创造性破坏'做好准备。"[1]

三、关于人工智能时代就业问题的思考

1.加大人工智能技术研发力度，不断提升我国人力资源质量

人工智能在经济领域的深度应用，虽然导致了部分传统产业的消亡，但也不断地催生出新的产业形态，传统产业失去的就业机会和新兴产业形态增加的就业机会在抵消后，使得我们可能无需对人工智能时代的失业问题产生过度的焦虑。"人工智能、大数据等新技术的应用，在替代一些简单、标准化岗位的同时，也会创造出大量新岗位。比如机器人的大规模应用，会产生制造、操作、保养、维护机器人的岗位。同样，人工智能生态系统和制造系统建设，混合云生态系统建设，也需要投入大量的人力智力。再比如，智能制造中对于感知、分析、自主决策、执行、学习提升等细分产业的研发、设计、生产等，也会产生许多新岗位。"[2]但我们也要看到，消失的就业机会和增加的就业机会对就业人员的知识和技能等方面的

---

[1] 高奇琦,李松.从功能分工到趣缘合作:人工智能时代的职业重塑[J].上海行政学院学报,2017(6):78.
[2] 滕泰,刘哲.软就业:我们如何应对人工智能时代的就业冲击[J].国际融资,2018(6):35

要求是完全不一样的，人工智能时代新增的就业机会在全球各国的空间分布也是不均衡的。新增的就业机会主要分布在人工智能技术发展水平和应用程度较高的国家和地区，对从业者的知识和技能要求相对较高。我国是一个人力资源大国，但还不是一个人力资源强国。由于我国人力资源的整体质量不高，如果我国不快速提升现有人力资源的水平和质量的话，那我们在未来的就业机会争夺中将处于不利境地，可能会面临大量失业甚至是全面失业的风险。为此，一方面我们要不断加大对人工智能技术研发和应用的投入力度，在核心算法、芯片等方面尽快赶上美国等发达国家，尽可能占据人工智能科技的制高点；另一方面，我们也需要加大人力资本投资的力度，提升人力资源的质量，以积极应对人工智能对就业产生的冲击。

2.积极预防和有效应对由人工智能应用带来的技术性失业和结构性失业问题所诱发的治理风险

面对人工智能的深度应用给人类就业格局带来的影响和冲击，我们在积极发展人工智能技术和不断提升人力资源质量的同时，也需要积极预防和有效应对由人工智能应用带来的技术性失业和结构性失业问题所诱发的诸如社会安全和政治稳定等方面的治理风险。例如，江晓原认为："如果这个社会变成绝大部分人都没有工作，只剩下少数人有工作。对这样的社会，我们人类目前显然还远远没有准备好。今天如果有少数人没有工作，多数人有工作，我们把少数人养着没问题，这样的社会是我们现有的社会制度和伦理道德结构能够承受的。但是如果颠倒过来，这个社会中有相当大比例的人失业——且不说超过50%，按照那些对人工智能的展望，将来95%的工作岗位都会被人工智能取代。当这个社会绝大部分人都没有工作的时候，社会会变成什么样？肯定会非常不稳定。那么多没有工作的人，他们可以用无限的时间来积累不满，酝酿革命，必然危及社会稳定。无论东方还是西方，无论什么意识形态的社会制度，对这个形势都毫无经验。所以说人类还没有准备好。"①对此，世界上一些发达国家和地区开始尝试制定一些比较有新意的政策，比如向机器人征税，"以支付公共事业，如

---

① 江晓原.人工智能：威胁人类文明的科技之火[J].探索与争鸣，2017(10)：18-19.

教育和保健等方面的公共开支，如果真如此，则意味着要向机器人所有者征税。这些发达国家和地区的主张相对于我国来说明显过于超前了一些，但其主张也不是没有根据，因为发达国家在布局人工智能的教育和研究以及应用开发明显比我国要早得多，我们认为是奇思妙想的建议可能恰恰是与其发展阶段相适应的"①。

3.如果人工智能在大规模取代人类成为就业的主体后，也会对人类生存的意义产生深刻影响

一方面，如果人类将所有事务都交由人工智能来完成的话，意味着人类将世界的管理权交给了人工智能，人类在卸去了人类社会的管理职责后，无所事事的人类将会失去生存的意义，人类的体能和智能会迅速衰退，而"每一个个体都变得没有生活意义的时候，整个群体就是注定要灭亡的"②。另一方面，人类也面临人工智能反叛的可能，由此也会引发人类命运的终结。江晓原认为："随着它们（人工智能——引者注）的进化，它们终将认识到人类是这个世界的负担，最后理性的结果必定是清除已成行尸走肉的人类。这对人类来说，实际上就是自掘坟墓。韩松新出版的科幻小说《驱魔》，生动展示了这种前景的一个侧面。"③当然，也有部分学者对于人工智能的未来持乐观的态度，主张以积极开放的姿态来迎接人工智能浪潮的到来。"我们似乎可以断言，当奥托·诺伊迈尔设想人们必须从根本上转变自身的生活方式以适应人工智能的大发展时，我们所看到的是对这项技术的一种过于理想化的想象和期待。我们自然会热忱希望人工智能技术继续为人类带来福祉，也会以开放的心态接纳人工智能术语源源不断地进入我们的日常语言，使我们的语言游戏更加丰富，使我们的生活更加多彩、更为便利。我们也完全可以设想，人工智能技术会在越来越多的可程序化的理智领域内大显身手。但是，它在人类情感和意志等方面的模拟将难以实现根本的突破。而只要在这些方面尚未实现突破，即便会有

---

① 涂永前.人工智能、就业与我国劳动政策法制的变革[J].河南财经政法大学学报,2018(1):10.
② 江晓原.人工智能:威胁人类文明的科技之火[J].探索与争鸣,2017(10):21.
③ 江晓原.人工智能:威胁人类文明的科技之火[J].探索与争鸣,2017(10):21.

各色各样迷惑人的新鲜事儿粉墨登场，那也将无法从根本上改变人们的生活方式。"[1]

就现有人工智能技术的发展水平来看，超人工智能时代的到来还是一件非常遥远的事情，强人工智能时代在短期内也很难到来，但是我们不能排除少数人工智能算法的设计者拥有在技术外表的掩饰下从事危害人类整体命运行为的强烈动机，而这正是我们需要防范的，因为未来背叛人类的未必是人工智能，而很可能是少数掌握了数据和算法优势的个体或资本。因此，"人类会时时防备着这项技术可能带来的种种负面影响。真正值得信赖的，最终还是，也只能是我们人类自身的智慧。"[2]

第二节　人工智能时代的金融

金融业是一个集资产管理、金融服务、风险评估和控制等于一体的现代服务业态。金融业的专业性较强，需要从业人员具备一定的专业知识和业务技能，业务流程规范程度和风险控制要求也较一般的行业更为严格。与传统的金融业主要从事存取款、汇兑、保险、期货、债券、股票投资等业务相比，现代金融业除了传统服务业务类型外，已经衍生出越来越多的服务类型，做好成本控制和风险控制是现代金融业的基本要求。人工智能技术的快速发展和广泛应用，使得金融行业面临深刻的变革，金融行业的智能化水平不断提高，人工智能与金融深度融合的时代正悄然来临。"作为人类经济的命脉，金融是商业的最高形态，而智能化无疑是未来金融发展的重要趋势。人工智能技术激发了传统金融行业的转型和创新，未来银行、证券、保险业将以怎样的形态存在并服务于人类，都是值得我们思考

---

① 李国山.人工智能与人类智能:两套概念,两种语言游戏[J].上海师范大学学报(哲学社会科学版),2018(4):32-33.

② 李国山.人工智能与人类智能:两套概念,两种语言游戏[J].上海师范大学学报(哲学社会科学版),2018(4):33.

和关注的问题。"①

一、人工智能时代金融业面临的机遇

伴随大数据、云计算等技术的出现和快速发展，人工智能在金融领域中的应用场景不断扩大，带来了金融服务的智能化变革，推动着金融风险控制水平、能力和业绩的不断提升，加速了金融资产管理格局重塑的进程。

1.人工智能带来金融服务的深刻变革：智能金融

金融业是一个程序化和规范化程度较高的服务业态，也是一个人力密集型的产业。特别是金融行业中的银行业，需要设立一定数量的物理网点并配置一定数量的前台、大堂和客服工作人员才能满足客户的日常业务办理需求。人工智能技术在金融行业的深度应用，推动了具备人机交互功能的金融机器人和智能化的业务办理系统的出现，原本很多需要人工办理的金融业务，例如银行业中的开销账户、开通网上银行、卡片审核、客户风险评估、理财产品购买，证券行业中的客户开户申请受理、电子交易委托、基金销售，以及保险行业中的保险咨询、保单缴费、保险理赔等业务都已经可以通过人工智能系统来办理，大大节约了人力。伴随人工智能在金融行业应用场景的不断拓展和应用程度的不断加深，传统的金融业正面临着深刻的变革，智能金融时代正逐步来临。

目前，人工智能在金融服务中的应用主要有智能机器人和智能柜员机等类型。在金融智能机器人方面，交通银行的"交交"是一个典型的代表。"交交"是交通银行在全国各地网点中推广使用的一款智能机器人。"交交"作为银行大堂经理，具有人脸识别功能，可以完成客户接待、引导分流、业务咨询、营销宣传、互动交流等多项工作。"交交"所使用的机器人系统搭载了多项人机交互人工智能技术，并且凭借开发企业所拥有的强大的多能力融合和大数据处理能力，整合了包括语音识别、语音合

---

① 高奇琦.人工智能：驯服赛维坦[M].上海：上海交通大学出版社，2018：51.

成、自然语言理解、图像识别、人脸识别、声音识别和指纹识别等多项顶尖人工智能技术，是一款真正"能听会说、能写会看、能思考、会判断"的全智能客服机器人。"在日本，一些银行已经部署了 Pepper——一种超越算法的情感机器人，希望能与客户进行更深层次的互动。"①

智能柜员机拥有智能业务办理系统，正在被越来越多的金融网点投入使用。以银行业为例，目前的智能柜员机包括外币兑换机、纸硬币兑换机、网银体验设备、远程柜台机、产品领取机等。远程柜台机，又叫远程视讯柜台，由客户自助办理业务，远程客服人员协助指导。目前远程柜台机可以办理大多数的公私业务，例如给客户进行开户发卡、信用卡申请、投资理财、个人贷款、一站式签约、机构客户签约等。产品领取机是一台集办理、领取为一体的综合智能机器，具有开户办卡、开通网银、人脸识别、转账交易等功能，顾客只需持本人身份证按机器提示操作即可完成银行卡的办理和领取业务。通过这些智能柜员机，以往需要通过排队在柜台才能办理的业务，现在大部分都可以直接自助办理，客户既免去了排队、填单的烦恼，也给办理上述各项业务的银行工作人员减轻了工作负担。

此外，借助于人工智能系统，在线智能客服已经在银行、证券和保险行业中广泛使用。在线智能客服在帮助客户及时解决服务难题、改善客户体验的同时，也有效地降低了金融企业的人工成本。目前，我国绝大部分银行和保险公司等金融机构的人工智能客服系统已经大规模上线，在降低企业运营成本的同时，也使得客户可以享受到24小时不间断的在线服务。

2. 人工智能推动了金融业风险控制能力的提升和运行成本的下降

金融业是一个风险较高的行业，如何做好风险控制是金融企业管理的重点和难点。人工智能在金融行业中的应用，有助于有效提升金融行业的风险控制能力。借助于金融大数据，具有深度学习能力的人工智能系统能够从历史数据中发现潜在的风险点，识别欺诈交易，并根据以往交易数据的变化规律来预测未来的交易趋势，以便金融企业提前做好风险防控工作。人工智能对金融大数据的深度挖掘还可以应用到与金融业相关的上下

① 叶纯青.人工智能与金融服务的演变[J].金融科技时代,2017(1):93.

游产业的分析中，多维度地针对具体行业和项目进行风险控制[①]。

　　传统的金融系统在对客户的信用进行评价时，需要客户提交许多证明材料，并提供部分资产作为抵押物，不仅手续烦琐、成本较高，而且也不一定能够如实地反映和评价出客户真实的财务状况和信用水平。人工智能技术在金融领域的广泛应用，使得金融机构对客户的信用评价工作更加简便、客观，成本也随之得到有效降低。现在很多银行借助于人工智能技术，已经开发出快速网络贷款系统。例如，中信银行基于人工智能技术和大数据平台推出了网络信用消费贷款。网络消费贷款与传统贷款方式不同，不需要线下申请和人工审批等环节，它依靠大数据、云计算等技术手段，凭借严格设计的风险模型，通过接入全国各地区的公积金中心数据平台，依托银行在线贷款审批系统自动完成客户综合信用的评价工作，然后向符合贷款条件的客户发放用于消费用途的个人信用贷款。网络消费贷款的申请、审批、签约放款及还款等步骤全部在线上完成，不仅为消费者提供了方便、快捷的贷款新体验，而且大大降低了企业的信贷风险和信贷成本。

　　3.人工智能在金融领域的应用给在线金融提供了广阔的发展空间

　　人工智能在金融领域的深度应用，除了使金融机构风险控制能力的提升和运营成本的下降，也给在线金融平台提供了更多的生存和发展空间。目前，在人工智能技术和大数据平台的支撑下，越来越多的消费金融公司、电商、点对点网络借款平台等纷纷加大了对消费金融的投入力度，网络贷款规模也随之越来越大。国内的几大电商企业都已经推出了自己的网络贷款平台，比如京东金融的京东白条、蚂蚁金服的蚂蚁借呗、百度金融的有钱花、小米金融的小米贷款等。其中，使用蚂蚁金服的蚂蚁借呗时，客户能否获得贷款额度以及额度的多少，主要依据客户支付宝的消费次数、消费金额和蚂蚁金服给客户评定的芝麻信用分等来综合判定。蚂蚁金服通过分析用户的网购记录数据，针对用户进行信用评级，对客户进行授

---

① 樊嵘.人工智能:金融创新的新起点[J].时代金融,2018(3):189.

信管理，不论是覆盖范围还是处理效率上都远高于人工[①]。

4.人工智能在金融业的深度应用加速了金融资产管理格局重塑的进程

资产管理是金融业的一项重要业务，基金、期货等资产管理产品是金融企业重要的利润来源。金融业对资产管理岗位员工的要求较高，一般只有具备一定的专业知识并拥有丰富投资经验的员工才能胜任资产管理岗位的工作。由于金融业中成熟的资产管理人员数量毕竟有限，加上金融市场面临的不确定性风险和动荡因素远多于一般行业，因此即使是资深的资产管理人员也很难保证资产投资的收益率一直稳健。伴随人工智能技术在金融领域应用程度的不断加深，人工智能在资产管理产品的设计和运行等方面的重要性日渐凸显。借助于海量的金融交易大数据，人工智能系统利用自身具备的深度学习功能，可以及时有效地从大数据中找到有价值的投资线索，然后设计出回报率较高且风险较低的资产管理产品。同时，人工智能可以24小时不间断地工作，完成高频率的投资操作，通过及时有效的交易来将投资风险控制在合理的范围之内。

目前，由人工智能担任基金经理的基金产品也已经出现。2017年10月18日，全球首支由人工智能选股进行投资的交易型开放式指数基金 AI-EQ 在美国诞生。AIEQ 是全球第一支应用人工智能和机器学习进行投资的交易型开放式指数基金，其利用人工智能的认知和大数据处理能力，持续不断地分析大约6000只美国挂牌股票，并且每天处理逾100万条的企业公告文件、季度财报、新闻以及社群文章，以此来分析美国境内的投资机会，然后将受益于当前经济环境、投资风向、全球和公司层面事件的投资标的筛选出来，并从中挑选出股价最有上升潜力的股票，作为 AIEQ 基金的投资组合[②]。2018年1月，我国跃然科技公司宣布成立首款由人工智能系统运营管理的私募基金产品——跃然人工智能交易基金。随着人工智能在金融行业中资产管理产品设计和运营等方面应用程度的不断深入，未来

① 樊嵘.人工智能：金融创新的新起点[J].时代金融,2018(3):189.

② 全球首只机器人选股ETF诞生：已跑赢美国两大股指[EB/OL].(2017-10-24)[2019-11-20].http://finance.sina.com.cn/roll/2017-10-24-doc-ifymyyxw4526595.shtml.

必将会出现越来越多的由人工智能设计和管理的资产管理产品，人工智能在金融业的深度应用加速了金融资产管理格局重塑的进程。

二、人工智能时代金融业面临的风险

在人工智能时代，金融业既迎来了发展的机遇，但也面临一定的风险，客户信息和消费数据的安全性问题、金融系统的系统性风险问题、金融监管难度的增加问题、金融风险的责任认定和承担机制该如何建立等问题，将是人工智能时代金融业必须要面对的难题。同时，人工智能在金融领域的深度应用可能会对金融从业人员的就业和收入带来较大冲击。

1. 保障客户信息和消费数据的安全性

人工智能技术与金融行业深度融合后，很多以前需要到柜台办理的业务在线就可以办理，资料审核也主要通过身份证件和人脸识别系统来完成，业务办理时限大为缩短。但同时，我们也不能忽视在线办理各种各样的金融业务时，客户所提交的身份证件、银行卡号、手机号码、账户密码等信息和网上金融交易记录等信息有泄露和被违规使用的可能。很多客户在办理了一项在线金融业务后，可能会收到很多同类型金融机构推送的各种各样的服务信息，这在很大程度上是客户资料和信息已经被人泄露所致。因此，在人工智能时代，智能化的金融服务虽然有利于我们方便快捷地办理各项业务，但客户的基本信息和消费数据也很容易被泄露，如何保障客户信息和消费数据的安全是人工智能时代金融监管必须予以认真回应的治理难题。

2. 金融企业面临的系统性风险

在人工智能时代，金融企业在利用人工智能技术平台降低运营成本、提高服务效率的同时，人工智能技术平台也因此掌握了金融企业的很多机密信息，而这些信息对于金融企业的决策和经营行为来说是至关重要的。同时，应用于金融领域的人工智能技术平台自身的算法，是由技术平台的研发者设计和掌握的，这些智能算法在帮助金融企业高效完成特定任务的同时，可能也会被嵌入特定的设计意图，"如果较多市场主体采用了相同或者类似的算法，其'协同'效应将被放大，在交易进行中基于同样的因素采取了相同大量的交易操作，这就有可能导致市场偏离正轨。除此之外，所使用的程序也容易成为被攻击的对象，程序、设备的故障也会增加整个系统的风险"①。

3.金融监管难度的增加

伴随移动互联网和人工智能技术的快速发展和广泛应用，各种各样的互联网金融平台越来越多。人工智能系统通过对客户留存的消费信息、贷款信息以及网络电商平台的商品浏览记录，就可以自动且比较精准地判断客户是否有贷款的需求，然后通过精准的贷款广告的投送，就可以成功地完成贷款客户信息的获取和放款等工作。同时，人工智能系统通过对客户理财交易信息等数据的获取，可以分析客户对理财的时间长短、预期收益率、风险等方面的偏好，然后自动给客户推送符合其理财习惯的理财产品信息，以成功地让客户完成投资理财的工作。这些智能金融营销服务的产生，对于提升金融行业营销服务的精准性、成功率和营销业绩非常有帮助。但如果这样的营销手段被没有正规金融营业执照的公司利用，不仅会侵害客户的合法利益，也给金融监管带来很大的难度。近年来，部分互联网金融服务公司，以超过10%的高息揽存，违规放贷，当公司资金无法正常周转时，就以"跑路"、倒闭收场，很多客户的本金无法收回。

4.建立金融投资失败后的责任认定和承担机制

人工智能依靠自身的深度学习算法，通过对大数据的分析和深度挖掘，可以自主完成信用评估、风险识别、投资项目确定、投资组合选择等任务，提升了投资的精准性和回报的稳定性。但是，我们也要看到，由于金融行业受国家宏观经济形势和国际政治经济形势的影响较大，人工智能依据大数据所做出的很多规范性的技术分析在面对不确定的政治经济形势等投资风险时，也可能会出现难以预料的后果。因此，对于人工智能导致的投资失败，责任该如何认定，损失该由谁来承担，是由金融企业承担、

① 樊嵘.人工智能:金融创新的新起点[J].时代金融,2018(9):189.

还是由金融从业人员承担，抑或是由研发人工智能系统的企业来承担，这些问题都是我们要面对的治理难题。对此，笔者认为，如果投资行为是由金融从业者在人工智能的辅助下做出的，那么投资损失应该由从业者来承担；如果投资行为完全是由人工智能系统自主做出的，那么投资损失应该由金融企业来承担；如果投资失败是由于人工智能系统发生故障所致，那么投资损失应该由研发人工智能系统的企业来承担。

5.人工智能可能会对金融从业人员的就业和收入带来较大冲击

伴随经济全球化进程的不断加快，资本在全球范围内的加速流动催生了金融业及其衍生产业规模的不断扩大，金融业的从业人员不断增多。目前，金融业及其衍生产业已经成为驱动资本运作和推动经济发展的核心产业之一，金融从业人员的收入水平较之于一般行业要高出许多。但这一切可能会随着人工智能技术与金融行业的深度融合而发生改变。伴随人工智能在银行、保险和证券等金融行业的广泛应用，人工智能正在很多环节开始替代金融从业者，或者对其收入水平产生较大的冲击。"金融服务劳动力将向专业开发人员、数据科学家、基础设施架构师、编码伦理学家和人工智能培训师转变，发展成为更具关键职能的职业。顾问、柜员和客服的工作也会受到很大影响，而且人们对于填补这些职位空缺的需求会逐步减少。"[1]伴随人工智能对金融从业人员的大规模替代的开始，大量的前台员工将向营销岗位转变，金融业的行业生态正面临着深刻的变革，"以客户为中心"的金融服务时代正向我们走来。

在银行业方面，受到人工智能深度应用的影响，银行的物理网点数量将会不断减少，前台岗位的数量也会随之锐减。例如，像存取款、开销账户、转账、汇兑、票据、缴费等前台业务将会部分地或者全部被智能设备取代，银行前台从业人员面临很大的失业风险。

人工智能在证券行业中的应用主要是通过大数据来找到投资的规律性，然后利用算法模型和所发现的规律来对未来的投资市场进行科学准确的预测，以此来为不同资产配置结构和投资偏好的客户进行投资规划。相

---

① 叶纯青.人工智能与金融服务的演变[J].金融科技时代,2017(1):93.

比于人工智能对银行业造成的巨大冲击来说，证券行业受到的影响可能稍微小一些。但是，随着近些年来大数据、云计算和区块链技术的不断成熟和广泛应用，利用人工智能从大数据中找到投资的规律性并及时发现有价值的投资机会的可能性越来越大，初级证券分析师和大量的操盘手等证券从业人员面临被人工智能替代的可能。

第三节　人工智能时代的医疗

大数据的出现、机器学习算法的重大突破和云计算技术的日渐成熟，推动着人工智能时代的到来。人工智能技术的出现及其应用场景的不断拓展和应用程度的不断加深，对人类社会的生产方式、生活方式和交往形式产生了深刻的影响，在给国家管理和居民日常生活带来了诸多的机遇的同时，也诱发了一定的风险。人工智能技术在医疗领域的应用，使得传统上主要依靠医生和护理人员主导的医疗格局发生着深刻的变革，医疗诊断、治理、服务和管理的智能化程度不断提高，智能医疗时代正逐渐从理想转变为现实，人工智能给医疗水平的提升和成本的有效控制带来了难得的机遇。目前，人工智能在医疗领域的应用主要集中在智能影像学、智能病理学和智能医疗决策等方面[①]。同时，伴随人工智能在医疗领域应用程度的不断加深，技术失控风险、医疗责任主体模糊、医疗数据存在安全风险、少数互联网平台企业的技术优势引发的霸权风险以及人工智能对部分医疗人员的替代引发的失业风险等问题也随之凸显。面对人工智能技术在医疗领域应用程度的不断加深，在积极推动医疗智能化的同时，采取相应的路径来防控相应的风险，是人工智能时代医疗领域面临的重要任务。

---

① 曹晖,顾佳毅.人工智能医疗给外科医生带来的挑战、机遇与思考[J].中国实用外科杂志,2018(1):28.

一、人工智能时代医疗面临的机遇：智能医疗时代的到来

在医疗领域，患者病情的诊断、手术的治疗、医疗服务和医疗管理的水平，对于医疗服务的质量和居民对医疗服务的满意度提升非常关键。在病情诊断和手术治疗中，先进的医疗设备的投入使用，在一定程度上提高了诊断的准确性和手术的成功率，但是医生在病情诊断和手术治疗中依然发挥着主导作用，认知的局限和经验的不足，导致很多医生难以对病人的病情进行准确的诊断，医疗手术中的事故也时有发生。在医疗服务和医疗管理中，有限的医疗资源及其配置格局的失衡，使得政府供给的医疗服务与人民群众日益增长的卫生需求之间的矛盾不断增加，医疗领域的群众满意度一直维持在较低的水平。人工智能技术在医疗中应用场景的扩大和应用程度的加深，使得医疗诊断、手术治疗、医疗服务和医疗管理的智能化水平不断提高，给医疗服务水平和质量的提升带来了难得的机遇。

1.医疗诊断的智能化

在医疗诊断中，具有丰富经验和良好职业技能的医生是提高病情诊断准确率的根本保障。由于经验丰富和医疗技能过硬的医生是稀缺资源，这就使得很多缺乏优质医生资源的医院在病人病情的诊断上往往存在一些失误，不仅不能为病人制定正确的治理方案，更耽误了治理的时机。同时，由于认知的局限，即使是经验很丰富的医生在病情诊断中也可能会出现失误。而人工智能技术的出现，使得医疗诊断的智能化水平不断提高，医疗诊断的准确率大大提高。人工智能在医疗领域中的应用，主要得益于医疗数据的快速增长和深度学习算法取得的重大突破。大量先进的医疗设备在医疗领域中的使用，使得广大患者在日常的检查和诊断过程中的具体情况以大数据的形式保存下来，为人工智能机器在医疗领域中的深度应用提供了充分的可能。人工智能算法通过对既有诊断数据的分类、处理和分析，可以对医疗诊断中的特征、规律和趋势进行分析，然后依据病人具体的情况作出较为准确的诊断。目前，"人工智能技术已在部分疾病筛查、预测

和治疗方面取得了突破性进展，达到或甚至超过专业医生的水准，可帮助改进现有诊断工具及其诊断效率"①。2018年2月，谷歌研制的一项智能算法，可以通过对眼底影像的分析来推断出一个人的年龄、血压及吸烟情况，进而较为准确地预测出一个人是否有出现重大心脏疾病的风险。同样是在2018年2月，我国的人工智能研究团队不仅实现了利用人工智能系统精准预测眼病和肺炎，而且首次通过人工智能精准推荐治疗手段。2018年4月，美国食品和药物管理局首次批准人工智能检测设备IDx-DR上市销售，该产品可用于筛查糖尿病患者的视网膜病变，意味着人工智能技术正逐渐获得认可。伴随人工智能技术在医疗领域的深度应用，"人工智能有望加速推动'关口前移、重心下移、预防为主'的全民健康管理工作"②。

2.手术治疗的智能化

准确地进行医疗诊断，为成功地实施手术治疗提供了坚实的基础和前提。具体的诊断作出后，医生需要根据诊断的结果来制定并实施具体治疗方案。在具体治疗方案制定和实施的过程中，由于医护人员的认知和经验上的局限，以及对于病人的具体信息缺乏完全充分的了解，可能会导致制定的治疗方案存在一定的瑕疵。而且，在具体的手术实施过程中，医护人员可能会因为经验不足而导致操作失误，或者因遇到之前未预料的情形，致使治疗效果难以达到预期。而伴随人工智能技术在医疗领域应用程度的不断加深，不同类型的智能医疗系统和手术机器人开始在手术治疗中广泛应用。智能医疗系统通过对以往治疗方案和具体治疗效果等方面数据的深度学习，可以根据具体的个体病例设计出较为科学的治疗方案。手术机器人则在具体的手术方案实施过程中扮演着重要的角色，特别是在心脏、血管等实施难度大的手术中，手术机器人因其操作的精细化和高成功率而被广泛应用，成为医生实施手术的重要助手。目前，在医疗领域中应用最多的手术机器人是达芬奇手术机器人。

---

① 叶玲珑,谢邦昌.人工智能在医疗健康中的应用[J].中国统计,2018(5):12.
② 叶玲珑,谢邦昌.人工智能在医疗健康中的应用[J].中国统计,2018(5):12.

3.医疗服务的智能化

在医疗领域中，医疗服务水平是影响社会公众整体健康状况的重要因素。我国非常重视在医疗诊断设备、手术设施和病房等硬件方面的投入，注重对病人的病情诊断和治疗。而公共财政对公众日常健康管理和保障等方面的投入显得较为不足，最直接的反映就是家庭医生配置的数量较少，且很多地区的家庭医生处于有名无实的状态。公共健康领域财政投入的不足，不仅给公众的日常健康保障带来了不利的影响，也大大增加了治疗阶段国家财政和家庭的经济负担。人工智能技术的出现，使得公众在日常生活中的身体状况的各项参数可以实时地传递给智能医疗系统。智能医疗系统在获取到个体的身体数据后，可以给出相应的身体健康状况评价结果以及相应的建议方案，智能医疗系统俨然成为个体的私人医生。例如，美国"Well Doc公司研发的基于手机App和云端大数据的糖尿病管理平台，是获得美国食品和药品管理局批准的手机应用，用户可以通过手机实时记录、存储和利用糖尿病数据。通过进行实时挖掘分析，可为患者提供个性化反馈，指导患者进行改变生活方式，并为医生的诊疗提供有效依据"[1]，针对不同个体的个性化治疗在医疗领域也逐渐成为现实。

大数据时代的到来和人工智能算法技术的重大突破，使得"基于大数据的人工智能可以将医疗服务链条延伸至患者疾病症状出现之前，从而重新定义医疗服务的价值及其支付机制：即从治疗疾病为核心的支付模式过渡到以疾病有效管理、患者健康效果为核心的支付模式"[2]。同时，政府医疗和健康主管部门也可以根据公众健康状况数据的变化情况，来准确地判断医疗状况，对可能会出现的流行性疾病做好预防方案，有针对性地设计相应的医疗服务项目，提高医疗预算资金的使用效率，切实提高医疗服务的质量，提升公众对医疗服务的满意度。"基于公共卫生大数据，人工智能技术能够准确地提前预测疫情的发生和发展，从而提高公共卫生监测

---

① 马天有,胡曦,王丽娜,等.公共卫生大数据研究进展:生物信息的新领域[J].生物信息学,2017(4):256.

② 陈建伟.人工智能与医疗深度融合[J].中国卫生,2017(9):103.

的灵敏性……协助政府及时有效地开展疫情防控工作"[①]。例如，2009年甲型H1N1流感大规模暴发前，美国谷歌公司就通过网络检索数据的分析和处理，比疾控中心提前两周准确地预测到流感即将暴发的趋势。此外，在医疗领域中的看护环节上，智能医疗陪护机器人的出现，有利于缓解医疗护理人员供给不足的困境，同时也有利于更好地提高医疗看护的水平和质量，有助于让患者早日恢复健康。

4.医疗管理的智能化

医生和医疗设备是影响医疗供给的水平和质量的两大关键因素。当前，我国不同地区之间、城乡之间、不同医院之间的医生和医疗设备的配置上的差距非常大，优质医生和高精尖的医疗设备资源的配置存在严重的失衡现象，东部地区的少数特大城市、省会城市的少数几家大型医院通常集中了全国最优质的医生和最先进的医疗设备，"患者流无序、医疗流疲惫、医技流不畅、保障流缓慢"[②]等问题较为突出，医疗管理存在很大的弊端。人工智能技术在医疗领域中的应用，可以根据患者的地域分布、城乡分布和居住空间分布数据来合理地进行医疗资源的重新配置，极大程度地提升医疗资源配置管理的效率，解决看病难的问题。同时，人工智能技术在医疗领域中的应用，可以有效缓解人们就医过程中的过度检查和过度用药问题，最大限度地解决看病贵的问题。自2008年我国启动新医改工作以来，国家用于医疗与健康方面的财政支出费用逐年递增，我国还连续多年提高了城镇职工医疗保险和新型农村合作医疗保险的报销比例。虽然国家用于医疗与健康的财政资金的增加和医疗报销比例的提高，大幅减轻了普通民众的医疗负担，但是看病贵等问题依然突出，而这与我国医疗实际中的过度检查、过度用药等过度医疗现象有很大关联。过度医疗的产生，既有患者因担心检查过少和用药过少导致无法准确诊断和治疗疾病的心理因素的影响，也有少数医生、医院、医疗设备和医药供应商在利益的驱使

---

① 叶玲珑,谢邦昌.人工智能在医疗健康中的应用[J].中国统计,2018(5):12.
② 张雪梅,王亦龙.苏州市A医院门诊服务流程存在的问题及原因分析[J].中国卫生事业管理,2018(3):170.

下的有意为之。人工智能技术在医疗领域中的应用，可以对医疗诊断、医疗治疗方案制定、具体的用药等过程进行智能化监管，可以有效防范和控制过度医疗的道德风险，解决困扰普通民众的看病贵的问题。例如，人工智能技术已经在慢性病管理中发挥出显著的功效[①]。

二、人工智能时代医疗领域存在的风险：技术失控、资本主导和失业风险

先进的技术是一把双刃剑，"技术上最伟大的胜利与最大的灾难几乎并列"[②]。人工智能技术在医疗领域中的应用，在推动医疗诊断、手术治疗、医疗服务和医疗管理智能化，提升医疗管理能力和医疗资金使用效率的同时，也带来了一定的风险。这些风险具体表现为人工智能技术在医疗领域使用中存在技术失控的风险，智能机器人介入下的医疗事故责任主体界定困难、少数智能医疗系统研发企业主导医疗政策议程和人工智能可能对医疗人员的大规模替代引发失业等。

1. 人工智能技术存在失控的风险

人工智能技术的出现及其在医疗领域中的深度应用，给降低医疗诊断和手术实施难度、提升医疗诊断准确性和手术成功概率、优化医疗资源配置、有效控制过度医疗风险等带来了很大的机遇，是医疗技术上的重大变革。但是，我们在看到技术进步提升医疗管理效能的同时，也要注意技术进步正在对医疗管理产生的深刻影响。"技术并不仅仅是一种物质手段，而是一种文化现象，是控制事物和人的理性方法。按照兰登·温纳的总结，当代技术具有如下特点：自主性、合理性、人工性、自动性、自增性、统一性、普遍性；其中自主性是技术最根本的特性，技术自主性意味着技术摆脱了社会控制，正在形成一种难以抑制的力量，人类自由将受到

---

① 贺婷,刘星,李莹,等.大数据分析在慢病管理中应用研究进展[J].中国公共卫生,2016(7)：981-984.

② 汉斯·昆.世界伦理构想[M].周艺,译.北京:生活·读书·新知三联书店,2002:16。

威胁。"①伴随人工智能算法的不断进步，人工智能技术的自主性日渐凸显，人工智能技术在医疗诊断和手术过程中脱离医护人员控制的可能性不断增大。特别是作为人工智能技术核心的算法存在不可解释性和不透明性，使得智能机器人在具体的医疗诊断和手术实施过程中存在失控的风险，进而诱发医疗事故。

2.人工智能介入下的医疗事故责任主体界定困难

近年来，人工智能技术在医疗领域中的应用场景不断拓展的同时，其应用程度也在不断地加深，智能医疗机器人已经在部分医疗环节上开始取代医生和护理人员。人工智能技术在医疗领域应用程度的加深，在降低医护人员劳动强度、提升医疗护理水平和质量的同时，也使得人工智能介入下的医疗事故的责任主体认定陷入困境。从人工智能介入医疗活动程度的深浅来看，我们可以将医疗活动分成医护人员为主、人工智能为辅，医护人员为辅、人工智能为主，医护人员和人工智能共同完成三种类型。不管是哪种类型引发的医疗事故，按照现有的法律法规，我们都很难清楚界定医疗事故的责任主体。由人工智能来承担医疗责任存在难以实施的困境。首先，人工智能截至目前还未获得独立的人格权，人工智能不具备承担责任的主体资格和能力。其次，如果要承担责任的话，应该由人工智能研发企业和使用人工智能的医护人员按照各自的职责来分担。但是，由于很难界定人工智能系统和使用人工智能的医护人员在具体医疗事故中的责任比例，使得医疗事故责任主体界定存在很大困难。最后，如果具体医疗责任事故是由于人工智能系统自身的失控所引发的，让人工智能研发企业和人工智能使用者来负担责任就显得不太公平合理。但是，如果由没有任何财产权的人工智能来承担责任，那么事故受害者将难以获得任何实质性的赔偿。

3.少数智能医疗系统研发企业主导医疗政策议程

人工智能技术在医疗领域中的深度应用，在提升医疗管理水平和质量的同时，也推动着传统医疗向智能医疗转变。在这一转变过程中，掌握人

---

① 张成岗.人工智能时代:技术发展、风险挑战与秩序重构[J].南京社会科学,2018(5):44.

工智能医疗技术的企业在医疗领域的影响力和控制力不断增大，少数拥有人工智能医疗核心技术的企业将会主导医疗政策的议程，大型互联网平台与医疗企业在医疗政策中的影响力和控制力不断增强，由此引发了一定的治理风险。这些风险主要包括医疗数据面临安全风险和利用算法优势来控制医疗政策议程两个方面。首先，医疗数据面临安全风险。在人工智能时代，数据是重要的战略性资源，谁掌握了数据，谁就可以在人工智能时代赢得竞争上的先机。人工智能技术在医疗领域中应用场景的不断拓展，主要源于人工智能系统对既有医疗数据的分析和使用。同样，在人工智能介入医疗领域的同时，研发智能医疗系统的企业也由此获得了海量的医疗和健康数据信息，个体的医疗数据面临泄露或被滥用的风险。其次，少数智能医疗系统研发企业凭借自身在算法上的技术优势来控制公共政策议程。在人工智能介入医疗领域之前，国家和各级地方政府的卫生主管部门在医疗政策议程中发挥着主导地位。但是，伴随人工智能在医疗领域中应用程度的加深，医护人员和各级政府的医疗主管部门对人工智能算法的依赖日渐加深，进而给少数智能医疗系统研发企业凭借自身在算法上的技术优势来控制公共政策议程提供了广阔的空间，相应的风险也随之产生。

4.人工智能对医护人员的部分或大规模替代引发的失业风险

人工智能技术在医疗领域中的深度应用，在大幅提高医疗服务效率和降低单位医疗服务成本的同时，也在对大量的医生和护理人员进行部分或者是全面替代。伴随人工智能技术在医疗领域中应用场景的不断拓展，现有的医疗领域中很多辅助性、程序性、重复性劳动比重较大的岗位将面临被人工智能部分或全面替代的可能。人工智能医疗系统对部分医护人员的替代，从提升医疗服务效率和降低医疗服务成本角度来说是值得肯定的，也是符合技术发展的必然趋势的，有利于将人类从繁杂的劳动中解放出来。但与此同时，人工智能对医护人员的部分或大规模地替代，可能会引发一定规模的失业潮，很多医护人员将因此而失去工作机会或者收入会随之下降，这就会给社会稳定带来一定的不利影响。2017年习近平在二十国集团领导人汉堡峰会上关于世界经济形势的讲话中指出，在当前，世界经济发展仍不平衡，技术进步对就业的挑战日益突出。我们应当处理好公平和效率、资本和劳动、技术和就业的矛盾。而如何处理人工智能技术与医护人员就业之间的矛盾，也将成为人工智能时代医疗领域必须要认真加以解决的问题。

三、应对人工智能时代医疗风险的基本路径

医疗领域是一个对技术要求较高和服务精细化程度较严格的领域，优质医生和护理人员的稀缺性以及先进的医疗设备配置的失衡，制约了医疗服务水平和质量的提升。人工智能的出现及其在医疗领域中应用场景的不断拓展和应用程度的不断加深，使得医疗服务的智能化程度不断提升，医疗诊断、手术治疗、医疗服务和医疗管理的水平不断提高。但同时，人工智能在医疗领域的应用过程中也面临着智能医疗系统的失控、智能医疗系统介入下的医疗事故的责任主体认定困难、少数智能医疗系统研发企业主导医疗政策议程以及人工智能医疗系统对医护人员替代引发失业等问题。面对人工智能时代医疗领域面临的机遇和存在的风险，我们一方面要在确保人工智能技术安全的前提下积极推动人工智能在医疗领域的深度应用，确保智能医疗在安全的前提下不断变革和持续创新。另一方面，我们也要注重识别和防控相关的风险，从法律、技术和伦理等层面明确智能医疗中的责任主体界定准则、强化对智能医疗系统研发企业的规约、处理好技术进步与就业稳定之间的关系，以实现利用人工智能技术有效提升医疗服务的水准、切实维护好广大民众的身心健康的目标。

1.在确保技术安全的前提下推动人工智能在医疗领域的深度应用

大数据的出现、机器学习算法取得的重大突破，使得人工智能时代已经悄然来临，人工智能在医疗领域的深度应用将是必然趋势。同时，积极利用人工智能技术来降低医疗服务的成本、提高医疗服务的质量也是对医疗技术和服务的精细化程度要求较高的医疗领域的内在要求。但是，由于人工智能技术的发展存在一定的不确定性风险，作为人工智能核心的算法

的运行过程难以用自然语言进行解释，这些因素导致智能医疗系统的运行过程是不透明的，医护人员在利用智能医疗系统来为患者提供医疗服务的过程中存在技术失控的风险。为此，我们在利用人工智能提升医疗服务智能化的进程中，需要注意技术安全。第一，我们要强化医护人员对智能医疗系统的主导和控制能力，要确保智能医疗系统是在人类监督和控制的前提下运作，尽可能降低智能医疗系统运行过程中的安全风险。第二，给智能医疗系统设置自我终结机制。医疗领域医疗数据的不断增长，为智能医疗系统的自主学习和强化训练提供了强大的原料，智能医疗系统的自主决策能力和独立意识不断增强，将来，智能医疗系统有脱离医护人员控制并异化的可能，而给智能医疗系统设置自我终结机制是有效控制这一风险的必要措施。

2.加快相关立法，明确智能医疗中的责任主体界定及分担原则

人工智能技术在医疗领域中应用场景的不断拓展，使得各种类型的智能医疗系统日渐增多。伴随智能医疗系统在医疗领域介入程度的加深，智能医疗系统介入下的医疗事故责任主体的认定难题也随之出现。为了更好地拓展人工智能在医疗领域中的应用场景，相关法律法规必须对智能医疗系统介入下的责任主体认定问题进行有效回应。首先，应该明确人工智能医疗系统在医疗中的辅助医疗地位。智能医疗是医疗智能化的简称，并不代表可将医疗完全交由人工智能医疗系统来完成。明确人工智能医疗系统的辅助医疗地位，既可以有效解决医护人员的避责心理引发的将所有医疗责任转嫁给作为机器或软件的智能医疗系统的道德风险，强化医护人员在医疗过程的责任意识，也可以有效防控人工智能医疗系统的失控风险。其次，要明确智能医疗系统在医疗过程中引发的医疗事故的责任主体界定及分担原则。智能医疗系统介入下产生的医疗事故，可以按照以下原则来明确责任主体和责任分担。如果是医护人员操作不当引发的事故，责任应该由医护人员及其所在单位承担；如果是智能医疗系统出现故障引发的事故，应该由智能医疗系统研发企业来承担责任；如果是医护人员和智能医疗系统共同引发的事故，可以通过必要的责任认定程序来界定医护人员及

其单位与智能医疗系统研发企业各自应该承担的责任比例。最后，在法律层面设立智能医疗系统强制保险制度，凡是由于智能医疗系统出现失控而导致的医疗事故，由相应的保险公司来负责赔付，以应对智能医疗系统在运行过程中出现技术失控所引发的医疗事故的赔付难的问题。

3.通过规范医疗数据和智能医疗系统算法来防控少数智能医疗系统研发企业的技术霸权

数据和算法是人工智能技术的基石，掌握人工智能技术优势的主体通常在数据的存储、处理和分析以及核心算法和底层算法上具有显著的技术优势。伴随人工智能在人类生产和生活中应用场景的不断拓展，拥有数据和算法优势的少数企业在公共政策议程中的影响力和控制力不断增强，公民、政府和社会组织等主体的数据面临被泄露或被滥用的可能。在嵌入人工智能技术的医疗领域，少数智能医疗系统研发企业在其所开发的智能医疗系统应用过程中获取了大量的患者个人的医疗信息以及政府医疗部门的数据，凭借自身在智能医疗算法上的技术优势，可以很轻易地联合少数大型医药和医疗设备制造企业来从事医疗营销活动，主导整个医疗的政策议程。对此，需要从数据安全和算法安全两个层面来对少数智能医疗系统研发企业的行为进行规约，强化卫生数据保护和防止算法乱用。首先，要强化数据产权和安全意识，规范智能医疗系统研发企业对相关医疗数据的使用边界。可以考虑赋予个体在接受医疗服务过程中产生的医疗数据以产权，规范智能医疗系统研发企业对医疗数据的使用范围和使用界限，明确智能医疗系统研发企业在使用上述数据的过程中负有的保密义务。其次，要强化对智能医疗系统算法设计环节和运行过程的法律和伦理监管。我们要注意对智能医疗系统的算法设计和运行过程进行技术和伦理规约，将保障人类生命安全和身体健康作为智能医疗系统算法设计和运行的法律底线，将避免过度医疗和过度用药作为智能医疗系统算法设计和运行的伦理底线，要求智能医疗系统研发企业要对自身研发的智能医疗系统算法的设计原理和运行机制进行必要的说明，增强智能医疗系统算法的可解释性和透明度。

4.处理好智能医疗进步与医护人员就业稳定之间的关系

由于人工智能技术的嵌入，医疗的智能化进程不断加速，智能医疗系统在医疗领域的应用场景不断拓展，应用程度也随之不断加深，智能医疗机器人对医护人员的替代趋势已经确立，并呈现加速的态势。对此，一方面，我们要顺应医疗服务智能化的趋势，不能一味地为了保障医护人员的就业就去阻止人工智能技术在医疗领域中的使用，推动人工智能技术在安全的前提下不断拓展其在医疗领域的应用场景和应用程度既是必然趋势，也应成为医疗政策的技术导向。另一方面，我们也要认真地考虑人工智能对医护人员的部分替代所引发的失业风险，在将智能医疗机器人重点配置在繁重、技术精度要求高、辐射性较大的卫生领域或环节的同时，要做好医护人员的分流工作，加强对被替代岗位的医护人员的培训力度，引导被替代的医护人员到公共健康领域就业，提高公共健康服务供给的水平和质量。

第五章 人工智能时代的司法

在我国，司法权是与立法权、行政权和监察权并行的权力之一。司法工作通常包括刑事案件的侦查、公诉、审判，以及其他非刑事案件的审理等。相比较而言，司法领域工作的专业性较强，对从业人员的要求也相对较高。司法行业的从业人员只有具备一定的法律素养和法律专业知识与技能，方能胜任司法岗位的工作。同时，司法工作的程序较为严谨，需要从业人员严格依据事实本身的情况和法律规定的程序来办理，从违法行为和犯罪事实的认定、证据的鉴别、法律的适用到最终判决结果的作出，都需要司法工作者依法办事。此外，司法领域很多工作的技术性较强，部分事务的处理需要借助于一定的技术手段，技术手段的改进和技术水平的提升，有助于推动司法业务办理效率的提升和办理质量的提高。

伴随人工智能技术的快速发展，人工智能在司法领域中的应用场景不断拓展，司法工作与人工智能的融合程度正不断加深，推动着传统司法向智能司法时代的转变。智能司法时代的到来，在有效提升司法工作效率和质量的同时，也深刻地改变着司法领域的生态，对现有的司法工作秩序和司法工作格局产生了一定的冲击。目前，人工智能在司法领域的深度应用已经催生出一些治理难题，诸如人工智能是否会取代法官成为司法审判的主体，如何有效避免人工智能在司法领域的深度应用所可能引发的算法独裁风险，如何区分和界定人工智能在司法实践中应承担的责任，以及人工智能犯罪该如何处理等。对于上述问题，我们需要在冷静思考的基础上采取必要的措施来积极地加以应对。一方面，我们要对人工智能在司法领域的应用采取肯定的态度，继续推动人工智能与司法实践的深度融合，积极主动地利用人工智能来不断优化司法业务办理流程，有效提升司法业务办理的效率、水平和质量。另一方面，我们也要对人工智能在司法领域的深度应用可能给现有司法工作秩序和司法工作格局带来的冲击保持清醒的认识，确保人类在人工智能时代司法领域的主导权，将人工智能限定在提供程序性、标准化的法律服务和辅助司法审判的范围内，避免人工智能主导司法和算法独裁现象的出现。

第一节　人工智能在司法领域的深度应用所带来的影响

司法领域的事务办理具有严格的程序要求，具体事务在办理过程中又存在显著的差异，这使得司法事务的办理对从业者的能力要求相对较高。同时，司法公正是社会公正得以维系的最后一道防线，需要司法从业人员必须具备较高的职业素养和捍卫司法公正的决心。由于司法业务办理的特殊性，使得机器在司法领域的应用程度有限，绝大多数司法业务必须要依赖于司法从业者从事实本身出发，依据具体的法律规范来进行认真细致的处理。但是，伴随人工智能的快速发展及其在司法领域的深度应用，人工智能正推动着法律服务进入智能化、法律服务产品进入标准化时代，司法工作中的很多环节正逐渐被人工智能替代，智能司法时代正离我们越来越近。

一、法律咨询服务的智能化水平不断提升：法律服务机器人

随着经济的快速发展和社会领域发生的深刻变革，民事纠纷等越来越多，司法领域的案件数量呈现出快速增长的态势，案件增长的数量远远超过司法从业人员增长的数量，司法机关及其工作人员的工作负担日渐繁重，借助技术的力量来提升司法工作的办理效率成为司法机关和广大司法工作者的心声。而人工智能在司法领域的广泛应用，使得很多原本需要人

来办理的法律事务，现在通过人工智能系统就可以轻松、高效、准确地完成，司法机关的工作人员得以从繁杂的事务性工作中解脱出来，将主要精力投入复杂司法事务的处理和司法正义的维护上。目前，智能化的司法服务平台和法律服务机器人等人工智能系统已经在司法领域得到广泛的应用，法律服务的效率和质量得到大大提高。例如，上海法院12368诉讼服务平台是全国法院系统第一家综合性诉讼服务平台，于2014年1月正式运行。2017年5月，该平台创新性地植入了人工智能技术，为诉讼当事人提供全方位、全天候、零距离、无障碍的智能诉讼服务，并且在微信公众号上增加了智能检索功能，以方便民众查询相关法律法规。同时，上海市高级人民法院在7家基层法院试点配备了诉讼服务机器人1.0版。上海市的诉讼服务机器人名字叫"法宝"，意为法律人的宝贝、法院人的宝贝。"法宝"被定位为"诉讼服务大厅的小助手"，具备诉讼引导、法律咨询、联系法官和心理疏导四大功能。除此之外，"法宝"还与微信公众号同步引入了12368的知识库，满足立体检索、法律咨询、联系法官等功能，分流普通诉讼服务人群。截至2017年12月，12368平台通过热线、网络、微信、诉讼服务机器人等各种方式，为当事人和律师提供了各类服务共计583万次，日均3900余次①。

二、法律事务运行流程的智能化水平不断提升：法律文书自动生成智能系统

法律事务不仅工作环节多、运行流程较为复杂，而且每个具体环节都会涉及当事人身份的确认和案件事实的认定等方面的材料，所需要的材料较多。并且，每个流程结束后，都要求形成规范程度较高的司法文书。当事人身份的认定、材料真实性的识别和司法文书的撰写等具体工作，需要耗费大量的人力、物力和财力，运行流程也随之拉长，这也是导致司法领域办事效率通常难以得到有效提升的重要原因。人工智能在司法领域的广

---

① 陈颖婷,高远.诉讼服务机器人"法宝"帮您打官司［N］.上海法治报,2018-05-29(A4).

泛而深度的应用，使得越来越多的法律服务工作的标准化和智能化程度得到大幅提升，从识别证据瑕疵、生成司法文书、推送相关类案到审批量刑参考等许多工作的智能化程度越来越高，司法机关工作人员的劳动强度得到一定程度的减轻。

目前，案件电子卷宗和法律文书自动生成等人工智能系统已经在全国很多地方开始投入使用，有效地提升了司法业务的办理效率和办理质量。例如，浙江省玉环县人民法院在实际工作中，积极利用人工智能技术，开发出电子卷宗应用系统，推动电子卷宗随同案件进展过程同步生成与深度应用，探索形成了以"玉环模式"为典型代表的电子卷宗随案同步生成和深度应用模式，构建起一套涵盖自助立案、移动阅卷、电子送达、信息回填、辅助办案、智能庭审、一键归档的智能、便捷、高效的智慧法院办案新模式。电子卷宗应用系统上线后，法院将新型送达平台与之链接，送达系统直接调取起诉状及证据材料副本、加盖电子签章的程序性文书等电子卷宗，或自动生成文字格式，发送给当事人，当事人足不出户便可接收各类材料。电子卷宗应用系统可以非常快速准确地提取出案件的关键信息，充实到各个模块，法律文书的写作效率大幅提升。其中，程序性文书完全可以由系统自动生成；对于简单案件裁判文书，系统也基本能完成；对于复杂案件，系统虽不能自动生成法律文书，但可以帮助推送关联案件和类似案件的文书给工作人员作为参考①。

三、司法审判的智能化水平不断提升：智能辅助审判系统

司法审判是司法工作中最重要的环节之一，直接关系到当事人的合法权利和正当权益能否得到切实有效的保障，关系到司法公正的实现程度。在司法审判实务中，"以事实为依据、以法律为准绳"是对审判人员最基本的要求。案件事实的认定需要借助于一定数量的证据，证据的真实性和完整性对于案件事实认定的结果影响重大，法官必须要在有限的时间内对

---

① 余建华.浙江推进电子卷宗随案生成及深度应用[N].人民法院报,2017-11-26(1).

证据的真实性进行认真鉴别，并依据证据链来对案件事实进行认定。在刑事案件的审理中，由于案件发生时案件的主审法官并不在现场，仅仅依据事后原告方、公诉方和被告方及其代理人提交的相关证据，主审法官对于案件事实的认定难免会出现一定的偏差，从而直接影响到判决结果的公正性。并且，即使是面对相同的证据和事实认定结果，不同的法官对案件的理解也会存在一定的偏差，从而可能导致各自给出的具体量刑结果也不尽一致，由此裁判结果也难以做到绝对的公平公正。特别是在一些案件事实比较复杂的刑事案件中，少数侦查机关及其工作人员在办案压力或立功心切动机的驱使下，在证据不充足的情况下可能就急于定案，不仅导致审判结果有失公正，更是有损国家司法机关在广大人民群众心目中的形象。

人工智能在司法领域的深度应用，推动了智能辅助审判系统、裁判文书智能辅助系统、智能执行管理系统等智能司法系统的出现。这些系统能够有效地识别证据瑕疵、自动进行相关法条的检索、推送类似案例给法官并给出具体的量刑参考，从而有效地提升了司法审判的速度和质量。目前，人工智能辅助审判系统已经在越来越多地区的司法审判实践中应用。例如上海市第二中级人民法院在2012年推出了"C2J法官智能辅助办案系统"，该系统具有审理工作支持、裁判文书分析、移动终端办案应用程序等35个子系统，涉及类案呈送、远程庭审、跨境取证、协同执行等许多功能。与此同时，上海市高级人民法院建立了由门户网站（内网、外网）、中心数据库、六大信息应用系统、133个应用软件以及计算机和多媒体系统基础设施组成的"上海市高级人民法院大数据信息系统"，实现了网络三级联动、应用全面覆盖、数据即时生成、信息高度聚合、资源充分共享的构想，并搭建了12368诉讼服务平台，分别面向当事人、律师以及社会公众提供各种信息[①]。2012年，浙江省高级人民法院推出了全省人民法院信息管理系统。江苏省高级人民法院在2014年建立了诉讼服务网——"江苏法务云"，不仅可以提供诉讼、审理、司法行政等方面的信息服务，而且还实现了判决执行过程的可视化。2016年底，北京市高级人民法院推出

---

① 上海市高级人民法院编制的《上海法院司法体制改革探索与实践(2014—2017)》。

了智能研判系统——"睿法官"，被称作"机器人法官"①。此外，上海市法院系统还研发了裁判文书智能辅助系统。裁判文书智能辅助系统通过对裁判文书中的质量要素进行智能分析判断，可以发现人工评测过程中难以查寻到的逻辑错误、遗漏诉讼请求、法律条文引用错误等问题。目前，上海市法院建立的高清智能法庭具有高清录音录像、证据出示、远程庭审以及语音转化系统，声音转化成文字的准确率达到98%以上。上海市法院还建立了拥有30个子系统的智能管理系统，在执行管理上，智能管理系统能精确评估被执行人的履行能力，掌握老赖的财产线索、行踪以及有无其他相关联案件，大大提高了执行的精准性②。

　　智能辅助审判系统、裁判文书智能辅助系统、智能执行管理系统等智能司法系统的出现及其在司法领域的广泛应用，使得审判的准确性和执行效率得到了有效的提升，反映出科技进步对人类社会发展和国家治理能力提升的重要推动作用。但同时，我们也要意识到智能司法系统在辅助审判中的过程中可能会对法官的审判意识和审判行为会产生客观和主观两个方面的不利影响，甚至可能会引发人工智能取代法官成为审判中心的不利后果。从主观上看，审判责任制的落实，使得审判人员要对其负责审判的案件终身负责，这就使得法官在案件审判过程中要承担一定的风险。为了防止冤假错案的发生，2013年，中央政法委出台了《关于切实防止冤假错案的规定》，首次以文件形式明确法官、检察官和人民警察在职责范围内要对办案质量终身负责。人工智能辅助审判系统的使用，将有可能使部分审判人员产生让人工智能在审判中发挥更大作用，以降低自身对审判后果所承担责任比重的避责心理，而这种避责心理的存在将会影响法官在案件审判过程中的主动性和积极性的发挥，进而不利于提升案件审理的质量。从客观上看，人工智能在审判实践中的深度应用，也可能会使法官产生对人工智能的高度依赖，不利于法官独立审判意识和素养的培育，从而使法官逐步丧失在案件审理中的主导权，甚至出现法官被人工智能"俘虏"或替

---

① 刘子阳.机器人法官"小睿"后台自动立案[N].法制日报,2016-12-14(9).
② 辛红.大数据人工智能助力司法改革[N].法制日报,2017-09-18(2).

代的可能。法官在司法审判实践中对智能司法系统的适度依赖是可以的,特别是在那些辅助审判的技术环节上。但是,由于智能司法系统是受研发该系统的公司所开发的算法控制的,如果出现人工智能代替法官进行审判的话,算法独裁将可能会从担忧变成现实。对此,清华大学的王亚新教授认为,大数据、人工智能的运用给司法改革注入了强大的助力,通过向技术要效率,人少案多的问题不再无解,管理也实现了质的飞跃。此外,大数据、人工智能的运用还打破了"信息孤岛",使老百姓真正得到了实惠。但我们也不能过分迷信技术,而忽视了人的主观能动性、常识的重要性以及人民群众朴素的正义感的重要性①。司法审判是审判技术和审判艺术的有机统一,需要注重技术理性与价值理性的平衡,人工智能技术固然可以大幅提升司法审判的效率,但也不能忽视法官的理性和价值取向在司法审判中的重要作用,审判结果的作出应以法官为中心,而不能让位于以技术为中心。

四、司法公正将得到更加切实有效的维护和保障

公平正义是司法领域首要的价值尺度,司法领域公平正义的实现和维系有赖于司法机关及其工作人员的坚守和捍卫。改革开放以来,伴随依法治国方略的确立和法治国家建设步伐的加快,公平正义的价值理念在司法领域得到了很好的贯彻落实,公正司法与科学立法、严格执法、全民守法一起成为社会主义法治的主要内容。但同时我们也要看到,部分司法机关工作人员由于办案能力有限、法律职业道德缺失、利益诉求驱动等,将一些案件办成了冤假错案,损害了司法领域的公平正义。如何在不断提高司法工作运行效率的同时,确保司法公正能够得到切实有效的维护和保障是司法工作面临的一大难题。

人工智能在司法领域中的深度应用,有助于提升证据识别的准确性,减少案件侦查和审理环节中的失误,从而更好地实现和维护司法领域的公

---

① 辛红.大数据人工智能助力司法改革[N].法制日报,2017-09-18(2).

平与正义。例如，上海市法院开发的刑事案件智能辅助办案系统，不仅能为办案人员提供简便易行的办案指引，还可以识别输入的证据有没有瑕疵，证据之间是否存在矛盾。刑事案件智能辅助办案系统所具有的全程录音录像功能可以实现通过声音转换形成笔录，办案人员发现疑问只要点击即出现相应的视频和音频，从源头上防止了冤假错案的发生。该系统还具有量刑参考功能和类案推送功能，可以根据案件的事实、案件情节推送全市案件中与本案证据相似的案件，推进了以审判为中心的诉讼制度改革，也增强了办案人员的证据意识、程序意识和责任意识[1]。

五、司法从业人员面临被人工智能大量替代的可能

相比于其他类型的工作来说，司法领域工作的专业性较强，对从业人员的专业知识和技能要求相对较高，这也使得司法领域从业人员被机器替代的可能性相对较低。但是，伴随着人工智能在司法领域应用场景的不断扩大和应用程度的不断加深，人工智能在帮助司法从业人员减轻工作负担、提升工作效率的同时，也正在对很多原本需要人工来完成的程序性和标准化程度较高的工作岗位或工作环节进行大规模的替代。目前，针对案件调查、法条检索、证据识别、事实认定、案情分析、结果预测、法律文书写作等工作环节的智能司法系统已经开始出现并处于不断完善的阶段，法院的书记员、法官助理和律师行业的律师助理等面临被人工智能大量替代的可能。例如，2016年5月，作为美国最大的律师事务所之一的Baker&Hostetler招收了IBM的超级机器人——ROSS作为律师。ROSS在进行了1年零10个月的法律学习后，可以理解人类所提出的有关法律问题，并可以从相关数据库中搜索出对人类有用的法条和案例，以帮助有关人员解决司法问题，ROSS的出色表现几乎完全可以取代一名律师助理的全部工作。此外，由摩根大通公司设计的一款机器学习技术驱动的金融合同解析软件——COIN，只需几秒钟，就可以完成原先由律师和银行贷款人员每年消

---

[1] 辛红.大数据人工智能助力司法改革[N].法制日报,2017-09-18(2).

耗 360000 小时才能完成的工作。另据德勤公司于 2016 年公布的一项报告预测，在未来 20 年内，法律行业可能将有约 11.4 万个岗位被自动化替代，而人工智能技术已造成该行业约 3.1 万份工作流失[1]。

第二节　人工智能犯罪及其犯罪主体认定面临的困境

人工智能在司法领域的深度应用，使得司法工作的智能化水平得到不断提升，有助于降低司法从业者的工作强度，提高司法事务办理的效率和质量，进而使得司法领域的公平和正义得到更加有效的维系和保障。但同时，由于人工智能属于新生事物，其在司法领域的应用过程中也遭遇到很多难题和困境。例如，在人工智能犯罪问题上，我们是应该将人工智能认定为犯罪的手段还是将其认定为实施犯罪行为的主体？如果将人工智能认定为实施犯罪行为的主体，那又如何来让人工智能承担相应的刑事责任？对于这些问题的探讨，既有助于推动人工智能应用场景的进一步扩大和应用程度的进一步加深，同时也有助于进一步深化对人工智能犯罪问题的研究。

一、人工智能犯罪

人工智能犯罪是一种新型的犯罪现象，包括特定主体利用人工智能犯罪和人工智能自身犯罪两种类型。特定主体利用人工智能犯罪，是指特定主体通过利用人工智能系统来从事危害他人或者社会的行为，以达到谋取不正当利益目的的犯罪活动。这种类型的人工智能犯罪是属于人类利用人工智能系统来实施的犯罪类型。在这种类型的犯罪行为中，人工智能仅仅是人类从事犯罪的手段和工具，司法机关在犯罪主体的认定上不存在问

---

① 英媒：人工智能正在取代初级律师［EB/OL］.（2017-12-19）［2019-11-21］.https://baijiahao.bai-du.com/s?id=1587196269745265903&wfr=spider&for=pc.

题。利用人工智能从事的犯罪，存在行为隐蔽和证据收集困难等特征，犯罪行为通常不易被公安机关发现或有效识别，这就使得越来越多的人和组织开始利用人工智能作为犯罪工具和犯罪手段来实施犯罪行为。2017年9月，浙江绍兴警方破获了一起利用人工智能技术从事犯罪的案件，这也是我国破获的第一起利用人工智能技术窃取公民个人信息的案件。绍兴警方通过技术侦查发现，这条利用人工智能技术从事犯罪的黑色产业链主要由数据获取、数据撞库、数据销售、数据犯罪四个环节组成。犯罪嫌疑人运用人工智能深度学习算法，让机器自主操作并自动识别图片、字母、数字等验证码，从而实施网络诈骗、黑客攻击等网络犯罪。此外，一些点对点网络借款平台也在利用人工智能技术进行讨债。人工智能系统会在互联网上自动搜索与债务人密切关联的联系人及其联系方式，然后以给联系人拨打电话和发短信等方式来实施债务的追偿，最终达到成功讨债的目的。这种利用人工智能进行的讨债行为，因为涉嫌恶意泄露债务人信息，并严重干扰到债务人及其亲友的正常生活，在一定程度上来说也涉嫌犯罪。

人工智能自身犯罪是指人工智能系统在应用过程中因人工智能系统失控等原因所导致的犯罪行为。本章所要讨论的人工智能犯罪指的就是这种类型的犯罪行为。目前，这种类型的犯罪已经在全球部分国家和地区开始出现，人工智能系统在应用过程中对他人的生命、财产和社会公共安全已经造成了一定程度的危害。

近些年来人工智能技术在应用过程中所引发的刑事案件，主要集中在无人驾驶汽车因其搭载的智能驾驶系统出现故障而致人死亡等方面，如前文所述特斯拉自动驾驶系统致人死亡的案件。人工智能犯罪表面上看来是人工智能系统实施的犯罪行为，但由于人工智能目前尚未被赋予独立的人格权和财产权，这就使得我们在人工智能犯罪问题的处置上面临很大的困难。由于人工智能系统是由特定的企业负责设计和研发的，人工智能系统的日常运行和维护需要依靠研发企业提供必要的数据和技术作为支撑。同时，随着人工智能技术的快速发展，越来越多的人工智能系统开始具备学习功能，他们可以在脱离人类操控的情况下根据具体应用场景自动生成行动指令，自主做出非预设的行为动作。因此，如果人工智能系统在应用过程中出现了致人伤亡的事故，犯罪主体的认定将是一个很大的难题，涉及人工智能系统自身，人工智能系统的开发者、维护者、运营者等诸多主体。同时，在人工智能系统失控致人死亡等案件的审理过程中，如果法院判定由人工智能系统自身作为犯罪主体来承担刑事责任的话，将会导致由一个非人格主体来服刑的结果。此外，如果将人工智能作为犯罪主体，由其来赔偿犯罪行为给有关当事人造成的财产损失的话，将会出现因人工智能并未被赋予获得和拥有财产权的资格而导致人工智能无法承担赔偿责任的结果。显然，原告对于这种判决结果肯定是不能接受的。因此，在人工智能时代，人工智能犯罪涉及的犯罪主体应如何认定和刑事责任应如何承担等问题是刑事法律领域在此前不曾遇到的难题，需要认真对待并加以有效应对。

二、人工智能犯罪构成要件的认定所面临的困境

依据《中华人民共和国刑法》第十三条的规定，犯罪是指一切危害国家主权、领土完整和安全，分裂国家、颠覆人民民主专政的政权和推翻社会主义制度，破坏社会秩序和经济秩序，侵犯国有财产或者劳动群众集体所有的财产，侵犯公民私人所有的财产，侵犯公民的人身权利、民主权利和其他权利，以及其他危害社会的行为，依照法律应当受刑罚处罚的。从犯罪的构成要件来看，犯罪包括犯罪主体、犯罪的主观方面、犯罪的客观方面和犯罪客体。犯罪主体是指实施犯罪行为的人。每一种犯罪，都必须有犯罪主体，有的犯罪是一个人实施的，犯罪主体就是一人，有的犯罪是数人实施的，犯罪主体就是数人。同时，单位也可以成为犯罪主体。依据我国刑法的有关规定，公司、企业、事业单位、机关、团体实施犯罪的，构成单位犯罪。犯罪的主观方面是指犯罪主体在实施犯罪行为时的主观心态，包括故意和过失两种类型。故意犯罪和过失犯罪所要承担的刑事责任存在很大的差异。犯罪的客观方面是指犯罪行为的具体表现。犯罪客体是

指刑法所保护而被犯罪行为所侵害的社会关系。

就犯罪构成的四个要件而言，利用人工智能犯罪的四个要件非常清晰。首先，利用人工智能犯罪的犯罪主体是利用人工智能系统从事危害他人或社会的犯罪行为的个体或者组织。其次，利用人工智能犯罪的主观方面非常明确，即利用人工智能系统来从事危害他人或社会的犯罪行为，以达到获取不法利益的目的，犯罪动机非常明显。再次，利用人工智能犯罪的客观方面比较清晰，即犯罪主体利用人工智能系统从事了危害他人生命安全和合法财产权利的行为，或者给社会公共安全造成了一定的危害。最后，在犯罪客体方面，利用人工智能犯罪破坏了刑法所保护的社会关系。因此，利用人工智能犯罪与传统刑事犯罪并没有什么显著的差异，只是利用人工智能犯罪在犯罪的手段上借助了更加先进而隐蔽的人工智能技术罢了，在利用人工智能犯罪的犯罪主体认定等问题上，不存在困难。

不过，当我们利用犯罪构成的四个要件来分析人工智能系统自身在应用过程中产生的危害他人生命和财产安全的犯罪行为时，我们就会遇到很多之前不曾遇见的难题和困境。具体来说，在犯罪客体即刑法所保护的但被犯罪行为所侵害的社会关系上，人工智能犯罪与一般的犯罪行为是一致的，二者都侵害了刑法所保护的社会关系。但是，在犯罪主体的认定、犯罪的主观方面和犯罪的客观方面，人工智能犯罪与一般的犯罪行为还是存在很大差异的。与一般类型的犯罪相比，人工智能犯罪在犯罪构成要件的认定上面临以下三个方面的困境。

第一，从犯罪主体来看，在短期内还很难将人工智能认定为人工智能犯罪的犯罪主体。犯罪主体是指实施犯罪的人，单位在特定的情形下也会成为犯罪的主体。我国刑法第三十条规定，公司、企业、事业单位、机关、团体实施的危害社会的行为，法律规定为单位犯罪的，应当负刑事责任。在一般的犯罪行为中，实施犯罪的主体通常非常明确。但是在人工智能犯罪中，犯罪主体的界定就较为困难。利用人工智能实施犯罪行为的，犯罪主体肯定是利用人工智能从事犯罪行为的个体或团伙。而由于人工智能系统在运行过程中出现故障或者在设计时就被恶意植入犯罪指令而导致的犯罪行为，犯罪主体应认定为研发、设计人工智能或者辅助人工智能运行的个体或者组织。但是，如果犯罪行为是由人工智能系统自身依据深度学习算法而自主做出的，那我们又该如何来认定犯罪主体呢？如果将人工智能认定为犯罪主体，又将面临哪些困境呢？

在人工智能犯罪中，将人工智能界定为犯罪主体主要面临以下三个方面的困境。首先，在传统观念上，犯罪主体肯定是人或组织，因而如果我们将人工智能这一机器作为犯罪主体，绝大多数人很难接受。在传统刑法领域，只有自然人才是刑法规制的主体。行为是生物的基本特征，在某种意义上可以把行为与生命相提并论，没有行为也就没有生命。刑法中的行为，虽然是一种犯罪的行为，应当受到刑罚处罚，但它仍然具有人的一般行为的特征①。其次，人工智能尚不具备独立的人格权和财产权，因此无法成为犯罪主体。伴随人工智能应用场景的不断拓展，人工智能到底是不是人和应不应该赋予人工智能以独立的人格权等问题，已经引起了哲学、法学、伦理学等领域诸多学者的热烈讨论，学者们论证的视角不同，产生的结论自然也不同。目前，虽然很多学者从哲学、道德和伦理等视角来论证赋予人工智能以独立的人格权的合理性，但是在法律层面给人工智能进行赋权的时代并未到来。因为，在法律层面给人工智能进行人格和财产等方面的赋权，需要解决的现实问题和治理难题还有很多，而这些问题和难题是哲学、道德和伦理层面的抽象论证难以解决的。例如，有学者认为，在人工智能能否成为犯罪主体方面，"刑法的规制主体如果是机器人，那么这将面临两个基本的问题：其一，刑法要能保证道德主体的权利；其二，机器人应该遵守刑法上的义务。而现阶段人工智能显然不具备自然人的特征，在其世界里只有'0'和'1'构成的信息及其处理，不仅在实施犯罪的前提与依据上存在障碍，在事后的处罚层面也面临无从下手的问题。就此而言，人工智能并不能作为传统体系的适格主体进入刑法视

---

① 陈兴良.刑法哲学：上[M].北京：中国政法大学出版社，2009：82.

野。"①最后，将人工智能作为犯罪主体，容易引发人类将责任转嫁给人工智能的道德风险，真正的犯罪主体可能会逃脱法律的审判和惩戒。如果人工智能可以被认定为犯罪主体，那么必然会导致很多犯罪嫌疑人或组织将本应该由自己担责的部分责任转嫁给人工智能，以达到减轻自身责任或者免予刑事处罚的目的，而这样的道德风险是我们在思考能否让人工智能成为犯罪主体时必须要正视的问题之一。

第二，从犯罪的主观方面来看，我们难以有效地判定人工智能在实施犯罪行为时是否具备主观上的故意或者过失的心理状态。犯罪的主观方面是指犯罪主体在实施犯罪行为时的主观心态，包括故意和过失两种类型。从犯罪构成要件来看，人工智能在应用过程中所实施的犯罪行为是清晰可见的，但是在判定人工智能在实施犯罪行为时是否具备犯罪的故意或过失时，我们就会遇到很大的困难，我们难以有效地判定人工智能在实施犯罪行为时是否具备主观上的故意或者过失的心理状态。因为只有自然人的主观罪过才进入刑法的视野。现代刑法的主观罪过理论确立了人的主体性以及自由、平等及相关权利，自然人成为主体与客体两分的二元世界的主导，自然人的独立意志成为权利、义务、责任包括处罚的前提基础。构成这一思想的核心是主张尊重理性的观点。人根据自己的理性，能决定自己的行为。

依据智能程度的高低，我们可以将人工智能划分成弱人工智能、强人工智能和超人工智能三种类型。其中，弱人工智能处于"会做会说不会想"的无意识阶段，强人工智能处于"会想会做会说"的有意识阶段。强人工智能的观点认为未来能够真正制造出能进行推理和解决问题的智能机器，这种智能机器像人一样有知觉和意识。而弱人工智能的观点认为，智能机器只是看起来像是智能的，它的智能只是表面的、非实质性的，不会像人类一样真正拥有智能和意识。

目前，理论界和实务界在人工智能犯罪的主观方面依然存在很大的争

---

① 王肃之.人工智能犯罪的理论与立法问题初探[J].大连理工大学学报(社会科学版),2018
(4):55.

论，"虽然目前这一争论尚无最终的定论，但是两个层面的人工智能已经出现：第一个层面是比较低级的人工智能，即只是在特定领域、特定用途的智能化，人工智能不具备独立的判断与决定能力；第二层面是比较高级的人工智能，人工智能具备一定独立的判断与决定能力。如果说前者的人工智能犯罪主观方面问题可以借助传统的计算机犯罪范式予以阐释，后者的人工智能犯罪主观方面问题则需要进行新的研究和探讨"①。

第三，从犯罪的客观方面来看，人工智能实施的行为能否完全归结为人工智能系统本身的行为尚存在很大争议。从犯罪行为和犯罪结果之间的关系来看，犯罪行为是导致犯罪结果产生的原因，而犯罪结果无疑是犯罪行为所导致的后果，二者之间存在高度的关联性。在传统意义上，刑法中的行为只能是人的行为。如有学者指出，刑法上的行为，是指行为主体实施的客观上侵犯法益的身体活动。首先，行为是人的身体活动，包括消极活动与积极活动。其次，行为上必须是客观上侵犯法益的行为，这是行为的实质要素②。在人工智能犯罪中，犯罪行为从表象上来看是由人工智能系统实施的，但是真正实施这些犯罪行为的主体到底是谁，这是我们在分析人工智能犯罪的客观方面时必须要深入思考的。人工智能行为存在以下两个方面的特征：第一，人工智能的"行为"并非自然人所直接发出的，有些甚至并非自然人所直接指令其发出的。人工智能的"行为"在归因于自然人的过程中存在一定障碍。第二，人工智能的"行为"又与自然人有一定的关联，自然人纵然不直接指令人工智能实施一定的"行为"，但是至少会对人工智能的模式和范式做出设定。由此，如何认定自然人行为与人工智能"行为"的性质与界限是刑法理论必须思考的问题③。

从人工智能在犯罪行为中所扮演的角色来看，可以将人工智能在应用过程中所产生的犯罪行为分成两大类：第一类犯罪行为是人工智能在应用

① 王肃之.人工智能犯罪的理论与立法问题初探[J].大连理工大学学报（社会科学版），2018（4）：56.

② 张明楷.刑法学[M].北京：法律出版社，2016：142-143.

③ 王肃之.人工智能犯罪的理论与立法问题初探[J].大连理工大学学报（社会科学版），2018（4）：56-57.

过程中完全受到他人或者组织的操控而实施的。与一般的犯罪无异，这种情形下的人工智能系统已经成为真正的犯罪主体实施犯罪行为的技术工具和手段，应该将控制人工智能系统的个体或者组织认定为犯罪行为的实施主体。第二类犯罪行为是人工智能在脱离人类操控的状态下自主运行而引发的。在这种情况下，由于人工智能系统已经完全脱离了人类的操控，人工智能完全依据自身搭载的指令系统或者根据其自主判断出的应用场景而自动生成的作业指令来运行，如果由此引发了犯罪后果，是否可以将犯罪行为认定为是人工智能系统自身实施的呢？对此，我们需要分两种情形来看。第一种情形是人工智能系统在应用过程中因系统突发故障而导致他人死亡的，这样的犯罪行为应该视为人工智能系统的研发者、硬件设备的提供者和人工智能辅助运行系统的供应者等主体中的一方或者多方实施的行为。第二种情形是人工智能系统在应用过程中突破了系统设计者的控制而自主产生的犯罪行为，这种犯罪行为应该完全视为人工智能系统自身的行为。例如，在"微软聊天机器人Tay散布种族主义、性别歧视和攻击同性恋言论"案中，Tay是微软2016年在Twitter上推出的聊天机器人，上线不到一天，Tay就开始有一些种族歧视之类的偏激言论，微软不得不紧急关闭了Tay的Twitter账号。Tay的设计原理是从对话交互中进行学习。于是一些网友开始和Tay说一些偏激的言论，刻意引导她模仿。该案也被称为"2016年人工智能的十大失败案例"之一①。

三、关于人工智能犯罪的犯罪主体认定和刑事责任承担问题的思考

伴随人工智能应用场景的不断扩大，人工智能犯罪已经成为当前刑事审判领域面临的新问题。如何对人工智能犯罪的事实进行认定、如何界定人工智能犯罪案件中的刑事责任主体等问题，已经成为刑事审判领域必须

---

① 王肃之.人工智能犯罪的理论与立法问题初探[J].大连理工大学学报（社会科学版），2018（4）：55.

要面对的现实问题。依据我国刑法的规定，刑事责任主体需具备以下条件：第一，实施了严重危害社会的行为；第二，具备刑事责任能力；第三，依法应当承担刑事责任。那么在人工智能犯罪中，我们到底该如何来科学合理地界定人工智能犯罪的刑事责任主体呢？对此，华东政法大学的刘宪权和房慧颖提出了依据辨认和控制能力来划分人工智能刑事责任的观点。他们认为，如果人工智能对于其所实施的犯罪行为具有辨认和控制能力，那么我们就应该将该类人工智能认定为刑事责任主体。相反，如果人工智能对于其所实施的犯罪行为缺乏辨认和控制能力，那么我们就不能将该类人工智能认定为刑事责任主体①。

由于超人工智能在短期内还很难出现，因而学界关于人工智能犯罪主体的探究主要还是针对弱人工智能和强人工智能而言的。对于由弱人工智能引发的人工智能犯罪的犯罪主体认定和刑事责任承担问题，刘宪权和房慧颖认为，"弱智能机器人不具有辨认能力和控制能力，其实现的只是设计者或使用者的意志。因此，我们可以将弱智能机器人看作是人类改造世界的新型工具。相较于普通工具，弱智能机器人的优势在于其可以在某一方面完全替代人类自身的行为，达到人类预期的目的。如果这一优势被犯罪分子所利用，其就会在付出更小代价的同时，带来更大的社会危害。一方面，借助弱智能机器人会在一定程度上为犯罪分子实施犯罪行为带来便利，并使其犯罪行为取得事半'功'倍的效果。另一方面，犯罪分子将智能机器人作为犯罪工具，可能会衍生新类型的犯罪。但应当看到，弱智能机器人不具有独立意志，只能在设计和编制的程序范围内实施行为，相当于设计者或使用者实施犯罪行为的工具。所以，弱智能机器人不可能作为犯罪主体而承担刑事责任。"②

对于由强人工智能引发的人工智能犯罪的犯罪主体认定和刑事责任承担问题，刘宪权和房慧颖认为，"强智能机器人符合刑法规定的刑事责任主体所需要具备的条件。首先，强智能机器人自主决定并在设计和编制的

---

① 刘宪权,房慧颖.依据辨认控制能力划分智能机器人刑事责任[N].检察日报,2018-05-16(3).
② 刘宪权,房慧颖.依据辨认控制能力划分智能机器人刑事责任[N].检察日报,2018-05-16(3).

程序范围外实施严重危害社会的行为时，已经满足了成为刑事责任主体的第一个条件。其次，在设计和编制的程序范围外实施严重危害社会行为的强智能机器人与自然人一样具有辨认能力和控制能力。强智能机器人可以通过其'电子眼''电子耳'认识到事实，同时，强智能机器人拥有极其快速的处理能力、反应速度和极为精准的控制能力，能够凭借大数据与高速运算能力对行为做出精准的控制。所以，强智能机器人也满足了成为刑事责任主体的第二个条件。当然，强智能机器人要成为刑法上的刑事责任主体，还需要刑事立法加以明确。"①

　　面对人工智能犯罪的犯罪主体应如何认定和刑事责任由谁来承担等难题，笔者认为，通过区分人工智能对于犯罪行为是否具备辨认和控制能力，来判断是否应该将人工智能作为犯罪主体并承担相应的刑事责任的做法是可行的。但我们不能忽略的一点是，我们除了要解决哪些类型的人工智能应成为刑事责任主体这样的难题外，人工智能是否具备承担刑事责任的能力也是我们在探讨人工智能犯罪时必须要面对的现实问题。就目前来看，人工智能尚不具备独立的法律人格和财产权，因而人类如果指望人工智能像自然人一样来承担一定的刑事责任，肯定是不现实的。笔者认为，要想有效地化解人工智能犯罪的犯罪主体认定和刑事责任承担难题，可以从以下两个方面来着手。一是需要从法律层面对人工智能的人格权和财产权进行明确。如果可以赋予人工智能以独立的人格权和必要的财产权，那么将对其所实施的犯罪行为具有辨认和控制能力的人工智能作为犯罪主体并由其来承担相应的刑事责任，将不会存在任何的障碍。二是如果人工智能无法获得人格权、财产权或者人格权、财产权的获得还需要等待很长时间的话，那么将实施犯罪行为的具有辨认和控制能力的人工智能作为犯罪主体并由其来承担相应的刑事责任的做法，肯定是不现实的。对此，笔者认为，在人工智能无法获得人格权、财产权的前提下或者在人工智能获得明确的人格权和财产权之前，不管人工智能是否具备辨认和控制其行为的能力，我们都不应将人工智能视为犯罪主体并由其承担刑事责任。而是应

---

① 刘宪权,房慧颖.依据辨认控制能力划分智能机器人刑事责任[N].检察日报,2018-05-16(3).

该要根据人工智能犯罪的事实情况，将设计人工智能、生产人工智能和推动人工智能运行的主体中的一个或多个个人或组织作为犯罪主体，并由他们依据一定的比例来承担刑事责任。等到人工智能获得独立的人格权和财产权后，我们可以通过修改法律的方式将人工智能犯罪的犯罪主体改为能辨别和控制自身行为的人工智能，并让其承担相应的刑事责任。

第三节　对于人工智能在司法领域深度应用的思考

人工智能在司法领域的广泛和深度应用，正在深刻地改变着现有的司法格局和司法秩序，推动着智能司法时代加速到来。但是，我们在为人工智能应用于司法领域并取得显著成效而感到欣喜的同时，也要保持清醒的头脑去认真地思索人工智能时代司法实践领域可能面临的革命性变革，并及时地对一些问题进行回应，例如人工智能能否代替人类来进行审判等司法活动？如果由人工智能来主导司法审判活动，是否会导致算法独裁的出现？如果我们已经预见到智能司法时代算法独裁出现的可能，我们又该如何尽早应对？

一、人工智能能否代替人类成为审判活动的中心

人工智能在司法领域中的广泛应用，在很大程度上减轻了司法从业人员的工作负荷，大大提高了司法文书和数据处理的速度和质量，有力地提升了司法工作的效率。"通过计算机信息检索系统和其他辅助手段来减少机械性劳动的负荷，提高材料、数据等处理的速度和质量，这的确是行之有效的。在这个意义上完全可以说，'智慧法院'的建设具有重要价值，也大有可为。"①在具体的司法实践中，以上海法院为代表的全国多地的智慧法院建设已经取得了很大成就。

———————————
① 季卫东.人工智能时代的司法权之变[J].东方法学,2018(1):132.

目前，在审判领域，人工智能的辅助作用不断凸显，越来越多的法律文书开始由人工智能系统来完成，司法审判的智能化程度不断提高，人工智能的应用正在深刻地改变着传统上由法官主导的审判格局，司法审判正在由传统的法官完全主导向法官在人工智能的辅助下进行审判转变。而随着人工智能技术的进一步发展及其在司法审判领域中更加深度的应用，法官在司法审判中对人工智能的依赖性越来越大，人工智能大有取代法官而成为审判中心的可能。

伴随大数据和人工智能在司法审判领域应用场景的不断扩大，"大数据和人工智能将会变成法庭辩论的'断头台'，酿成'一切取决于既定的软件，面对面的对话式论证算不了什么'的氛围，使中国本来就孱弱的法律推理、法律议论以及法律解释学更加无足轻重。这意味着从根本上改变现代司法过程的结构和功能，使得法官自由心证失去了'从心所欲不逾矩'的制度上、技术上保障"①。对此，我们需要冷静地思考并采取相应的措施来有效地加以应对。将来，人工智能也许在技术上具备替代法官进行审判的可能性，但要完全实现人工智能取代法官进行审判的目标，尚面临诸多难题，同时也是现有的司法秩序所不能允许的。

首先，人工智能取代法官成为司法审判中心的可行性不足。审判工作是一项专业性和技术性较强的工作，对审判人员的综合素质要求较高。审判人员不仅要能清楚地认定事实，而且要能在法律适用上做到准确适度。特别是在面对那些事实复杂、没有具体法律条款可以适用的案件时，需要法官依据法律原则和自己以往审理案件的经验来做出公正的判决。而这对法官的综合素质和法律素养的要求都相当的高，人工智能通常很难具备这样的能力。中国社会科学院法学研究所研究员刘敬东认为，科技给法学理论带来了巨大挑战和冲击，对司法实践的影响巨大，一些传统做法需要改变，以适应高科技的发展。但科技进步虽推动了司法进步，但绝不会取而代之，因为科技再进步也代替不了人的理智、理性、推理和赋予判决以时

---

① 季卫东.人工智能时代的司法权之变[J].东方法学,2018(1):132.

代因素①。

其次，人工智能取代法官成为司法审判中心存在很大的技术风险。人工智能技术在辅助司法审判方面虽然能起到很好的推动作用，"但是，如果更进一步，让人工智能超出辅助性手段的范畴而全面应用于审判案件，甚至在很大程度上取代法官的判断，那就很有可能把司法权引入歧途。因为在案件事实曲折、人际关系复杂、掺杂人性和感情因素的场合，如何根据法理、常识以及对机微的洞察作出判断并拿捏分寸进行妥善处理其实是一种微妙的艺术，不得不诉诸适格法官的自由心证和睿智，即使人工智能嵌入了概率程序、具有深度学习能力也很难作出公正合理、稳当熨帖、让人心悦诚服的个案判断。"②因此，我们绝对不能让人工智能取代法官成为司法审判活动的中心，人工智能在审判领域中的应用不能突破辅助法官进行司法审判这一边界，否则将会把司法审判带入算法独裁的危险境地。2016年11月17日，在第三届世界互联网大会智慧法院暨网络法治论坛上，我国首席大法官、最高人民法院院长周强指出，中国最高人民法院将在国家有关主管部门的支持下，在有关部门合作下，积极发挥自身力量，通过推进深度学习、大数据算法等在审判执行工作中的深度应用，大力开发人工司法智能，为法官办案提供智能化服务。人工智能不能替代法官，法官借助人工智能将更好地发挥智慧，运用司法经验，有效地开展司法活动③。

最后，如果人工智能取代法官成为司法审判活动的中心，必将会给当前的司法监督格局和司法责任制带来巨大冲击。为了提升司法审判的效率和质量，近年来，我国一直在推进司法责任制改革，明确了由审理者裁判、由裁判者负责的法官在职责范围内对案件质量终身负责的司法责任制。这一规定，无疑增加了法官在审理案件时面临的风险和责任。如果人工智能取代法官成为司法审判活动的中心，这势必会对我国的司法责任制造成冲击，并产生诸多不利后果。因为，"让人工智能自动生成判决、根

---

① 辛红.大数据人工智能助力司法改革[N].法制日报，2017-09-18(2).

② 季卫东.人工智能时代的司法权之变[J].东方法学，2018(1):132.

③ 宁杰.建设智慧法院 努力让人民群众在每一个司法案件中感受到公平正义[N].人民法院报，2016-11-18(1).

据大数据矫正法律决定的偏差等做法势必形成审判主体的双重结构、甚至导致决定者的复数化，事实上将出现程序员、软件工程师、数据处理商、信息技术公司与法官共同作出决定的局面。一旦审判主体和决定者难以特定，那么权力边界也就变得模糊不清，司法问责制就很容易流于形式，至少推卸责任的可能性被大幅度扩充了。"①对此，我们需要高度关注，要确保法官在司法审判活动中的中心地位，尽可能降低法官在审判实践中对人工智能的技术依赖，强化法官自身的担当和作为。

二、人工智能审判的实质和责任认定：对算法主导审判和算法独裁的忧虑

算法是人工智能的基石之一，人工智能系统就是在各种各样的算法的驱动下来运行的。如果让人工智能代替人类智能来进行案件的审理，实际就是由人工智能系统研发团队所研发和控制的算法来进行审判。因此，人工智能审判的实质就是由算法来主导审判。而在人工智能算法的研发上，一些大企业掌握了人工智能领域关键的核心算法，它们凭借自身在算法上的优势，可以轻易实现算法独裁。"智慧法院的设想如果流于片面、走向极端，普及计算机自动生成判决的机制，势必导致算法支配审判的事态。当然，计算机生成的只是参考文本，法官还需要审阅矫正；但是在受理案件数激增和法定审理期限刚性规定的双重压力下，加上人的思考惰性，或迟或早会出现法官过度依赖参考判决处理案件的倾向。一旦这样的情况司空见惯，算法独裁就无从避免。大数据也会使既有判决中存在的失误、质量问题以及偏差值在无意间被固定化，压抑通过个案发现合法权利、创新规范、推动制度进化的动态机制。"②因此，我们在推动人工智能技术与司法审判实践深度融合的过程中，既需要深度挖掘人工智能技术应用的价值，也需要积极防范人工智能审判实践中算法独裁出现的可能，各级司法

---

① 季卫东.人工智能时代的司法权之变[J].东方法学,2018(1):132.

② 季卫东.人工智能时代的司法权之变[J].东方法学,2018(1):132.

机关要加大在辅助司法审判人工智能系统研发特别是核心算法研发方面的投入力度，确保司法机关在人工智能技术应用方面的技术安全。

三、重塑和优化人工智能时代司法秩序的基本路径

人工智能技术的发展速度超出了很多人的预期。当前，人工智能正处于弱人工智能阶段，人工智能在司法领域中的广泛而深度的应用趋势必将进一步持续下去，人工智能时代司法领域的秩序和格局也必将发生更加深刻的变革。通过对人工智能在司法领域应用所发挥的积极作用及其可能带来的治理风险和治理难题的论述，我们可以从以下三个方面来重塑和优化人工智能时代的司法秩序。

首先，积极利用人工智能技术为司法实践服务，有效降低司法运行成本。随着经济的快速发展和社会领域面临的深刻变革，法律事务将会越来越多、越来越复杂，新型的法律事务也将层出不穷。对此，有限的司法力量和司法资源，将无法及时有效地应对。人工智能在司法领域中的深度应用，有利于解决司法机关人手不足的难题，有效降低司法运行的成本，使得广大人民群众能够以更加低廉的成本和更为便捷的技术手段获得更加细致、及时、优质的法律服务。因此，我们要继续推进人工智能在司法领域的深度应用，大量程序性的、标准化的工作任务和工作流程完全可以交由人工智能来完成。虽然人工智能在司法领域中的深度应用可能会引发诸多的问题，但这并不妨碍我们积极推进人工智能在司法领域深度应用的立场，只要司法从业人员掌握了司法工作的主导权，人工智能在司法领域应用场景的不断扩大对人类将是非常有利的。

其次，明确人工智能辅助法官进行审判的角色定位，防止司法审判领域算法独裁问题的出现。随着人工智能在审判领域应用程度的不断加深以及人工智能深度学习功能的不断强化，人工智能成为审判中心的技术性障碍将会得到一定程度的消解，许多事实较为简单、法律适用较为清晰的案件，完全可以由人工智能来主导审理并做出判决。但从维护和保障法律公

平正义以及严格落实司法责任制的角度来看，人工智能不能成为审判的主体和中心，只能扮演辅助法官进行审判的角色。如果由人工智能来主导司法审判活动的话，一旦审判结果不公正，如何来追究人工智能的责任将是一大难题。同时，人工智能审判的本质是人工智能算法在审判，算法的设计者将成为司法审判权的真正行使者，容易出现算法独裁的问题，难以保障审判活动的公平公正。因为，"数据铁笼、判决自动生成等做法很容易造成算法支配审判的事态，使得法官无从负责，对法官办案的结果也很难进行切实有效的问责。一旦形成算法专制的局面，法庭辩论、上诉审、专家酌情判断的意义都会相对化，结果将导致法官的物象化、司法权威的削弱、审判系统的解构，甚至彻底的法律虚无主义"①。因此，不管人工智能技术如何发展，其都只能处于辅助审判的地位，只有那些富有责任心的法官，才可以成为审判活动的中心。

最后，完善规约人工智能犯罪的相关立法，严厉打击利用人工智能从事犯罪的行为。从现有人工智能的发展水平来看，人工智能尚处于人类可以控制的阶段，人工智能在应用过程中所产生的后果是积极的还是消极的，主要取决于利用人工智能的人或组织。目前，社会中部分人或组织利用人工智能的深度学习功能来实施犯罪行为，社会危害较大，对此，必须予以严厉的打击。由于利用人工智能从事的犯罪，存在犯罪手段隐蔽、犯罪过程不易察觉和犯罪后果较为严重等特点，对于此类犯罪行为的打击存在一定的难度。对此，我们除了要予以高度重视外，还要抓紧补齐在组织或个人利用人工智能技术从事犯罪行为等问题立法上的短板，区分清楚人工智能技术自身造成的问题和利用人工智能技术产生的问题，明确相关的责任主体和责任追究机制，以推动人工智能系统在司法领域更加安全的应用。

---

① 季卫东.人工智能时代的司法权之变[J].东方法学,2018(1):133.

第六章　人工智能时代的公共安全

　　随着我国工业化和城市化进程的不断加速，公共安全隐患不断增多，社会风险不断集聚，国家和社会治理难度不断加大。较之于传统社会，现代社会的公共安全隐患往往存在隐藏较深、不易被察觉，以及风险和隐患转化成公共安全事件的速度快、影响广、处置难度大等特征。在现代国家和社会治理中，面对日渐累积的公共安全风险，如何积极有效地应对并及时处置公共安全事件引发的不良后果，有效控制公共安全事件的发展态势，降低公共安全事件发生的概率，已经成为各级政府必须要认真面对的难题和重任。随着人工智能技术的快速发展及其应用场景的不断拓展，公共安全领域的治理格局正发生着激烈的变革，人类应对公共安全风险的技术手段不断增多，治理效果不断改进，公共安全治理效能也随之得到较为明显的提升。但与此同时我们也要注意到，人工智能在对公共安全治理格局产生积极影响的同时，也使得人类在传统公共安全隐患的基础上面临着新的安全隐患和治理风险，未来人类社会的公共安全治理面临的不确定性和不可控性大为增加，如何在利用人工智能提升公共安全治理效能的同时确保人类自身的安全已经成为人工智能时代的人类必须要正视的问题。

第一节　人工智能在公共安全治理领域的深度应用

　　改革开放以来，面对复杂多变的国内外政治经济形势，我国经济保持持续、健康、快速的发展，政治大局稳定，公共安全领域保持基本稳定态势、危机预警、应急处置、事故救援和善后管理等应急管理体制机制建设取得了长足进步。但同时，我们也要充分认识到我国公共安全治理方面尚存在很多问题，面临很多新的挑战，公共安全领域的治理成本和治理难度不断增加，迫切需要借助先进的治理技术和治理手段来降低公共安全治理成本并不断提升公共安全治理效能。近些年来，伴随人工智能技术的快速发展和日渐成熟，人工智能在公共安全治理领域的应用场景不断扩大，应用程度也不断加深，传统的公共安全风险识别和避险技术得以不断升级改进，公共安全风险预警、防范、控制和有效化解水平得到很大程度的提高。目前，人工智能在公共安全治理中的应用主要集中于利用人脸识别技术进行身份验证、利用热力图进行人群活动监控以更好地防范和化解群体性事件，以及智慧公安建设等方面。

一、基于人工智能技术的人脸识别技术

随着人工智能技术的快速发展和日渐成熟，基于人工智能技术的人脸识别技术正在公共安全领域得到更加广泛应用，身份信息识别的速度不断加快，身份信息识别的准确率也随之大幅提高，利用假的身份信息从事违法犯罪活动的空间被不断压缩，公共安全监管的效率随之得到有效的提升。

人脸识别技术，又称人像识别、面部识别，是基于人的脸部特征信息来进行身份识别的一种生物识别技术。相比于指纹识别技术来说，人脸识别技术更加便捷、成本也更加低廉，推广和应用的空间远大于指纹识别。人脸识别技术主要包括人脸图像检测、人脸图像预处理、人脸图像特征提取及人脸图像匹配与自动识别4个步骤。人脸图像检测是利用人脸部的特征，从一个图像或视频中快速定位人脸的位置并抓取人脸部的图像。人脸图像预处理是基于人脸图像检测结果，对图像进行处理并最终进行特征提取的过程，主要是去除光线等外界环境变化等对人脸识别造成的影响。人脸图像特征提取主要是从人的面部找到一些可辨别身份的唯一属性（如人

脸器官的形状描述及它们之间的距离等），并形成一个数字代码。人脸图像匹配与自动识别是将当前提取的人脸图像特征数据与数据库中存储的人脸特征模板进行搜索匹配，确定相似性的过程。衡量人脸识别技术是否先进的两项关键指标分别是人脸识别系统的抓拍率和图像比对识别率。其中，抓拍主要通过摄像系统等就可以自动完成，技术要求不是太高，目前一般的摄像系统都可以达到人脸识别系统的技术要求。而图像比对识别受到光线等外部环境的影响较大，需要借助人工智能的算法模型来提高图像比对识别率。近些年来，随着人脸识别系统硬件性能的不断提升、数据资源采集的多样性越来越丰富以及人工智能技术的日渐成熟，人脸识别系统的图像比对识别率大幅提升，为其在公共安全治理领域中的广泛而深度应用提供了广阔的空间。

以前的人脸识别程序，通常是基于很少的样本去预测和假设，然后结合人的先验知识来进行程序的编写，比如判断人脸的纹理、两眼间距离等。而这种方式对用于识别和比对的人脸图像的质量要求较高，整体应用中的准确率不高，不足以应对现实中可能会遇到的各种类型的复杂情况。自2012年以来，伴随着人工智能深度学习算法研发取得的重大突破，人工智能深度学习算法开始被逐渐应用到人脸识别、人脸关键点检测、物体识别、人群分析、图像增强等领域，人脸识别系统的智能化水平不断提高，为人脸识别技术应用场景的拓展提供了有力的技术支撑。如果说以前的人脸识别属于人工指导下的智能，那么深度学习就属于数据指导下的智能。具体来说，深度学习是指通过深度神经网络，对物体进行逐层的特征分类。例如，在典型的深度学习人脸识别系统中，第一层可能会寻找简单的边线，第二层可能会寻找可以形成长方形或圆形等简单形状的边线集合，第三层可能会识别眼睛和鼻子等特征，最终将这些特征结合在一起，让机器可以根据训练数据集，达到拥有自我学习的能力，最终掌握"人脸"的概念[1]。

如今，伴随人工智能、大数据、云计算等技术的快速发展，建设大规

---

① 张广程，张果琲.人脸识别技术在公共安全领域中的应用[J].中国公共安全,2018(Z1):42.

模、分布式人脸数据库及人脸识别系统的成本不断降低，人脸识别的精准度不断提高。目前，基于人工智能深度学习算法的人脸识别系统已经在机场、铁路枢纽、旅游景区等重要公共场所的安检中得到广泛应用，安检效率和准确度不断提升。与此同时，越来越多的住宅楼宇在门禁设置上也开始大规模采用人脸识别系统。人脸识别系统的使用，为防止陌生人进入住宅、写字楼等楼宇提供了强大的技术支持，为营造安全的社区公共空间提供了良好的技术保障。

二、热力图

群体性事件是公共安全治理中影响力和破坏力较大的事件，是公共安全领域中较难应对的问题。与公共安全领域的自然灾害、事故灾难和公共卫生事件等类似，群体性事件通常具有涉及的人数较多、事件起因较为突然、事前预警难度较大、事态发展较快等特征，群体性事件处置时机和处置手段的选择对处置结果的影响很大。群体性事件如果得不到及时有效的处置，会对社会稳定产生一定程度的影响和冲击。政府在群体性事件的预警、监测、反应和处置等环节上的表现，直接关系到群体性事件的发展态势及其引发的不良后果能否得到及时有效的控制，构建起有效应对群体性事件的管理体制和治理机制非常必要。

近些年来，随着互联网技术的快速发展，特别是伴随移动互联时代的到来，群体性事件有向网络空间渗透的趋势，以网络社区为平台，以网络社区领袖为首领，以特定问题、诉求或事件为主题，以特定目标群体为对象的网络群体性事件正成为群体性事件的新形态。由于网络群体存在于虚拟空间，对其群体类型、真实身份等进行有效监管的难度较大，且网络群体性事件事态发展的速度要大大快于实体空间中的群体性事件。因此，相较于传统的群体性事件而言，政府处置网络群体性事件的难度更大。目前，随着线上线下互动的日益频繁，线下群体性事件和网络群体性事件有逐步走向融合的可能，政府治理群体性事件的成本和难度也在不断加大，迫切需要借助先进的治理技术和治理手段来提升群体性事件的治理效果。而人工智能技术中的热力图技术的日渐成熟和广泛应用，将会给政府及时预警、精准研判和有效处置群体性事件提供可能，进而有利于大幅降低群体性事件发生的概率，减轻群体性事件的发生给社会稳定带来的破坏性影响。

2011年1月10日，百度统计迎来了历史上最为重要的一次功能升级，全球第一款免费智能热力图功能正式上线。热力图将网页流量数据分布通过不同颜色区块呈现，给中小网站网页优化与调整提供了有力的参考依据，方便合作网站提高用户体验。百度最初推出智能热力图的目的虽然是为了商业推广服务，但在实际使用时，智能热力图也可以为公共安全治理中的网络舆情监测、重点人群监测、群体性事件的研判等提供很好的服务，热力图在公共安全治理领域的应用前景巨大。根据热力图所展示空间的属性不同，可以将热力图分为地理空间热力图和网络空间热力图两种。地理空间热力图可以为我们清楚地显示出在特定的物理空间内，哪些区域在什么时期、在每天的什么时间段内属于人群密集的区域，而这些区域正是我们需要重点观测和监管的区域，这样就可以大大缩小政府有关部门的监控范围，进而提高政府公共安全监管的效能。网络空间热力图可以为我们清楚地展现出在特定的时间段内网民登录的热点社区和关注的热点问题有哪些，进而为我们确定哪些是要重点监管的网络空间和要重点关注的网络话题提供了可靠的依据，这就有利于政府更加及时准确地监控网络舆情的走向，并据此作出精准的研判，从而为预防网络群体性事件的发生提供强大的技术支撑。

三、智慧公安

公共安全治理是一项复杂的系统性工程。面对规模日益扩大的流动人口和随时都在变化的人口空间分布状况，"问题人群"的界定与跟踪、犯罪的预防与监控等工作实施的难度越来越大，传统的公共安全治理模式面临很大的挑战。为此，我国很多地区在公共安全治理策略的选择上采用了网格化的治理思路。城市网格化管理是一种数字化城市管理模式，它是通过地理编码技术、网络地图技术、现代通信技术，将不同街道、社区划分成若干网格，使其部件、事件数字化，同时将部件、事件管理与网格单元进行对接，形成多维的信息体系，一旦发现问题，都能及时传递到指挥平台，通知相应职能部门解决问题，实现城市管理空间和时间的无缝管理①。在城市网格化治理的实践中，政府将城市空间按照一定的标准划分成一定数量的网格，通过加强对单元网格巡查的力度，建立起一种监督和处置互相分离的治理机制，以此来有效应对公共安全风险不断集聚和公共安全事件频发的治理困境。网格化管理是一种革命和创新。首先，它将过去被动应对问题的管理模式转变为主动发现问题和解决问题；其次，它是管理手段的数字化，这主要体现在管理对象、过程和评价的数字化上，保证了管理的敏捷、精确和高效；最后，它是科学封闭的管理机制，不仅具有一整套规范统一的管理标准和流程，而且发现、立案、派遣、结案四个步骤形成一个闭环，从而提升管理的能力和水平②。

网格化管理模式依托数字化的信息管理系统，将一个完整的空间分成一个个微小的网格单元来实施综合治理，为公共安全治理效能的提升提供了有力的保障。但是，网格化管理模式并没有从根本上解决传统公共安全治理所面临的治理数据分散、数据格式不统一以及数据共享程度较低等困境，因而网格化管理模式难以从根本上化解公共安全治理的难题。2017年9月，在全国社会治安综合治理表彰会上，时任中共中央政治局委员、中央政法委书记的孟建柱同志在谈到人工智能对公共安全治理的重要影响和深远意义时指出，我国人口多、行业全、市场大，数据资源丰富，关键是要把大量分散的数据汇聚起来，加强对科技信息化建设统筹规划，推动广泛聚合共享内外数据，最大限度发挥大数据效能。而人工智能能够以人类

---

① 网格化管理：城乡管理模式的革命与创新［EB/OL］.（2022-07-19）［2022-11-27］.https://www.sohu.com/a/569237773_120171113.

② 网格化管理：城乡管理模式的革命与创新［EB/OL］.（2022-07-19）［2022-11-27］.https://www.sohu.com/a/569237773_120171113.

不可比拟的精度、速度完成工作，要利用其研究公共安全等事件的演变规律，以此增强防控工作。在新业态安全监管方面，要利用人工智能深度学习、自我更新的原理，深入研究暴恐极端案件、公共安全事件等产生、演变规律，并根据其特征构建数据研判模型，完善基础管控标准，增强防控工作精准性、时效性。在人员密集场所安全风险防控方面，要善于应用智能探测传感技术敏锐感知危险源，增强安全防控智能化水平。

人工智能技术在数据采集、数据分析、数据价值的深度挖掘等方面具有很大的技术优势，将人工智能技术应用到城市公共安全治理中，可以大幅提升现有城市网格化管理系统的运行效率和治理效能。人工智能系统中的前端摄像机通过其内置的人工智能芯片，可实时分析视频内容，检测运动对象，识别人、车属性信息，并通过网络传递到后端的人工智能中心数据库进行存储。然后，人工智能系统再利用其自身强大的计算能力和智能分析能力，对有关嫌疑人的信息进行实时分析，锁定犯罪嫌疑人的轨迹，这有利于刑事案件的侦破。同时，人工智能系统具备的强大的人机交互能力，使得其能与办案民警进行较为自然的语言沟通，让其真正成为办案人员的专家助手。通过智能摄像机扫描面部，利用基于人工智能的人脸识别技术进行预测分析，就可以帮助警察提前预测犯罪，这听起来有点耸人听闻，但这一切都在发生着。2017年，云从科技的发言人介绍，他们正在建立一个面部识别系统，根据某人去哪里、做了哪些动作来设置犯罪风险评级，然后将预测结果告知警方。比如说，买菜刀的人不可疑，但如果同一个人之后又同时买了一把锤子和一个袋子，那么这个人的可疑评级就会上升。据了解，提前预测犯罪主要依赖的AI技术包括行为识别及步态分析。利用这些技术可以在人群中挑选出可疑的人。目前该技术已经非常成熟，甚至可以将人们与多年前拍摄的照片相匹配，如今该公司的软件已经在国内多个城市使用。伴随人工智能技术的日渐成熟和逐步完善，人工智能在公共安全治理领域的应用场景将会进一步扩大，智能公安时代正悄然来临，利用人工智能来预测犯罪正逐渐从想象变成现实。

第二节　人工智能时代公共安全治理面临的挑战

先进的治理技术是一把双刃剑，"技术上最伟大的胜利与最大的灾难几乎并列"①。人工智能在公共安全治理领域的深度应用，在推动公共安全治理难度不断降低和公共安全治理效能不断提升的同时，也催生出一些新的公共安全风险和公共安全治理难题，而这些风险和难题的出现正使得现有的公共安全治理秩序和治理格局发生着深刻的变革。这些公共安全治理风险和治理难题主要包括人工智能引发的算法黑箱、算法歧视、算法独裁、算法战争以及不法分子利用人工智能对主权国家的政治安全所构成的威胁和侵害。

一、算法黑箱

算法属于计算机科学的范畴，作为人工智能的三大基石之一，人工智能算法是特定的设计者和研发者设计出来用于完成特定任务的程序和指令的集合。人工智能技术自20世纪50年代出现之后，在很长一段时期内没有太大的进展，主要原因在于人工智能的算法始终停留在监督学习阶段，人工智能机器不具备自主学习和强化训练的能力。人工智能算法的不断突破，使得人工智能机器具备了根据数据集来自主学习和强化训练的能力，可以依据特定的应用场景的变化来自动生成作业指令。算法的进步，拓展了人工智能的应用场景，但也因为算法的设计和应用存在不可解释性，使得算法在应用过程中不同程度地存在算法黑箱的问题。

由于算法设计和研发过程存在不可解释性，致使算法黑箱易于生成并引发诸多不确定性风险。"计算机系统隐含的偏见和利益取向多年前就已引起广泛关注。多项研究均显示，软件产品具有隐蔽性的特征，特定的权

---

① 汉斯·昆.世界伦理构想[M].周艺,译.北京:生活·读书·新知三联书店,2002:16.

力结构、价值观和意识形态已经事先被嵌入其中。在软件的遮蔽下，'有限性、许可、特权和障碍'等限制不易被人察觉。"①人工智能算法从本质上来说是执行特定任务的程序和指令的集合，算法的设计者和研发者在设计和研发算法时，不可避免地会将自己的偏好和意图植入算法中去，使得算法在运行过程中能够按照设计者预设的价值和意图来不断地生成新的指令，以完成特定的目标。例如，在政治领域，"人工智能算法和大数据两者结合可形成一种强有力的政治武器，可用于影响甚至是操控选民的舆论，进而可能引发政治风险"②。如果算法具有可解释性，其他主体便可以很清晰地看出算法中植入的特定价值取向和利益企图，进而可以采取相应的措施来有效规约，打开算法黑箱。但是，由于现有的绝大多数人工智能算法的设计和研发过程处于不公开的状态，没有开源的算法指令往往缺乏可解释性，这就导致算法在其技术外表之下可能会潜藏着特定设计者和研发者的价值取向和利益企图，算法设计者和研发者可以很轻松地以技术的外衣为掩护，来实现自己特定的利益企图。

人工智能深度学习算法在具体的应用过程中自主生成的算法指令存在不可解释性，也会引发算法黑箱的生成。深度学习算法具备自主学习和强化训练的功能，进而可以根据具体的外部场景来自动生成新的算法指令来完成特定的行为或任务。如果说算法在设计和研发阶段的不可解释性所引发的算法黑箱问题是因为算法的设计和研发环节的不透明导致的，这意味着通过引进必要的算法研发透明机制是可以克服和避免算法黑箱的。而算法在具体的应用过程中产生的不可解释性和算法黑箱问题则是由人工智能系统自身导致的，是在脱离人类控制的状态下引发的，人类对其很难解释和控制，这也是最值得人类担忧的算法黑箱类型。

---

① 张淑玲.破解黑箱:智媒时代的算法权力规制与透明实现机制[J].中国出版,2018(7):50-51.

② 魏强,陆平.人工智能算法面临伦理困境[J].互联网经济,2018(5):29.

二、算法歧视

算法的设计和运行主要依据供算法训练的数据所表达的信息。数据是对既往发生的事件和行为等进行的客观记录，特定的数据会给特定的国家、地区、人群、种族、民族、职业等赋予相应的特征，这些特征就成为算法在应用过程中对这些国家、地区、人群、种族、民族、职业等进行自动识别的依据并以此得出相应的评判结果。因此，数据是算法进行治理的重要依据，而要确保人工智能机器自动生成的算法及其运行过程是公平公正的，那首要前提就是确保数据的收集是真实且全面的，虚假的数据和来源不全面的数据是很难保证算法及其运行过程公平和公正的。同时，由于"算法及其决策程序是由它们的研发者塑造的，在细节上渗透着研发者的主观特质"①，这使得算法歧视和算法偏见也很难避免。具体来看，算法歧视的产生主要源于以下三个方面。

第一，算法设计者和研发者的偏好和意图会诱发算法歧视。算法是特定的设计者和研发者负责完成的，算法设计者和研发者的偏好和意图会被植入算法指令中去，进而引发算法歧视。例如，美国部分地区法院在利用犯罪风险评估算法 COMPAS 来进行犯罪风险的预测和评估时发现，该算法判定的黑人犯罪的概率是白人的两倍，形成对黑人的歧视。这一结果的出现，主要源于在美国既有的犯罪数据中黑人的犯罪率高于白人，如果用一个群体数据所揭示的特征来推定该群体中的成员必然具有该类特征，这显然对于该群体中的个体来说是不公正的。

第二，数据系统的歧视会导致算法歧视。"数据在本质上，是人类观察世界的表征形式"，由于"人类文化是存在偏见的，作为与人类社会同构的大数据，也必然包含着根深蒂固的偏见。而大数据算法仅仅是把这种歧视文化归纳出来而已"②。大数据时代的到来，改变了传统数据时代数

---

① 汝绪华.算法政治:风险、发生逻辑与治理[J].厦门大学学报(哲学社会科学版),2018(6):34.
② 张玉宏,秦志光,肖乐.大数据算法的歧视本质[J].自然辩证法研究,2017(5):82.

据采集、存储和处理成本高、难度大的不足，海量的数据使得人类在判断特定群体自身和与其相关联的特定行为和事件时，不再受制于因果关系的约束，接近全样本的大数据成为人类决策和行为的主要依据。"大数据掌控者们借助越来越智能化的算法分析和利用着我们的数据，开发着靠数据化的人类经验喂养的人工智能产品，在为我们的生活提供越来越多便利的同时影响着我们的选择和决策，并在此过程中积累起日益膨胀的财富、技术和人力资源。"①但是，我们也要注意到大数据的数量虽然多但毕竟不是全样本，部分没有被采集到的数据可能恰好是对人类的决策和行为有重大影响的关键数据。同时，供人工智能算法训练并自动生成新的算法指令的数据库的很多参数是受特定的主体控制的，这些控制数据的主体可以在数据的采集对象、采集范围、采集标准和采集时间等参数上依据特定的偏好和意图进行设置，进而影响算法运行的结果，体现特定主体意图和偏好的数据采集，使得算法运行的结果存在针对特定国家、地区、人群种族、民族和职业等歧视和偏见的可能。

第三，数据鸿沟导致的算法歧视。在大数据时代，个体已经成为被数据算法定义的"数据人"②。但是，大数据时代的数据鸿沟问题也非常突出，还有少部分群体因为行为习惯的原因，其自身产生的数据非常有限，算法很难据此对其个体特征和行为偏好进行判定，这也可能会导致算法歧视和算法偏见的出现。例如，金融系统在利用算法来评估客户的信用状况并据此来判定授予多少信贷额度时，如果该客户很少有金融交易行为产生，那么算法很有可能判定该客户信用等级偏低，致使该客户失去贷款资格。

三、算法独裁

深度学习算法的技术突破，使得人工智能的应用场景大大拓展，智能

---

① 郑戈.算法的法律与法律的算法[J].中国法律评论,2018(2):68.
② 马长山.智能互联网时代的法律变革[J].法学研究,2018(4):24.

时代的人类生产、生活、社会交往和国家治理都发生了深刻的变革，很多原本需要人类完成的繁重的劳动都可以交由人工智能来完成，人类离实现自由而全面发展的目标又近了一步，人类的解放和理想社会的实现变得可期①。但是，在人工智能时代，伴随算法应用场景的不断拓展和应用程度的不断加深，国家治理的主导权正逐步"从人手中转移到算法手中"②，算法的权力属性正逐渐呈现出来。算法权力是一种人工智能技术平台的研发者和控制者在人工智能应用过程中，利用自身在数据处理和算法上的技术优势而生成的对政府、公民、社会组织等对象拥有的影响力和控制力。因此，我们在为人工智能算法研发所取得的重大突破而感到欣喜之余，也要正视掌握核心算法设计和研发技术的主体可能会利用算法来推行技术霸权甚至是实现算法独裁的风险。

在人工智能时代，数据和算法在经济发展和国家治理中的重要性日渐凸显，"掌握了数据就意味着掌握了资本和财富，掌握了算法就意味着掌握了话语权和规制权"③。而从目前算法的设计和研发格局来看，主导算法特别是核心算法设计和研发的主体主要集中在少数发达国家的少数几家企业。这些企业通过对人工智能算法及其相关技术的巨大投入，已经完成了人工智能底层模块的搭建工作，所有的人工智能应用系统和计算过程都需要依赖于这些底层模块。掌握了人工智能底层模块的企业，不仅建立起在公民、企业、社会组织和主权国家中的技术优势，而且也很轻易地就能获取公民、企业、社会组织和主权国家在应用这些模块过程中产生的各种类型的数据，数据的优势和算法技术优势的叠加，更加催生了少数企业利用算法推行数据霸权和算法独裁的可能。相比之下，在国家治理中对智能平台利用较多和依赖较深的主权国家等主体，在算法的设计和研发上不仅缺乏主动的意识，也缺乏必要的投入，进而处于算法技术上的劣势。

---

① 高奇琦.人工智能、人的解放与理想社会的实现[J].上海师范大学学报(哲学社会科学版)，2018(1):40-49.

② 克里斯托弗·斯坦纳.算法帝国[M].李筱莹，译.北京:人民邮电出版社，2014:197.

③ 马长山.智能互联网时代的法律变革[J].法学研究，2018(4):22.

四、算法战争

人工智能深度学习算法的重大突破，也是科学技术发展历史上的重大突破。与其他类型的技术变革和技术创新主要是处在人类可以控制的状态下生成和发展不同，伴随人工智能的不断发展和日渐成熟，人类已经愈发难以控制这种技术在实践应用中的安全边界，算法战争便是算法在应用过程可能会出现的给传统安全和国家主权带来巨大冲击的隐忧之一。算法战争主要体现在两个方面：一是算法使得很多原本不是武器的物理实体变成武器，二是算法成为发动战争的手段之一。

首先，算法对武器的内涵和外延进行了重新界定，许多原本不是武器的物理实体经过算法的驱动可能会成为攻击性的武器，战争发生的风险急剧增加。武器是战争双方进行较量并决定最后谁能取胜的重要因素，加强武器装备技术的研制是现代国家取得战争优势的重要保障。从冷兵器到热兵器再到核武器，武器装备的性能和杀伤力虽不断增强，但是武器的类型并未发生多大的变革。可是，进入人工智能时代之后，之前完全由人类来操作的武器开始变得智能化。"随着数据科学与深度学习技术的突飞猛进，人工智能时代的来临已露端倪。继生化武器与核武器之后，'致命性自主武器系统（Lethal Autonomous Weapons Systems，简称 LAWS）'的研发、部署和应用正在引发新一轮军备竞赛，并有可能颠覆传统战争形态和重塑国际人道主义规范。"[1]同时，将普通的物理实体安装上智能系统后，瞬间就可以将其变成具有攻击性的武器，使得战争发生的风险急剧增加。例如，汽车是交通工具，但是无人驾驶的汽车可以成为攻击对方的武器。

其次，算法会改变现有人类对战争内涵和外延的界定，算法战可能会成为继军事战、贸易战之外的一种战争形式。传统意义上的战争主要是指军事战，此后贸易战也逐渐成形。但是，人工智能时代的到来，使得技术战正逐渐成为主权国家之间战争的重要类型之一。近些年来，伴随着各国

---

[1] 董青岭.新战争伦理：规范和约束致命性自主武器系统[J].国际观察,2018(4):52.

争相研发、部署和使用自主武器系统，在不久的未来，"常规武器可以通过自主性武器系统这一应用平台获得前所未有的'自主性'，届时任务被授权给机器，机器将取代人而成为军事行动的实际决策者和实施者，从而开启'致命决策的去人类化'进程，这或将导致战争形态由传统的'人与人之间的相互伤害'演变为'人机大战'乃至'机器人之间的相互杀戮'"①。而且，战争的双方也将有可能从传统的两个或多个主权国家或地区变成企业与主权国家。一方面，掌握核心算法技术优势的少数发达国家可以利用自身在算法和数据上的技术优势，对算法和数据上处于劣势的发展中国家发动技术战争，以实现原本需要依靠发动军事战争或贸易战争才能获取的利益。另一方面，少数掌握核心算法技术优势的超级企业，可以利用自身在算法和数据上的技术优势发动对主权国家的技术战争，以实现特定的利益企图。

五、主权国家的政治安全更易受到威胁或侵害

政治安全是国家安全的重要组成部分，政治安全是指国家主权、政权、政治制度、政治秩序以及主流意识形态等方面免受他国或者国际组织威胁、侵犯、颠覆和破坏的客观状态。党的十八大以来，以习近平同志为核心的党中央高度重视国家安全工作，强调坚持总体国家安全观要以政治安全为根本。2014年4月15日，习近平总书记在中央国家安全委员会第一次会议上发表的重要讲话中强调："当前我国国家安全内涵和外延比历史上任何时候都要丰富，时空领域比历史上任何时候都要宽广，内外因素比历史上任何时候都要复杂，必须坚持总体国家安全观，以人民安全为宗旨，以政治安全为根本，以经济安全为基础，以军事、文化、社会安全为保障，以促进国际安全为依托，走出一条中国特色国家安全道路。"

政治安全是国家安全的根本，维系政治安全是国家安全工作的中心任务之一。影响一国政治安全的因素通常有很多，其中政治舆论的营造与宣

① 董青岭.新战争伦理:规范和约束致命性自主武器系统[J].国际观察,2018(4):52.

传是政治安全的重要影响因素。窃取主权国家的核心数据和机密信息，对其展开有针对性的舆论宣传攻势等，是威胁或侵害主权国家政治安全的重要手段。2013年由美国中央情报局的前雇员斯诺登引发的"棱镜门"事件，就是一起典型的利用先进科技手段来危害他国政治安全的例子。据美国中央情报局的前雇员斯诺登曝光，美国政府直接从包括微软、谷歌、雅虎、苹果等9家公司的服务器上收集信息，并对全球多个国家政要的电话进行监听。

人工智能时代的到来，使得政治舆论宣传工作变得更加智能和更有针对性。对于国内政治安全来说，其有利于执政党和政府及时了解民众的最新政治动向。执政党和政府通过及时的回应和有针对性的政治宣传，可以大大提高政治宣传的效果，维持政治大局的稳定。但是，如果有人或组织在政治宣传上恶意使用人工智能的话，那我们面临的安全风险也将大为增加。在政治安全方面，人工智能可以通过自动检测数据来对特定对象进行有针对性的宣传，造成侵犯个人隐私和左右政治舆论等安全威胁。具有深度学习功能的人工智能在数据采集、数据分析方面具有很强的优势，通过对海量的数据按一定特征进行智能化提取和分析，可以展开极具针对性的宣传攻势，网络舆论有被左右的风险，更有甚者，会使受到攻击的国家的执政党的执政地位遭受冲击。同时，随着人工智能技术的不断发展，人工智能具备独立意识的可能性越来越大，具备一定独立意识的人工智能自身有可能会传播一些不利于特定国家政治安全的言论，进而危及特定国家的政治安全。

总体来说，人工智能技术的出现和深度应用，不仅增加了现存的安全威胁，还会引入一些新的安全威胁并改变现有安全威胁的作用方式，并且通过人工智能可以较为轻易地完成一些对人类而言不可能完成的攻击任务。也许这些威胁并不一定会立即转变为现实的危机，但这些问题是我们在人工智能时代思考公共安全治理所面临的困境时必须要认真加以应对的，以免我们在人工智能时代的公共安全治理中失去主动。

第三节 强化对人工智能引发的公共安全风险监管的路径

人工智能不同于一般的技术系统，它以海量的数据和具备强大计算能力的硬件设备为支撑，通过算法带来的自主学习能力，具备超越人类智能的可能性。面对人工智能在应用过程中已经或者可能会引发的诸多公共安全风险，我们必须要坚持将确保人类安全作为人工智能技术研发和应用的基本前提，强化对人工智能技术研发和应用过程的监管力度。为此，我们可以以阿西莫夫的"机器人学三定律"、《阿西洛马人工智能23条原则》为指引，在借鉴其他国家人工智能监管经验的基础上，从思想、技术、法律和政策等视角对人工智能已经或可能给人类公共安全构成的威胁进行有效规约。

一、阿西莫夫"机器人学三定律"

艾萨克·阿西莫夫是美国著名的科幻小说家，他提出的"机器人学三定律"即机器人不得伤害人类个体，或者目睹人类个体将遭受危险而袖手不管；机器人必须服从人给予它的命令，当该命令与第一定律冲突时例外；机器人在不违反第一、第二定律情况下要尽可能保护自己的生存。伴随人工智能的不断发展，人工智能的深度应用在给人类生产和生活带来诸多便利的同时，也正在给现代人类的发展和未来人类的生存带来很大的挑战，如何从伦理层面来规范人工智能技术的发展和应用，已经成为现代人类共同面临的难题，而阿西莫夫的"机器人学三定律"正是对这一问题的很好解答。目前，已经有很多的国家和地区在制定人工智能相关规约政策时将阿西莫夫的"机器人学三定律"作为指引。

二、《阿西洛马人工智能23条原则》

伴随大数据时代的到来，如何在推动人工智能技术快速发展的同时有效解决人工智能在应用过程中产生的法律、道德、伦理等层面的问题，已经成为人工智能监管工作必须正视的话题。人工智能监管难题的出现，迫切需要构建新的监管人工智能的原则，而阿西洛马"人工智能23条原则"正是在此背景下产生的。

2017年1月，在美国加利福尼亚州举办的阿西洛马人工智能会议上，近千名人工智能和机器人领域专家联合签署了《阿西洛马人工智能23条原则》。该原则从研究问题、伦理价值观和长期问题三个维度对人工智能技术的发展及其应用提出明确的规定。《阿西洛马人工智能23条原则》实际上是关注人工智能发展的各界人士，在对人工智能技术可能会给人类生存和发展带来的难以估量的影响进行长期观察和理性思考后的一次集中表达。面对人工智能可能会被误用及其对人类安全可能构成威胁的担忧，《阿西洛马人工智能23条原则》被期待能确保人工智能走在"正轨"，从而获得更加健康的发展。《阿西洛马人工智能23条原则》的具体内容如下：

1. 人工智能研究的目标，应该是创造有益于人类而不是不受人类控制的智能。

2. 投资人工智能应该有部分经费用于研究如何确保有益地使用人工智能，包括计算机科学、经济学、法律、伦理以及社会研究中的棘手问题。

3. 在人工智能研究者和政策制定者之间应该有建设性的、有益的交流。

4. 在人工智能研究者和开发者中应该培养一种合作、信任与透明的人文文化。

5. 人工智能系统开发团队之间应该积极合作，以避免安全标准上的有机可乘。

6. 人工智能系统在它们整个运行过程中应该是安全和可靠的，而且其可应用性和可行性应当接受验证。

7. 如果一个人工智能系统造成了损害，那么造成损害的原因要能被确定。

8. 任何自动系统参与的司法判决都应提供令人满意的司法解释以被相关领域的专家接受。

9. 高级人工智能系统的设计者和建造者，是人工智能使用、误用和行为所产生的道德影响的参与者，有责任和机会去塑造那些道德影响。

10. 高度自主的人工智能系统的设计，应该确保它们的目标和行为在整个运行中与人类的价值观相一致。

11. 人工智能系统应该被设计和操作，以使其和人类尊严、权力、自由和文化多样性的理想相一致。

12. 在给予人工智能系统以分析和使用数据的能力时，人们应该拥有权力去访问、管理和控制他们产生的数据。

13. 人工智能在个人数据上的应用不能允许无理由地剥夺人们真实的或人们能感受到的自由。

14. 人工智能科技应该惠及和服务尽可能多的人。

15. 由人工智能创造的经济繁荣应该被广泛地分享，惠及全人类。

16. 人类应该来选择如何和决定是否让人工智能系统去完成人类选择的目标。

17. 高级人工智能被授予的权力应该尊重和改进健康的社会所依赖的社会和公民秩序，而不是颠覆。

18. 致命的自动化武器的装备竞赛应该被避免。

19. 我们应该避免关于未来人工智能能力上限的过高假设，但这一点还没有达成共识。

20. 高级人工智能能够代表地球生命历史的一个深刻变化，人类应该有相应的关切和资源来进行计划和管理。

21. 人工智能系统造成的风险，特别是灾难性的或有关人类存亡的风险，必须有针对性地计划和努力减轻可预见的冲击。

22. 被设计成可以迅速提升质量和数量的方式进行递归自我升级或自我复制人工智能系统，必须受制于严格的安全和控制标准。

23. 超级智能的开发是为了服务广泛认可的伦理观念，并且是为了全人类的利益而不是一个国家和组织的利益。

三、人工智能监管的国际经验

伴随人工智能技术的快速发展及其在应用过程中已经或可能引发的公共安全风险的日渐增多，世界上部分国家已经启动了对人工智能进行监管的工作。从对人工智能监管所采取的态度来看，可以分成无须批准式监管和对人工智能进行严格监管两派。其中，无须批准式监管一派以美国为代表，主张为了鼓励人工智能创新，应该对人工智能采取较为宽松的监管模式。而主张对人工智能进行严格监管的一派以英国为代表。英国在鼓励人工智能技术发展的同时，采取了对人工智能进行严格监管的态度，非常注重防范人工智能在应用过程中可能引发的安全风险。

1. 无须批准式监管模式：鼓励人工智能创新

在对人工智能的监管上，美国采取的是无需批准式监管模式。2016年，美国白宫科技政策办公室发布了《为人工智能的未来做好准备》《国家人工智能研究和发展战略计划》和《人工智能、自动化与经济》3份研究报告，明确了美国政府对于人工智能进行监管的政策导向。上述3份研究报告认为，当前人工智能正迎来新的发展浪潮，有助于解决人类社会面临的一系列严峻挑战。为此，美国政府应积极推动人工智能创新并努力减少人工智能在应用过程中产生的负面影响。美国政府应在政府部门中大力推广人工智能的应用，以提升政府为民众服务的水平，鼓励各部门推出基于人工智能的项目，加大政府在人工智能研究和人才培养方面的资金投入。同时，美国政府应认真评估人工智能技术和产品可能带来的风险，保持对人工智能进展的监控，并积极调整现有的监管框架和措施，保持其灵活性，确保人工智能的发展与监管相互适应[①]。

2.严格监管模式：注重防范人工智能引发的安全风险

在对人工智能的发展和应用所进行的监管上，英国采取了和美国不同的监管模式。为了防范人工智能在应用过程中可能引发的技术、道德和伦理等方面的安全风险，英国政府采取了对人工智能进行严格监管的模式。作为在人工智能道德标准及政府监管研究领域的领先者，英国发布的《机器人技术和人工智能》，侧重阐述了英国将会如何规范机器人技术与人工智能系统的发展，以及如何应对其发展带来的伦理道德、法律及社会问题。《机器人技术和人工智能》强调，为了妥善应对和监管人工智能进步所带来的各种道德和法律问题，如深度学习机器、自动驾驶汽车的设计与应用，政府应该建立持续的监管制度。报告建议设立专门的机器人技术与自动化系统委员会，以对政府在制定鼓励人工智能发展和应用的监管标准以及如何控制人工智能方面献言献策[②]。此外，英国议会还为人工智能准则的制定提出了五条初步的原则：其一，开发人工智能应当为了共同利益和人类福祉；其二，人工智能的运行应符合可理解原则和公平原则；其三，不应利用人工智能来削弱数据权利或隐私；其四，所有公民都有权获得教育，以便享有人工智能带来的好处；其五，伤害、毁灭或欺骗人类的自主权力绝不应委托给人工智能[③]。

四、强化对人工智能引发的公共安全风险监管的路径

面对人工智能在快速发展和深度应用过程中可能引发的技术、法律、道德、伦理和战争等方面的公共安全风险，我们需要居安思危，立足长远，尽早规划，从思想上、技术上、法律上和政策上对人工智能可能给人

[①] 尹昊智,刘铁志.人工智能各国战略解读：美国人工智能报告解析[J].电信网技术,2017(2):53-54.

[②] 腾讯研究院.人工智能各国战略解读：英国人工智能的未来监管措施与目标概述[J].电信网技术,2017(2):32-39.

[③] 曹建峰.解读英国议会人工智能报告十大热点[J].机器人产业,2018(3):27.

类公共安全造成的威胁进行积极有效的规约。

在思想上，政府要高度重视公共安全，密切与人工智能研发企业之间的技术合作。人工智能时代的到来，改变了传统上以权力为中心的治理格局，数据和算法在国家治理中的重要性日渐凸显，谁掌握了数据资源和算法优势，谁就在国家治理和社会治理中拥有了话语权。在应对人工智能时代的公共安全威胁上，政府要主动与在人工智能技术研发上具有优势的企业联系，为构建防范公共安全威胁的技术网络展开积极有效的合作。

在技术上，政府要努力占据主导地位，赢得数据资源和人工智能算法研发上的主动权。在人工智能时代，谁掌握了技术优势，谁就掌握了话语权。目前，在人工智能的研发上，我国的几家互联网企业虽都积极开展人工智能的研发工作并已取得一定成效，但在源代码、人工智能核心算法等关键技术上依然落后于西方发达国家的科技巨头们。为此，我们需要强化人工智能技术研发上的资金和人才投入，加强国内研发企业之间的数据共享和技术合作，以期赢得数据资源和人工智能算法研发上的主动权。

在法律和政策上，国家要加大对利用人工智能从事危害公共安全行为的打击力度。目前，我国刑法对于利用人工智能从事公共安全犯罪方面的行为尚没有规定专门的罪名。若能增加利用人工智能从事危害公共安全罪，应该可以更好地打击和规约利用人工智能从事危害公共安全的犯罪行为。

第七章 人工智能时代治理规则的变化：
在算法与法律之间

人工智能时代的到来，使得算法在个体行为约束和社会关系调节等方面发挥着越来越重要的作用，算法代码作为技术规范在国家治理中的影响力和控制力日渐增强，算法治理正逐渐成为一种新型的技术治理形态。"法律和技术都是解决人类社会基本问题的手段，两者在许多领域可以相互替代。"[①]人工智能时代的到来和算法治理形态的出现，在充分展现技术规范在国家治理中的重要性的同时，也对传统上以法律规范为主导的国家治理规范体系产生了深刻的冲击，算法代码正不断地"挤压"法律规范的运行空间，以致有学者提出了"（算法）代码即法律"的观点，将算法看作是网络空间中的法律，算法的法律化趋势正日渐凸显，更有学者提出了法律会"死亡"的预判[②]。算法治理有效性的充分发挥，以数据的完整真实和算法的合规有效为前提和保障。而现实中人类所能获取到的数据难以保证绝对的完整和真实，并且算法设计环节的不透明性和运行过程的不可解释性，使得算法本身也是不完备的，难以做到完全的合规和有效，算法代码难以实现对法律规范的完全替代。

面对日渐凸显的算法法律化趋势，我们既要看到算法的应用在降低国家治理难度和提升国家治理效率等方面所发挥的积极作用，也不能对算法在个体行为约束和社会关系调节等方面所发挥的功能寄予过高的期望，法律规范在国家治理中依然存在较大的应用空间。在人工智能时代，算法治

---

① 郑戈.区块链与未来法治[J].东方法学,2018(3):80.
② 余成峰.法律的"死亡"：人工智能时代的法律功能危机[J].华东政法大学学报,2018(2):5-20.

理社会的乌托邦不会实现，法律也不会"死亡"。伴随算法的法律化趋势与法律的算法化进程的相互激荡，处于算法与法律之间可能将是人工智能时代国家治理规范的演变趋势。为此，我们在算法合规有效的前提下不断拓展算法的应用空间的同时，也要顺应算法治理的趋势，推动法律的算法化进程，在法律规范的制定和执行环节更多地考虑法律规范如何与算法代码更好地融合，以达到利用算法来提升法治运行绩效的目的。

第一节　一种技术治理形态的兴起：算法治理

当前，在深度学习算法的驱动下，人工智能在现代国家治理中应用场景不断拓展的同时，算法在国家治理中的应用程度也不断加深，算法正日渐成为现代国家治理中约束个体行为和调节社会关系的重要技术规范，一种新型的技术治理形态——算法治理正日渐凸显。国家治理技术的重大变革，不仅对提高国家治理能力和改善国家治理绩效有着重要的现实意义，而且还会对既有国家治理秩序产生较大的影响和冲击。与传统上由政府主导的国家治理形态相比，在算法治理形态中，人工智能正部分替代人类成为新型的国家治理主体，国家和社会在部分领域实现了自我治理。

一、算法治理在治理主体上实现了人工智能机器对人类的部分替代

国家治理形态的变迁与治理技术的变革有着紧密的内在关联。人工智能技术在国家治理中的深度应用，不仅带来了国家治理效率的提升和国家治理能力的提高，而且也对传统上由政府主导的国家治理体系和由人类主导的世界治理秩序产生了深刻的冲击。人工智能技术推动着传统国家治理向智能治理形态转变，而智能治理的实质就是算法治理。与之前的互联网等治理技术的变革对国家治理形态的变迁所产生的影响不同，算法治理不

仅实现了治理技术的深刻变革,而且带来了治理技术向治理主体的转变。拥有深度学习算法的人工智能机器在国家治理中,可以根据具体应用场景的变化来自主生成治理方案,人类利用人工智能来治理可能会转变为人类听命于人工智能来治理。

二、数据的应用和算法的运行使得部分领域的自我治理成为现实

国家是人类社会发展到一定历史阶段的产物,自国家产生后,国家对社会和市场的影响力和控制力不断增强,国家在与市场和社会的关系中处于主导地位。近代欧洲市场经济的发展和自由主义政治思潮的兴起,虽然确立了政府"守夜人"的角色,但由于市场内生的结构性和功能性缺陷所导致的市场失灵现象的存在,以及社会自我治理能力的不足所诱发的社会失灵问题的加剧,使得市场和社会领域的治理始终离不开国家和政府不同程度的干预。因此,国家治理的范畴通常就包含了政府对市场和社会的治理。人工智能的出现及其在国家治理中的深度应用,提高了国家治理的效率,同时也改变了部分领域的治理格局。大数据和人工智能算法对数据的快速处理和分析,可以有效解决部分领域中存在的信息不充分和信息不对称的治理困境,从而为社会和市场部分领域的自我治理提供了可能。例如,近年来崛起了各种类型的互联网平台企业,每个平台实际上就是在国家整体网络监管之下形成的一个自治的网络空间。在各种类型的互联网平台内部,创建和负责平台运营的互联网企业通过对交易数据的提取和分析,可以对平台上的客户与商家之间、平台与客户之间以及平台上的商家与商家之间的交往和交易信息做到实时的监控,平台可以据此制定相应的规则来实现和完善平台内部的自我治理。此外,伴随区块链技术的兴起,区块链上的每个数据区块实际上就是一个自治社区,智能合约的出现和运用解决了每个区块内部的信息不充分和不对称的难题,成为维系区块正常运行的规范。

第二节 算法取代法律：一个技术治理的乌托邦

大数据的应用和算法技术的日渐成熟，使得人类正在进入一切皆可计算的时代，国家治理的技术化趋势不断强化，算法治理形态也随之不断凸显。作为一种新型的技术治理形态，算法治理是指以大数据为依据，通过算法的自主学习和强化训练来自主生成治理方案并不断提升治理能力的治理形态。数据与算法一起构成了算法治理的基石。其中，数据是算法治理的依据，算法是算法治理的核心。数据的完整真实和算法的合规有效是算法技术在国家治理中的有效性得以充分发挥的前提，而数据在完整性和真实性上的瑕疵以及算法的不可解释性，使得算法代码在国家治理中不可能实现对法律规范的完全替代，算法治理社会的乌托邦难以实现。

一、算法治理有效性的前提

算法的本意是数字的运算法则，后被计算机学科加以吸收利用，用于指代完成特定任务的计算机指令的集合。算法作为一种有限、确定、有效并适合用计算机程序来实现的解决问题的方法，是计算机科学的基础。20世纪50年代初"图灵测试"的出现，开启了人工智能的序幕，人类设计出来并植入人工智能中的算法使得人工智能机器可以自动地完成特定类型的任务，大幅提高生产效率，给人类生活带来了极大的便利。深度学习算法通过建立模仿人脑学习和分析机理的多层神经网络，实现了从海量的数据中自动提取与工作目标相关的数据来自主生成治理方案并完成工作任务的目标。深度学习算法的出现及其日渐成熟，与大数据的出现和云计算技术的快速发展密切相关。大数据为深度学习算法提供了自主学习和强化训练的原料，云计算技术为深度学习算法对海量数据的提取和分析提供了强大而准确的运算保障。国家治理是技术理性与价值理性的有机统一，国家治理除了要利用一定的技术手段来实现治理效率提升的目的外，还要更好地推动社会公平正义价值的实现和维系。技术治理是国家治理效率提升的重要手段，技术治理在国家治理中应用空间的有效拓展，要求技术治理在坚持合目的性的同时，也要做到合法律性和合道德性。数据和算法共同推动着算法治理应用场景的不断拓展和持续深化，而数据完整真实和算法合法合道德也成为理想的算法治理应该具备的前提和保障。

1. 数据完整真实

数据作为人工智能的基石之一，是算法治理的依据。深度学习算法的出现及其在国家治理中的应用，与对大数据的使用和分析密不可分，真实而全面的数据供给是确保算法治理有效性的前提和基础。首先，数据是人工智能机器完成自主学习和强化训练的原料。这些数据原料可以是算法的设计者和使用者按照一定标准和规则来选取的，也可以是人工智能机器直接从传感器或者物联网系统中自动提取的。在数据的支撑下，人工智能机器就会从特定的数据集中识别出相关的特征信息并依据这些特征信息来自主生成相应的算法指令，然后依据这些指令来自动完成相关的任务。

其次，确保选取的数据真实且全面是防止算法偏见出现和维系算法代码公正的根本保障。算法本质上就是计算机指令的集合，算法本身并不带有特定的价值偏好和利益指向。但是，算法学习和训练所使用的数据是由特定的设计主体和使用主体来选取的，算法设计者和使用者在数据选择上的价值偏好和主观意图对人工智能机器算法指令的生成有很大影响。数据选取上的偏好，可能导致算法偏见甚至是算法歧视等问题的出现。人工智能机器如果利用依据特定的价值偏好和主观意图选取出的数据来学习和训练的话，其所生成的算法指令必然带有一定程度的偏见，甚至是歧视。因此，要想让算法治理成为现代国家治理中值得信赖的技术治理范式，必须要保证作为算法生成和算法运行依据的数据是真实且全面的。大数据时代的到来，使得整个人类社会的数据量呈现出爆炸式增长。在理想的算法治理形态中，大样本的数据甚至是全样本数据取代了小样本数据成为数据的主要形态，为算法在客观且充分的数据供给状态下的自主生成提供了可能。数据供给的客观性和公正性在很大程度上保障了算法治理的客观性和公正性，为算法治理应用空间的拓展和应用程度的加深提供了无限的可能。

2.算法合法合道德

算法是算法治理的核心。在传统国家治理中，决策者的主观偏见和信息的不充分，使得决策的科学性难以得到有效保障。大数据的出现，使得决策主体可以借助于一定的技术手段以较低的成本来获取较为充分的数据。通过从海量的数据中提取的相关信息，决策主体可以较为准确地分析社会舆情的变化，科学地界定政策问题的边界和特征，从而为制定有效的决策方案和科学地评价政策执行过程奠定了坚实的基础。但是，大数据的出现，仅仅为决策主体提高决策制定的科学性和准确性提供了可能，而要把这种可能性转变为现实性，还需要借助于深度学习算法等对数据的处理，算法的运行是大数据的价值在国家治理中得以深度挖掘并广为应用的前提和保障。算法本身不会带有任何偏见和歧视，但是，由于"算法及其决策程序是由它们的研发者塑造的，在细节上渗透着研发者的主观特质"[①]。因此，要想确保算法治理的有效性，除了要保障数据是真实且全面的，还需要保障算法的设计和运行过程是符合法律规范和道德伦理要求的，使得算法运行的合目的性在达成的同时，也要确保算法的合法性和合道德性目标的实现，进而保证算法在国家治理中应用的有效性。

二、技术治理的乌托邦：算法治理面临的现实困境

算法治理作为一种新型的技术治理形态，在治理需求识别、治理方案生成、治理流程优化和治理绩效评估等方面具有显著的功效，充分彰显出技术在国家治理水平提升和国家治理绩效改进上的重要性，引发了人们对于完全利用技术来治理社会的乌托邦的无限遐想。相比于传统的科层式治理和"互联网+"治理，算法治理的优势非常明显。但是，由于算法治理

---

① 汝绪华.算法政治：风险、发生逻辑与治理[J].厦门大学学报(哲学社会科学版),2018(6):34.

有效性的呈现是以数据的完整真实和算法的合法合道德为前提的，而在国家治理的实际中，数据在完整度和真实性上的瑕疵以及算法在设计上的不透明性和运行过程上的不可解释性，使得算法治理的有效性难以得到充分的发挥，完全用算法来治理社会也许将是永远不会实现的乌托邦。

1.数据在完整性和真实性上的瑕疵

（1）数据的完整性难以达到。数据及通过整理数据所获得的信息，是确保决策科学化的重要前提。在大数据出现之前，特定的决策者能够获取的数据非常有限，小样本数据决定的因果关系和决策者的经验成为决策的主要依据。大数据时代的出现，使得人类的生产和生活方式发生着巨大改变，我们每时每刻都在生产数据，数据化成为人类社会的存在状态，小样本数据被大样本数据所取代，相关性取代了因果关系成为决策的依据，决策的科学性得以显著提升。相比于小样本数据，大数据的数量虽然巨大、更新速度更快，但是决策者要想获取到与某一决策或者行动相关的所有数据也是不可能的，毕竟在"万物互联"时代我们也不能保证所有物体都被物联网连接，数据的全面性只能尽可能接近，不可能完全实现。而且，就算能实现"万物互联"，随时都在更新的数据和难以完成的海量数据的处理任务也使得数据的完整性难以确保。

（2）数据的真实性存在瑕疵。数据是算法治理的依据，数据的完整性不仅难以实现，可以采集到的数据的真实性也难以完全保障。一方面，部分关键数据存在被过滤的可能，进而导致数据失真。大数据时代，数据生产者生产的数据通常是客观真实的。但是，特定的主体在选择作为算法决策依据的数据集时，难以保障能采集到的所有数据都被放进数据集中，选取数据的主体受到价值取向和利益意图的影响，有过滤部分数据的可能，特别是部分典型且关键的数据被过滤的可能性非常大。另一方面，数据面临整合的困难。受到主客观条件的限制，负责采集数据的主体采集到的数据可能存在一定的瑕疵，这就需要整合不同部门的数据，来进行数据真实性的鉴别，以确保数据的真实有效。但是，从我国现有的条块分割的数据管理体制来看，"不同部门的数据储存在不同地方，格式也不一样，这就使得数据整合起来出现困难"[①]，使得数据的完整性不仅难以得到保障，部分数据的真实性也难以相互印证。此外，政府掌握的数据中有很多是非结构化数据，数据的整理难度较大，耗时较长，这也在一定程度上影响到数据的真实性。

2.算法设计和算法运行过程中的缺陷

（1）算法的透明性不足。算法是算法治理的核心，也是决定算法治理水平优劣和治理绩效高低的关键性因素。近年来，深度学习算法的重大突破使得人工智能机器的学习能力得以大幅提升，推动着人工智能技术在国家治理中应用程度的不断加深。但同时，算法运行的透明性不足等问题也随之凸显。由于作为开源算法基础的底层算法的设计和研发工作是在封闭的环境下完成的，算法的设计目的和设计原理难以明晰，算法的运行过程难以用自然语言去解释，看似客观的算法技术运行的背后隐藏着许多不为外界知晓的算法设计主体的特定目的和意图。算法透明性不足及其引发的不可解释性问题，使得"算法黑箱"不同程度地存在，算法设计者和研发者之外的主体难以对算法运行过程进行有效的监督，也难以明确算法运行中出现的问题的具体责任主体。

（2）算法的安全性存疑。算法是程序化指令的集合，算法的设计者和研发者的价值偏好和利益诉求决定了他们设计和研发出的算法带有鲜明的价值指向，算法歧视问题在算法的运行中客观地存在。由于现有的算法设计和研发过程主要由少数互联网企业主导，特别是"底层算法"的设计更是被少数几家超级互联网企业所垄断，他们在缺乏必要的法律规制和道德伦理约束的情况下来进行算法的设计和研发工作，很难保证算法在运行过程中的安全性。在算法的设计和运行环节，算法代码作者越来越多地是立法者。他们决定互联网的缺省设置应当是什么，隐私是否被保护，所允许的匿名程度，所保证的连接范围。他们是设置互联网性质之人。他们对当

---

① 徐圣龙.大数据与民主实践的新范式[J].探索,2018(1):71.

前互联网代码的可变和空白之处所做出的选择,决定了互联网的面貌①。同时,"在实践过程中,技术治理存在着与科学技术有关的社会风险"②。伴随算法技术的日渐成熟,人工智能正具备越来越强的自主行为能力,人工智能脱离人类设计者和研发者的控制独自运行的可能性正逐步增大,算法运行过程中的不确定性风险也随之大大增加。

人工智能时代的到来,不仅改变了人类传统的生产方式和生活方式,也对社会交往的形式和社会关系的调节规范产生了深刻影响,算法日渐成为规范和约束人们行为和社会交往的技术规则。伴随算法代码在国家治理中应用场景的不断拓展和应用程度的不断加深,算法作为技术的规范性色彩日渐凸显,引发了人们对于未来社会是否可以完全交由算法来治理的无限遐想,而到那时法律的功能或将"死亡"③。完全用技术规范来治理社会的乌托邦也许在未来存在实现的可能,但至少在目前难以保证数据完整真实、算法也不能实现彻底透明和可解释的前提下,用技术来治理整个社会和国家尚面临很大的不确定性风险。面对日渐强势的算法治理形态,法律规范适用的空间也许会伴随社会自治空间的扩大而不断缩小,法治的运行成本也会因社会自治能力的不断提高和算法技术的深入运用而逐步降低,但法律在国家治理中的规范性功能不但不会死亡,反而会不断强化。伴随算法的法律化趋势与法律的算法化进程的相互激荡,处于算法与法律之间应是人工智能时代国家治理规范的发展趋势。

---

① 劳伦斯·莱斯格.代码2.0:网络空间中的法律[M].李旭,沈伟伟,译.北京:清华大学出版社,2009:89.

② 刘永谋.技术治理、反治理与再治理:以智能治理为例[J].云南社会科学,2019(2):33

③ 余成峰.法律的"死亡":人工智能时代的法律功能危机[J].华东政法大学学报,2018(2):5-20.

第三节　在算法与法律之间：算法的
法律化与法律的算法化

　　面对算法代码，我们既不能对其有过高的幻想，也不能无视算法在国家治理中日渐强大的现实。在算法的法律化趋势日渐凸显的背景下，要注意强化法律对算法的规范，算法代码需要法律规则的嵌入来保障其运行的有效和公平。因为，相对于作为技术治理形态的、突出治理效率而忽视道德伦理规范的算法治理来说，"法律是存在道德维度和价值理性的。它蕴含的对人的生存状态、自由、权利、尊严和价值的关怀和尊重，能够抵制技术治理过程中的非理性、非人道的因素，从而有效反拨因过度强调技术理性而导致的人的技术化、客体化和社会生活的技术化"①。同时，面对算法等技术规范在国家治理效率提升和国家治理绩效改进等方面作用的凸显及其嵌入程度的日渐加深，我们也需要积极推动算法技术在法律实施过程中的应用，推动法律的算法化进程，积极促进法律规范与算法技术的深度融合，利用算法技术来切实推动法治绩效的提升。因为，"不学习的法律可以应对一个具有高度确定性的社会，但是伴随着贝克所言的风险社会的到来，社会交往的复杂性和不确定性急剧提升，如果继续沿用不学习的法律，主要基于事后规制针对特定当事人进行治理，势必难以应对风险社会的各种问题"②。

一、算法的法律化：法律为算法立法

　　人工智能技术的出现和日渐成熟，在推动人类社会生产效率大幅提高并给人类生活带来极大便利的同时，伴随算法在市场治理、国家治理和社

---

① 郑智航.网络社会法律治理与技术治理的二元共治[J].中国法学,2018(2):122.
② 余成峰.法律的"死亡"：人工智能时代的法律功能危机[J].华东政法大学学报,2018(2):9.

会治理中应用场景的不断拓展和应用程度的不断加深，也对各主权国家的治理秩序和全球治理格局产生了一定程度的冲击，甚至对未来人类的终极命运构成挑战。面对人工智能可能带来的风险和挑战，我们应该清醒认识到"技术是在给定目的的前提下追求最优解决方案的活动，技术本身不是目的，也无法自动形成自己的目的。作为一种技术，人工智能也是服务于特定的人类目的的，我们应当追问：我们到底想用人工智能来干什么"①。数据的有限性和控制数据主体的主观性使得依据特定的数据集来学习和训练的算法自身存在不完备性，算法技术运行看似公正的背后可能是社会公正的缺失和对伦理规范的违背。因此，要想让人工智能技术始终处于为人类服务并处于人类可以控制的状态之下，就必须要控制好算法的设计过程和运行环节，而为算法立法，运用法律对算法进行必要的约束，以实现和维系代码的正义②，是应对算法的法律化趋势的内在要求和必然趋势。

首先，加快算法安全法和数据安全法等相关法律的立法工作。算法技术的日渐成熟，在使得算法应用场景有效拓展的同时，算法技术的权力特征也逐渐凸显，算法权力作为一种新型的权力形态正迅速崛起。算法权力的所有者是少数拥有数据和算法核心技术优势的互联网企业，资本的逐利性使得他们有利用数据和算法技术优势侵害公民合法权益并冲击现有以政府为主导的国家治理秩序的可能。而面对日渐强势的由资本主导的算法权力，各主权国家最有效的反制武器之一便是法律规范。目前，我国在算法和数据等方面的立法工作相对滞后。虽然《中华人民共和国网络安全法》已经出台，但是由于其规定较为笼统，算法设计和运行等方面的安全问题仍需要由专门的算法安全法来予以明确和规范。《数据安全管理办法》正处于征求意见阶段，但它属于国务院制定的行政法规，该法律规范的位阶与数据安全在人工智能时代的重要性不相称，笔者认为，可由全国人大或全国人大常委会来制定数据安全法，以起到有效提升各级政府的数据安全意识，并对资本利用数据的行为进行有效规范和约束，切实提高数据和算

---

① 郑戈.算法的法律与法律的算法[J].中国法律评论,2018(2):85.
② 马长山.智能互联网时代的法律变革[J].法学研究,2018(4):20-38.

法的安全性的作用。

其次，从法律层面构建以维护人类安全和社会公正为底线的透明化的算法设计和运行机制。"在理想状态下，法律是用经验浸润过的逻辑，也是用逻辑规整过的经验"①。为了确保新制定的法律在实施过程中的有效性，很多问题的立法通常滞后于经济和社会发展的实际，以实现运用法律逻辑来规整现实经验的目的。但是，在有关人工智能特别是有关算法问题方面的立法，不仅不能滞后，而且还应该适当地超前，因为人工智能算法的研发工作主要是由少数互联网企业控制的，而且算法技术的发展有存在脱离人类控制的可能。为此，我们要以维护人类安全和社会公正为底线，要求企业构建透明化的算法设计和运行机制，将确保人类安全、维护社会公正等准则写进算法代码，以最大限度破除算法黑箱，让"那些对结果抱有怀疑的人可以掀开'引擎盖子'看个究竟"②，确保算法在国家、政府和人民可以有效监控的范围内运行。

再次，强制建立算法自我终结机制。算法运行存在的风险主要来自算法的设计者和算法本身两个方面。以确保人类生命安全和社会公正为底线的透明化的算法设计和运行机制的建立，基本上可以确保算法在运行过程中存在的风险是总体可控的，不会对人类的生命安全和公正的社会秩序产生太大的冲击。但是，随着人工智能算法技术的不断发展，自主性越来越强的人工智能算法脱离人类控制的可能性也不断增大，给人类的生命安全和国家治理秩序的稳定带来了极大的风险。也许，脱离人类控制的超人工智能的出现还需要很长一段时间。但是，通过立法来强制算法研发主体建立算法自我终结机制是有效应对未来算法发展可能引发的诸多不确定性风险的有效手段。

最后，积极推动经过法律规约的算法在国家治理中的深度应用。利用何种规范来实现有效治理国家的目标，是国家产生以来一直在追寻的问

---

① 郑戈.算法的法律与法律的算法[J].中国法律评论,2018(2):77.

② 弗兰克·帕斯奎尔.黑箱社会:控制金钱和信息的数据法则[M].赵亚男,译.北京:中信出版集团,2015:262.

题。我国古代的商鞅变法，古希腊圣贤柏拉图在《法律篇》中对法律治国的构想等都是对如何运用法律来治理国家的积极探索。经过人类不断的探索，法治最终成为现代国家治理的首选，"实行法治是国家治理现代化的内在要求"①。在法治实施的同时，运用技术规范来约束个体行为和调节社会关系，以实现节约国家治理成本和提升治理绩效的目的，也是人类不断追求的目标。大数据时代的到来，使得万物以数据化的方式呈现，利用数据可以较为准确地对个体和组织的行为历程进行还原并对其未来的行为趋势进行准确的预测，为算法在国家治理中的深度运用提供了广阔的空间。算法本质上就是一系列程序代码的组合，属于典型的技术规范，经过法律规范后的算法可以在现代国家治理中发挥重要的约束个体行为和调节社会关系的作用，以实现节约国家治理成本和提升国家治理绩效的目的。目前，"从各国的具体实践来看，它们都在逐步改变过去以国家为中心的法律治理格局，把市场、社会等多方的力量纳入治理体系，突出技术治理等柔性治理方式的重要性"②。

二、法律的算法化：算法为法治提效

算法和法律作为约束个体行为和调节社会关系的两种规范类型，二者既存在明显的不同，也存在着密切的关联。一方面，作为不同的规范类型，算法和法律二者之间存在较大的不同。首先，两者倡导的治理导向存在根本的不同。法律治理以维护公平和捍卫正义为最高宗旨，彰显的是价值理性。算法治理以流程优化和效率提升为主要目标，践行的是工具理性。其次，在适用的灵活性上，算法可以根据具体应用场景的变化来生成规范结果，灵活性较强，效率较高。在具体的应用场景，我们需要以事实为依据、以法律为准绳来综合考虑如何适用法律规范，当遇到没有具体法律规范或者遇到在之前法律适用中没有遇见过的情形时，法律规范的调节

---

① 张文显.法治与国家治理现代化[J].中国法学,2014(4):6.
② 郑智航.网络社会法律治理与技术治理的二元共治[J].中国法学,2018(2):126.

作用可能会丧失。另一方面，算法和法律之间也存在着密切的关联，工具理性主导下的算法代码需要经过法律的规约和改造来推动算法治理空间的有效拓展。同样，价值理性至上的法律规范也需要借助于算法技术来提升立法的有效性、执法的公正性和司法的公平性，在利用算法提升法治效率的同时不断推进法律的算法化水平。算法在法治中的应用主要体现在在立法环节上的吸纳民意和回应社会关切，在执法环节上的提升执法效率和保障执法公平以及在司法环节上的节约司法成本和保障司法公正。因此，面对算法在国家治理中重要性的日渐凸显，我们在制定法律规范时，也要认真考虑如何有效拓展算法技术在立法、执法和司法环节的应用场景，在法律条文的编写上要朝着有利于算法搜索、分类和有效识别等方向努力，以切实推动法律的算法化进程。

首先，在立法方面，在充分利用算法对民意获取优势的同时尝试研发拥有深度学习算法的智能立法系统。哈贝马斯认为，法律的产生应基于社会成员之间的有效商谈，"对于如此产生的法律，守法者同时也是立法者，当守法者遵守的是自己参与制定或真心同意的法律，他们就不会感到受压迫和被强制。因为禁则和强制是自己施加或真实同意的。因而，这样的法律不仅具有事实的强制力，而且具有规范的有效性，即不仅具有合法律性，而且具有合法性"①。在现有的法律制定实践中，民意的收集和整理是一个较为费时费力且成效未必明显的工作，很多法律条款在制定后引发的争议在很大程度上源于立法环节对民意吸纳的不足。大数据时代的到来和深度学习算法的日渐成熟，为立法环节对民意的充分吸纳和对社会关切的及时回应提供了充分的可能。在大数据时代，人类的生产、生活和社会交往都以数据化的形式和状态存在。具有深度学习算法的人工智能机器通过对大数据的采集、提取、分类、处理和分析，可以较为准确地掌握社会公众关注的焦点问题，并真实地了解到社会公众的真实需求，从而为立法环节中新法的制定和既有法律的修改或废止提供充分的依据，有利于切实

---

① 高鸿钧.走向交往理性的政治哲学和法学理论(下)：哈贝马斯的民主法治思想及对中国的借鉴意义[J].政法论坛,2008(6):66.

提高公民对立法的满意度，进而提升民众遵守法律规范的自觉性，这样法律实施的成本也会随之大幅降低，立法目的也可以得到更好地维系。同时，为了提高立法的水平和质量，也为了使法律规范更好地被智能政务系统搜索、分类和适用，可以尝试研发拥有深度学习算法的智能立法系统来参与辅助立法工作，在有效减轻立法者负担和提升立法水平的同时，有助于法律规范语言与算法代码之间的有效衔接，有效推动法律的算法化进程。

其次，在执法方面，利用具有深度学习算法的智能执法系统提升执法效率和保障执法公平。法治效果的呈现，不仅依赖于良法的制定，也需要执法者秉公执法。如何在赋予执法者一定限度的自由裁量权以适应具体的执法场景需要的同时，又能够确保具有特定价值偏好和利益诉求的执法者能够高效且公正地使用自由裁量权来实现立法的初衷，是法律实施环节中的一大难题。算法在国家治理中的深度应用，为法律执行环节的效率提升和执法公平提供了有效的技术支撑。在法律实施过程中，借助于具有深度学习算法的人工智能机器，执法者在设定执法目的后，可以将具体的执法过程交给具有深度学习算法的人工智能机器来完成，这样不仅有利于提升执法效率，也有效地保障了执法的公正性。目前，智能执法系统在具体应用过程中遇到的难题之一是智能机器对法律规范很难做到有效识别和准确理解。随着智能机器参与立法程度的加深，法律规范的制定逻辑与算法代码的编写逻辑之间的融合程度会不断提升，执法智能机器对法律规范的识别和理解能力将随之大幅提高，算法在执法过程中的应用场景也将随之不断扩大。

最后，在司法方面，算法技术节约司法成本和保障司法公正。司法是捍卫法律尊严，保障公民、社会组织合法权利的最后一道防线，同时也是国家法治力量和资源配置最多的环节。司法活动能否有序开展和能否保证司法公正，与司法从业人员的法律素养和职业道德密切关联。目前，伴随深度学习算法技术的日渐成熟，在司法环节中的法律服务、材料整理、证据识别、辅助审判、裁判文书生成等方面，算法的应用程度日渐加深，我国的智慧法院和智慧检察院建设取得了显著的成效。算法在司法环节的应用，不仅有利于节约司法成本，也降低了社会公众接受法律服务的技术门槛和服务成本，有利于司法公正得到更好地维系。

人工智能时代的到来，使得网络空间和实体空间的边界变得日益模糊，工具理性主导下的用技术治理国家的乌托邦仿佛离人类已经很近。但是，由于数据和算法是算法治理的两大基石，数据在完整性和真实性上存在的瑕疵以及算法在设计和运行过程中的不透明性，使得算法治理本身存在一定的不完备性，算法代码难以实现对法律规范的完全替代。"面向智能革命时代，我们应在认识和分析现行法律困境的基础上，探索与科学文明相伴而生的制度文明，创制出有利于人工智能健康、有序发展的社会规范体系"①，而法律对算法代码的规范是算法在国家治理中应用场景得以不断拓展的前提和保障。同时，我们也要积极利用算法来推进立法、执法和司法等环节上法律规范与算法代码之间的有机融合，通过法律的算法化趋势来切实提升法治运行的绩效。在人工智能时代，算法治理的乌托邦既不会实现，法律也不会死亡。在算法的法律化趋势和法律的算法化进程相互激荡的进程中，人工智能时代的国家治理规范将既不是算法代码对法律规范的替代，也不是法律规范对算法代码的妥协，在算法与法律之间应成为人工智能时代国家治理的演进趋势。

---

① 吴汉东.人工智能时代的制度安排与法律规制[J].法律科学(西北政法大学学报),2017(5):133.

第八章 人工智能时代算法与权力的博弈：算法的权力和权力的算法

国家是人类社会发展到一定历史阶段的产物，实现国家和社会的有序治理是政治权力配置和运行的基本目标。长期以来，政府一直居于国家治理体系的中心地位。伴随移动互联网技术的快速发展、大数据的兴起和人工智能技术的日渐成熟，人类的交往方式和生存形式发生着剧烈变革，我们正步入算法时代。算法时代的到来，使得深度学习算法在国家治理和社会治理中的应用场景不断拓展，正在对由政府权力主导的国家治理格局产生重大影响，算法权力正迅速崛起。算法的应用在很大程度上推动着国家治理体系的渐趋完善和治理能力的不断提升，但也给政府在国家治理体系中的中心地位带来强烈的冲击，拥有算法和数据优势的巨型企业有成为"超级政府"的可能。如何利用好权力的算法来规约算法的权力，已经成为算法时代国家治理必须要面对的现实问题。

第一节 算法权力：一种新型的权力形态

有关权力问题的探究，通常会与政治联系起来，政治权力、国家权力、政府权力等都属于权力的范畴。人类自进入国家状态以后，国家权力的归属和权力的运作形式就成为国家政治生活的中心，也是政治学领域自古至今一直探讨的话题。亚里士多德将人看作天生的政治动物，他认为人不仅要生活在城邦中，关键是要参加城邦的政治生活。亚里士多德对人的政治属性的界定，是对当时希腊公民参与政治生活现实的回应和肯定，强调公民权利要服从于国家权力。此后，这一传统经历了罗马帝国和漫长的中世纪的沿袭①，到近代方才得以改变，公民权利伴随启蒙运动开始觉醒，规约政府权力、保障公民权利成为设计政府权力运行方式时要考虑的首要问题。但面对日益凸显的行政国家的现实趋势，政府权力在国家政治生活中的主导地位依然强势，由政府主导的国家治理结构依旧牢固。同样，在有着漫长中央政府集权传统的我国，权力本位在现代政治生活中色彩依然浓厚，政府通过权力主导着国家治理的格局。

伴随大数据时代的来临、人工智能算法取得重大突破及计算机算力的大幅提升，人类社会逐渐步入以数据、算法和算力为基石的人工智能时代，传统政府治理模式开始发生深刻的变革，政府权力与资本权力的博弈格局也随之发生微妙的变化，部分掌握了人工智能核心算法和海量数据的资本开始拥有了相对于政府的优势，算法权力开始逐渐在国家治理中发挥着愈发重要的功效。算法权力是一种人工智能技术平台的控制者凭借自身拥有的算法技术优势，在人工智能应用过程中产生的对政府、社会组织和公民个人等对象的技术权力。算法权力的拥有者可以以较为隐蔽的技术手段来比较轻易地实现其想要达到的目标。算法权力在实际应用过程中的具体表现是政府、社会组织和公民个人在决策和行为等方面对算法的深度依赖。目前，算法权力作为一种新型的权力形式，尚未完全被学界接纳，但这不妨碍我们对其内涵和特征进行探讨。

一、算法权力是一种技术权力

面对行政国家的兴起，如何规约政府日益扩张的权力，保障公民的权利成为国家治理的重要任务。政府权力之所以具有强制性，除了具备一定的合法性外，警察、法院、军队等对不服从政府权力的群体和个人形成了

---

① 中世纪虽然公民权利不是从属于国家权力，但是从属于神权，神圣的神权和世俗的王权成为公民权利的双重约束。

强大的威慑力。算法权力与政府权力不同，它本身不具备法律、法规等赋予的合法性，没有警察、法院、军队等暴力机关作为后盾，不具备政府权力拥有的天然强制性。从权力属性来说，算法权力作为权力的新形态，是一种技术权力，这种权力虽不具备天然的强制性，但是随着政府、社会组织、企业和公民个体等对其应用的依赖程度不断加深，算法逐渐拥有了对政府、企业和社会的某种技术上的强制力，算法权力可以凭借这种技术权力来完成对特定对象的控制。同时，随着人工智能技术应用领域的拓展和深化，算法拥有的这种技术上的强制力不但不会减弱，反而会不断增强，并且会呈现出权力向少数几个主体集聚的态势。如果核心算法技术仅仅被少数几家企业掌握，那么就可能会出现部分学者担心的算法独裁的问题。

二、算法权力包含算法本身的权力和数据的权力

算法权力包含算法本身的权力和数据的权力。其中，算法本身的权力是主权力，数据的权力属于附属权力。数据、算法和算力是人工智能的基本构成要素。人工智能概念于20世纪50年代被提出，但直到21世纪之后，算法的突破、大数据时代的到来和具备强大计算能力的计算机系统的出现，才使得人工智能技术在经济社会发展和政府治理各个领域的应用前景被打开，算法权力才日渐凸显。但是，离开了大数据和具备强大计算功能的计算机，算法权力也难以体现。因此，算法权力从内容上来说应该包括两层：算法本身的权力和数据的权力。数据是以文字、图片、视频、音频、地理位置信息、热力图等形式表现出来的。大数据时代的到来，使得我们每时每刻都在生产着数据，例如我们随身携带的穿戴设备会将我们身体的心跳、行动轨迹等数据实时地传递到各类应用平台，并存储在云端。但是，孤立的数据是杂乱的，本身没有价值，只有经过算法的深度挖掘，数据的价值才会显现。因此，数据的权力是附属于算法权力的，掌握了大量数据的主体如果没有掌握核心算法，也是难以获得和利用算法权力的。

三、算法权力的表面行使者和算法权力的真正拥有者大多是分离的

算法权力作为一种技术权力，主要是通过对大数据的分析和整理来利用数据的价值进而实现特定的目的。但是，算法权力的表面行使者和真正的拥有者之间并非完全重合，二者在绝大多数场合下是分离的，算法的使用者通常并非算法的研制者。表面来看，算法权力是属于使用以特定算法作为技术支撑的人工智能技术平台的主体。但实际上，算法的设计过程是封闭的，算法设计的原理也是不可解释的。算法权力在帮助使用主体完成任务和实现目标的同时，算法的设计者和研发者已经渐渐实现了对使用者的技术占领，并且其在无意中在帮助算法的设计者和研发者完成其最初设计算法的目的。因此，算法权力的真正拥有者通常不是算法的使用者，而是算法的设计者和研发者。如果算法的使用者和算法的设计者、研发者能合二为一，对使用者来说不存在安全风险，但是如果算法的使用者并不掌握算法的设计技术，那将会对使用者的隐私、数据安全甚至是人身、财产安全构成巨大隐患，而这正是我们需要认真设计政府权力算法的必要性和紧迫性所在，要用权力的算法来规约算法的权力。同时，我们需要的不仅仅是规约算法，而且还需要规约算法的设计者和研发者，要使他们公开算法的设计目的、设计原理和设计过程，做到算法的编制及其运行过程是透明的。

四、算法设计者和研发者的意图在很大程度上决定了算法权力运行的结果

算法权力运行的过程是人工智能技术平台在接入一定的数据平台后自动运行的过程，表面来看其是在独立的，不受任何人为的干预和影响，比政府权力的运行过程更加客观公正，且不易受人的情感波动和价值取向的

干扰。但这只是表象，一个算法在投入人工智能技术平台中运用之前，是由设计者和研发者来编制完成的，设计者和研发者的利益意图、价值取向甚至是意识形态导向等已经被植入算法过程中，算法的运行过程不仅仅是智能技术运用的过程，技术的背后体现的是设计者和研发者的意志，工具的外表下暗藏的是权力的归属。因此，算法在经济和社会发展中运用的结果如何，主要取决于算法设计者和研发者的意图。一方面我们可以利用算法来为政府治理和法律执行提供很好的便利。比如，人工智能可以通过对法院公布的失信人在网上的消费记录进行跟踪，来判定其所在的地理位置及相关账户交易信息，据此法院可以随时冻结失信人的银行账户并限制其在部分平台的交易行为，从而达到强制执行的目的。另一方面人们可能会利用智能算法来从事一些不太正当或者不道德的盈利行为，例如，现在社会已经出现的大数据"杀熟"问题，实际上数据是没有生命力的，不会对熟客有什么不当行为，但一些人会利用算法对特定消费群体消费数据的分析，了解其消费偏好，然后对其进行有针对性的消费欺诈。

第二节　算法的权力：算法权力在政府治理中的扩张

随着算法研发技术的不断演进，算法在生产、生活中的应用空间不断拓展，算法已经成为人工智能机器的核心技术，人工智能机器自身具备的算法的先进程度决定了其功能发挥的程度。机器学习算法的过程被称为机器学习，可以分为监督学习、半监督学习和无监督学习等类型。深度学习算法是一种基于多层神经网络技术的高级机器学习算法。深度学习算法的出现，推动了机器学习算法的巨大变革，加速了人工智能技术的研究进程。同时，算法权力的发挥需要数据的支撑。目前，人类社会数据化的存在状态正给算法的权力以充分的发挥空间。

一、算法营造公众舆论的权力

在西方，立法权、行政权和司法权是传统的权力划分类型。由于新闻舆论在监督政府运行、塑造公共政策议程和推动政府行为变革等方面的重要影响力，被习惯性称为"第四权力"。鉴于新闻舆论的重要性，各政党和利益团体都非常重视新闻媒体的影响力并希望对其进行有效控制。利用新闻舆论营造对自身有利的公众舆论，成为政党赢得竞选和部分利益团体推动政府出台对其有利的公共政策的重要手段。在传统媒体时代，要掌握舆论的主动权，要营造对自身有利的公共舆论，掌握必要的媒体资源是前提条件。进入移动互联时代后，自媒体愈加发达，每个人都成为信息发布的平台，微信、微博等媒介随时可以向外界推送信息，一个政党或团体想要通过控制媒体来营造有利于自身的公共舆论难度非常大。但是，拥有人工智能技术优势的一些企业可以通过自身设计的算法来完成特定舆论的营造。为了达到营造公众舆论的目的，拥有先进深度学习算法的人工智能平台，可以从海量的数据中有效提取特定的目标群体，然后将编制好的信息和带有鲜明导向性的评论定时定点向这些目标群体进行推送，这样可以在较短时间内激发社会公众对于某个新闻事件的关注，进而达到营造公共舆论的目的。

进入移动互联时代后，人类的阅读习惯已经发生了变化，各种微信公众号和新闻客户端等推送的文章、新闻成为人们阅读的主要内容。长期阅读相似的信息内容，会对一个人的价值观和思维认知产生很大影响。当前，人类在阅读内容的选择上看似是自由的，实际上只是在微信公众号和新闻客户端等平台推送的信息中做出有限的选择而已。而向谁推送、何时推送、推送什么信息内容的背后都潜藏着算法的轨迹，算法已经在很大程度上拥有了改变和固化人们思维、营造新闻舆论的权力，"从本质上说，算法在整个新闻生产和分发链条上起着信息匹配中介的作用，它将计算机程序设计中连接输入数据和输出数据的两端贯穿起来，通过把关、映射、修辞、决策等功能应用于新闻选题、内容生产、新闻游戏、新闻推送和用户决策等场景。凭借垂直领域开放平台的接口或平台授权,算法在庞大的数据支持下精确迅捷地抓取、生成、发布和推送资讯,最终实现对新闻内容生产环节和分发环节的再造和变革"①。

二、算法主导政策议程的权力

制定公共政策是政府的权力和职责,也是政府管理和控制经济、社会等领域的重要手段。在传统的公共政策议程中,政府作为政策主体在社会问题的感知、社会问题向政策问题的转化和政策问题的确认等环节上具有完全的主导地位,政策方案通常也是由行政首长依据一定的价值判断和利益考量做出的选择。随着移动互联时代的到来及云存储和云计算技术的突破,人类的存在和交往形式正逐渐数据化,我们日常的行为和交往记录被以各种各样的图片、运行轨迹、数字、文字、音频、视频等数据形式存储下来,社会每天产生的数据量以惊人的速度增长,为深度学习算法的不断演进提供了强大的学习素材,算法主导公共政策议程的权力也随之不断增强。

政策问题是公共政策议程的起点,政策制定以政策问题的有效识别和准确界定为前提,而与政策问题相关的数据和信息的获取程度对政策问题的界定非常关键。具备深度学习功能的人工智能技术平台,可以通过对数据的智能提取和分析,给政策主体提供其想要获取的信息,作为其对社会问题感知和准备将哪些社会问题转变为政策问题的依据。在政策方案的设计和选择环节,人工智能技术平台提供了各种政策备选方案以及对各种方案的成本、收益的估算分析,给政策制定主体选择方案提供了重要的参考,人工智能算法在政策制定中的功能正愈发强大。

人工智能算法在公共政策制定中的应用,降低了政策制定者收集决策信息的难度,减轻了整理和分析信息的工作量,节约了政策分析的成本,

---

① 张淑玲.破解黑箱:智媒时代的算法权力规制与透明实现机制[J].中国出版,2018(7):49-50.

提高了政策方案编制的科学性和准确性，扮演着非常重要的辅助决策的角色。随着人工智能算法在政策制定中功效的日渐凸显，政策制定主体对人工智能的认知也由传统的由人工智能辅助决策转变为依赖人工智能决策，甚至少数决策者认为人工智能可以解决一切社会问题。政策制定主体对人工智能技术的依赖程度越深，人工智能算法主导公共政策议程的权力就愈发地凸显，只是算法权力在公共政策议程中的强势支配地位比较隐蔽罢了。表面上看，作为政策制定主体的领导和工作人员控制着公共政策制定的全过程，实际上他们的决策大多是以人工智能算法的运行结果为依据的，而那些设计和掌握人工智能核心算法的企业正成为算法权力的拥有者和支配者。因此，与传统权力不一样，算法权力的运行过程看似公开透明，但由于算法设计过程是封闭的且体现的是算法设计者的利益意图和价值判定标准，对算法权力的规约和监管比对政府权力的监督更加复杂而艰难。

三、算法控制政策执行的权力

政策执行是政策执行主体依据一定的原则和权限，通过一定的程序来实施政策，以达到实现政策目标的过程。政策执行的程度直接影响到政策执行的绩效，进而影响到政策目标实现的程度。传统上的政策执行主要是政策执行主体及其工作人员的行为，他们拥有一定限度的自由裁量权，执行人员的工作能力、方法和态度在很大程度上决定了政策执行绩效的高低。由于政府行政编制、行政运行经费、工作时间有限和政策执行环节较多等因素的限制，政策执行者在目标群体的筛选和精准识别、不同群体的具体特征和特殊情况的掌握等方面面临信息不完全的困境，政策执行效果随之受到影响。大数据时代的到来和深度学习等算法的不断成熟，为人工智能在政策执行领域中的深度应用提供了可能。"通过人工智能，可以有效识别行政流程中的冗余环节，并以远超人力的形式形成公文流转过程，从而提高整个政府内部的行政流程效率"①。政府工作人员在设置一定的政策执行标准后，人工智能技术平台就可以在海量的数据中进行智能筛选，将符合条件的对象精准识别出来，按照政策执行的目标来完成相应的操作环节，不仅提高了政策执行的速度和准确率，也大大降低了政策执行的成本，减轻了工作人员的压力和负担。

人工智能技术在政策执行环节中的应用，在有效提升政策执行绩效的同时也造成政府部门及其工作人员对人工智能的技术依赖问题，部分政策执行环节已经部分或者完全由人工智能技术平台完成，很多政策执行主体及其工作人员已经将人工智能技术平台作为政策执行的主要依靠。例如，在社会保障和精准扶贫工作中，低收入群体的界定是做好社会保障和扶贫工作的关键前提，人为识别是必要的环节。但很多地区和部门人员在具体工作中，不愿意实地走访，仅仅简单地将数据分析的结果作为判定低保户和贫困户的标准。数据虽然是决策和政策执行的重要依据，但是由于统计口径、统计时间和统计标准等方面存在的差异，很多数据还存在一定的瑕疵，需要政府工作人员去进行实地核实。目前，越来越多的地方政府已经或正在联合人工智能技术供应商开发各种类型的智能政务平台，这些平台的核心技术就是算法，而支撑这些平台的算法绝大多数都是由少数大企业掌握的。同时，在平台运行过程中大企业获得了更加多的数据，数据和算法的叠加更加强化了企业的技术优势。

与传统的技术手段在政府治理中扮演的辅助决策和执行角色不同，人工智能技术在政府治理中的深度应用已经使人与技术手段的关系发生反转，人从技术的主体成为技术指令的接受者，技术开始掌握主动权。例如，城市大脑系统在投入使用后，虽然实现了城市交通管理的智能化，但是交警也成为阿里云视频识别算法的指挥对象，政策执行主体变成了算法权力的执行者。

---

① 何哲.人工智能时代的政府适应与转型[J].行政管理改革,2016(8):57.

四、算法影响政策绩效评估的权力

政策绩效评估是公共政策议程的关键环节之一，是政策绩效评估主体依据一定的公共政策绩效标准和评估指标，运用一定的评估方法和手段，对特定的公共政策执行后的业绩和效果进行评估的过程和结果。政策绩效评估是衡量政策制定质量和政策执行水平的重要指标，绩效相关数据的收集和客观公正的评价是做好政策绩效评估的关键。传统的政策绩效评估，受制于数据收集、整理、分析的难题和政策绩效评估主体的认知局限，特定政策的绩效评估结果往往会存在一定的偏差。而进入大数据和人工智能时代后，政策制定和政策执行的过程及其结果以数据化的形式呈现出来，算法可以有效地识别与绩效评估指标相关的数据，并据此作出较为准确的评估结果。人工智能技术在政策绩效评估环节的应用，大幅提高了政策绩效评估的效率和评估结果的准确性。目前，我国很多地方政府已经开始依靠人工智能技术平台来监控和评价政府部门及其工作人员的行为绩效。

"计算机系统隐含的偏见和利益取向多年前就已引起广泛关注。多项研究均显示，软件产品具有隐蔽性的特征，特定的权力结构、价值观和意识形态已经事先被嵌入其中。在软件的遮蔽下，'有限性、许可、特权和障碍'等限制不易被人察觉。"①算法作为计算机程序之一，也存在隐蔽性的特征。在人工智能介入政策绩效评估的过程中，存在一定的黑箱操作的可能。数据是人工智能的输入项，输入项与输出项之间的人工智能运作过程就是算法在起作用。由于算法的编制基本上是由企业在封闭的环境下独立完成的，大多数算法是不可解释的，政府及其相关部门无法掌握算法设计者的意图和设计原理，因此也就存在黑箱操作的可能性，看似公正的政策绩效评估结果的背后可能隐藏着特定的利益追求和计划安排。如果完全将政策绩效评估的任务交由人工智能系统来完成的话，研发算法的企业无疑将成为政策绩效评估权力的真正拥有者。

---

① 张淑玲.破解黑箱:智媒时代的算法权力规制与透明实现机制[J].中国出版,2018(7):50-51.

第三节　权力的算法：用权力的算法来规约算法的权力

算法权力作为一种新的权力形态，其技术性的表象隐藏了权力的强制性特征，导致算法权力在国家政治生活和经济社会发展中的扩张不易被人察觉。而正是在这种背景下，算法权力正在逐步建构起技术权力对政治权力的优势，使得传统的由政府权力建构的治理秩序面临深刻的变革。目前，拥有算法和数据优势的人工智能企业是否对国家治理构成挑战，关键不在于一个组织是否有意愿成为超国家组织，而在于其是否有能力成为超国家组织。如"剑桥分析"等一些大型互联网企业，由于掌握了海量数据，对民众的影响力甚至比普通国家机器还要大。公司、社会组织、非营利组织等非政府玩家，掌握过多数据，将会形成不对称权力，或将对国家和社会治理构成挑战。面对算法的权力，一方面我们不能因其导致的现实和潜藏的风险就束缚其发展，另一方面也不能放松对算法权力给治理秩序可能带来的冲击的警惕，用权力的算法来规约算法的权力，是主权国家和政府面对算法权力不断扩张的必由之路。

权力的算法是指在算法时代决定权力运行方式和主导权力运行过程的算法。权力的算法包括权力算法的设计和权力算法的运行两个方面。伴随人工智能时代的到来，政府治理模式正发生着深刻的变革，智能治理作为一种新型的治理形态正日渐成熟。在智能治理时代，政府权力运行的算法化趋势不断强化，政府治理实际上就是政府通过算法来实施治理。政府权力的算法不同于一般企业研发的商业用途的算法，政府权力算法的设计不仅要着眼于提高行政效率，也要注重多元价值的平衡，体现出公平公正性。因此，在权力算法的设计方面，面对由少数超级企业主导的算法权力及其可能给主权国家治理秩序带来的隐患，政府要主导权力算法的设计标准和设计过程。同时，在权力算法的运行方面，针对政府治理日益由人工智能算法主导的趋势，政府要通过构建由其主导的智能政务系统、大数据系统、透明化的算法运行机制和人工智能自我终结机制等来确保其在智能时代政府治理过程中的主导地位，以有效地防范、控制和化解算法权力给政府权力运行带来的各种现实的和潜在的风险。

一、政府主导智能政务系统核心算法的标准制定和研发过程

人工智能时代的到来，权力技术化特征日渐明显，数据和算法成为竞争和博弈的核心筹码，谁掌握了海量精准并实时更新的数据、谁拥有强大的算法研发能力，谁就能在权力的角逐中赢得优势并取得胜利。在人工智能时代，政府在数据和算法上都不占优势。相比之下，少数互联网巨头企业凭借其开发的用户量巨大的社交、消费、工作和学习等应用平台，可以较轻松地获取海量的数据信息，然后再通过其自身研发的算法完成对数据价值的深度挖掘和最大程度的利用，进而树立起对政府权力的技术优势。目前，我国各级政府正在大力推动利用智能政务平台来处理政务，不见面审批等已成为现实。智能政务平台的利用在方便民众办事、降低行政运行成本和提高行政效率的同时，也使得政府与民众的面对面交流越来越少，政府对算法开发企业的技术依赖越来越重。我国现有的智能政务平台基本上都是由少数几家大企业提供的，政府独立研发的很少。为此，我们需要抓紧建构以政府信息产业部门、国有控股的信息技术企业等为主体，由政府掌握的算法设计研发机构，确保核心智能政务系统的算法由政府自身掌握，打破政府对少数企业的算法依赖，保证智能政务平台运行的安全。同时，政府需加快发展包括算法和数据分析在内的多项技术，增强自身使用人工智能进行分析和决策的能力，使政府在人工智能领域处于领导地位。

二、建立由政府主导的国家大数据系统

算法权力作为技术性权力形态，其作用的发挥需要一定的数据作为支撑。在人工智能时代，"随着大数据技术的不断演进和应用持续深化，以

数据为核心的大数据产业生态正在加速构建"①。近些年来，我国各级政府非常重视大数据的应用，并积极推动大数据产业的发展。为此，国务院于2015年8月专门出台了《促进大数据发展行动纲要》（国发〔2015〕50号），为此后很长一段时期内我国大数据产业的发展指明了方向。目前，我国的很多地方政府也成立了专门的大数据管理机构。深度学习是人工智能技术平台具备的高级学习功能，通过输入海量的数据，机器可以自主地完成符合算法目标的训练任务，通过多次不间断的学习和训练，人工智能技术平台具备的功能不断提升，在政府治理和经济社会发展领域中的应用不断增强，算法权力的空间也因此得到有效拓展。数据权力是算法权力的附属权力，也是算法权力的重要支撑，离开了大数据的供给，再先进的人工智能算法也会因没有训练素材而导致机器功能难以有效提升，算法的权力将无法表现出来。目前，从全社会数据的分配格局来看，政府虽然掌握了主要的数据，但是由于政府"不同部门的数据储存在不同地方，格式也不一样，这就使得数据整合起来出现困难"②，政府掌握的数据的价值并没有充分发挥出来。在人工智能时代，面对已经拥有一定数据存储和处理技术优势的大企业，在大数据存储和处理技术上处于弱势地位的政府应该努力掌握大数据的主导权，以实现有效防范算法独裁风险和引导人工智能技术积极发展的目的。目前，"我们正走进包含着大数据的时代，大数据已经开始影响我们社会生产和生活的各个方面，然而，与这个时代相适应的真正的大数据思维尚未建立"③。为此，我们需要抓紧建立由政府统计部门和大数据管理机构共同主导的国家大数据系统，统一大数据的统计口径、传递方式和提取使用标准，各智能应用平台运行过程中产生的数据要与国家大数据系统进行有效对接，确保全社会数据的互联和共享。当前，"面对大数据对个人隐私潜在的威胁，我们必须重视智能革命时代隐私权

---

① 黄时进.重塑空间：大数据对新城市社会学的空间转向再建构[J].安徽师范大学学报（人文社会科学版），2018（4）：100.

② 徐圣龙.大数据与民主实践的新范式[J].探索，2018（1）：71.

③ 张康之，张桐.大数据中的思维与社会变革要求[J].理论探索，2015（5）：10.

的保护"①，而国家大数据系统的建立，一方面可以有效推动数据价值得到最大程度的发挥，另一方面也可以使得政府有效监控各平台企业对数据的提取和利用情况，防止数据霸权的出现，从而实现有效抑制算法权力的目的。

三、建立透明化的算法运行机制破除算法黑箱

算法权力与传统政府权力不同，政府权力从法理上说来源于人民，人民的同意和认可是政府权力获得和合法性得以维系的前提，其自身的运行存在内部自律和外部监督机制的规约，对权力运行有效性的考量以及官员连任和晋升的压力构成了政府权力运行的内在约束机制。政府权力的行使者必须要积极回应社会公众的关切，推动透明政府、回应性政府建设。而算法权力作为一种技术权力，是一种事实性的存在，本身不存在权力的合法性和有效性的问题。由于算法的设计过程是不透明的，算法设计充分体现了算法设计者的意图和目的，算法的研发过程中存在黑箱操作的空间和可能，人们在很大程度上只能被动接受算法运行的结果。正是因为算法设计存在黑箱运作的风险，国家需要加强对算法研制方面的立法，加大有关推动算法可解释性的政策供给力度，增加算法的可解释性，确保算法设计回应社会的关切和民众的需求，建立透明化的算法运行机制，让"那些对结果抱有怀疑的人可以掀开'引擎盖子'看个究竟"②。同时，国家也需要大力推动拥有核心算法优势的算法研制企业开放自己的人工智能算法平台，尽可能降低算法领域的技术壁垒，推动算法技术的共享，有效抑制算法独裁的空间，让更多的主体可以享受到人工智能技术应用带来的福利。

---

① 吴汉东.人工智能时代的制度安排与法律规制[J].法律科学(西北政法大学学报),2017(5):132.

② 弗拉克·帕斯奎尔.黑箱社会:控制金钱和信息的数据法则[M].赵亚男,译.北京:中信出版集团,2015:262.

四、建立人工智能自我终结机制来防范由算法运行带来的安全风险

伴随算法时代的到来，算法等新技术重塑着"国家—社会"关系，在新技术环境下，巨大的"利维坦"与更多新人群、新组织、新社会力量的关系将变得陌生起来，社会权力的无序运行对国家政治安全施加了严峻考验[①]。特别是深度学习算法的出现和不断成熟，在推动人工智能应用场景不断扩大和应用程度不断加深的同时，也给公共安全带来很多不确定性的风险，甚至危及整个人类的安全。部分学者认为算法的应用，有可能会引发"算法战争"，虽然这种预测未必会成真，但是由于算法设计都具备一定的意图和目的，算法运行的风险是不能忽视的。为此，我们需要从法律规制、伦理教育和技术规范等方面来建立和完善算法监管机制。在法律规制上，要将不危害人类生命、公共安全和不侵害公共利益作为算法设计的准则。在伦理教育上，要将不侵犯个人隐私、不违反公序良俗等作为算法设计和运行的伦理规范。在技术规范上，要引入人工智能自我终结机制，一旦人工智能算法脱离了人类掌控，将启动人工智能自我终结程序，以确保算法运行始终处于人类可控范围之内，将维系人类生命安全作为人工智能算法研发和应用的底线，防范算法权力对人类生存构成的威胁。

五、构建全球算法治理机制

经济全球化的实质是资本的全球化，深度学习等算法的出现和应用场景的拓展，不仅有可能危及主权国家的安全，也会对全球治理体系和治理秩序产生很大的影响。"针对人工智能技术的两大重要基础——大数据和算法，很难形成以国家为界的封闭式治理，其天然涉及到一系列跨境治理

议题。"①在应对算法权力及其给国家治理带来的冲击等问题方面，仅仅依靠单个国家的努力是很难完成的，构建全球算法治理体系是解决全球算法治理难题的必由之路。为此，各主权国家之间需要摈弃以邻为壑的思想，采取主动合作的姿态，构建以主权国家为主体、相关国际组织参与的全球算法治理体系。这一算法治理体系，主要对算法设计、研发和应用过程中涉及的国家主权、道德伦理、法律规制、人工智能犯罪防控等方面问题进行积极的协商和沟通，为相关算法治理机制的出台提供良好的平台和空间。

以主权国家为主体、有关国际组织参与的全球算法治理体系的构建，为在全球层面上对算法权力进行监管和规约提供了难得的治理框架。在此框架内，各主权国家和国际组织首先应该本着对国家主权的尊重和对智能时代人类命运的终极关怀，加强在应对数据霸权和防范算法独裁等方面的技术合作力度，积极推动全球范围内的算法研发和运行透明机制的建立，将算法应用过程中可能出现的风险控制在人类可以预见并能有效应对的范围内。其次，推动为国际社会所接受的有关算法设计、研发和应用过程的伦理准则和道德规范的制定。"算法及其决策程序是由它们的研发者塑造的，在细节上渗透着研发者的主观特质。"②也许算法是没有偏见的，但是我们不能确保算法的设计者、研发者和使用者也是无私的，构建为国际社会所接纳并能够让算法设计、研发和使用者自觉遵守的伦理规范和道德标准是在全球层面规约算法使用和防控算法独裁的重要前提。

第四节　推动算法权力与政府权力从博弈走向融合

算法和数据是人工智能的重要构成要素。人工智能算法的突破，使得人工智能技术的发展发生了巨大变革，推动了人工智能技术从单纯执行人

---

① 俞晗之，王晗晔.人工智能全球治理的现状：基于主体与实践的分析[J].电子政务，2019(3)：9.
② 汝绪华.算法政治：风险、发生逻辑与治理[J].厦门大学学报(哲学社会科学版)，2018(6)：34.

类设计指令的弱人工智能时代向具备自主行为能力的强人工智能时代的发展。同时，大数据时代的来临，进一步加速了弱人工智能向强人工智能发展的进程，使得人类社会的生产方式、生活方式和国家治理方式等发生了深刻的变革，引发了算法权力与政府权力之间的深刻博弈。但是，我们也要看到，技术变革既可以推动政府治理手段的创新，也可能推动治理机制的创新，最终变革政府治理范式。因此，我们在利用权力的算法来规约算法的权力、防范和化解算法权力对政府权力带来的冲击的同时，也要积极适应人工智能算法的发展趋势，积极利用算法来为国家治理服务，推动算法权力与政府权力从博弈走向融合，做好技术理性和价值理性的平衡，迎接智能治理时代的到来。

一、推动政府治理范式从传统治理向智能治理转变

算法权力是一种技术形态的权力，算法权力如何行使及其引发的后果如何，取决于设计算法和实际掌握算法的主体。在政府自主研发和保障智能政务平台算法安全的前提下，作为技术的算法本身并不会对政府权力构成冲击，反而会对政府治理体系的完善和治理能力的提升起到很大的推动作用。目前，处于复杂社会中的现代政府，面临的治理任务日渐增多，治理难度不断增大，治理风险高度集聚，对此，必须要借助于拥有深度学习算法的人工智能等技术手段来实现政府治理成本降低和政府治理能力提升的目标。政府需要在保障政府权力运行安全的前提下，积极发挥算法在政府治理中的作用，推动算法权力与政府权力从博弈走向融合，推动政府治理从传统治理范式向智能治理范式的转变。

二、在国家治理实践中注重技术理性和价值理性的平衡

智能治理作为一种新型的治理形态，已经在很多地方政府的治理实践中初露端倪，智能治理时代的到来指日可待，政府借助于先进的智能技术

平台可以大大减轻治理的负担，提高治理的精准性，实现精细化治理的目标。但是，伴随人工智能技术平台在政府治理中应用场景的不断拓展，政府治理对于人工智能技术的依赖性越来越大，政府的工作人员逐渐丧失了在政府治理中的主动性。对此，我们需要进行深刻的反思。政府治理面临的问题不仅繁杂，而且充满了不同主体之间价值的分歧和利益的分化，对此，既需要先进的算法等技术手段的驱动，更需要价值理性的指引，充分发挥政府工作人员在政府治理中的主动性和积极性。在算法权力的表象之下是算法设计者和算法拥有者的特定的价值取向和利益诉求。因此，在可能会出现的智能治理时代，政府要发挥在智能治理中的主导权，拥有先进算法的智能机器只能被作为辅助政府及其工作人员进行治理的手段。同时，在注重技术理性的同时，也要做好价值理性的培育，做到技术理性和价值理性的平衡，确立政府主导和算法辅助的政府治理格局。

第九章　人工智能时代的政府治理：适应与转变

　　治理作为一种运行机制或者制度安排，是区别于传统的统治和管理而言的。治理作为一种理念，是 20 世纪 90 年代在全球范围内逐步兴起的。对于治理的内涵，不同的学者给出了不同的解读结果，其中，全球治理委员会的界定较为权威。全球治理委员会于 1995 年将治理定义为"'各种各样的个人、公共的或个人的团体处理其共同事务的总和'，通过这一持续的过程，'各种相互冲突的利益和不同的利益可望得到调和，并采取合作行动'；它是'对人类的生存和发展问题做出总体的对策'的不断协调的回应性进程"①。

　　政府治理是治理的重要领域，是特定的政府治理主体为了实现既定的治理目标，运用一定的治理手段对治理对象实行管理和调节的机制和过程。治理主体的拓展和治理手段的技术水准，是制约和影响政府治理效能的两大关键因素。伴随人工智能技术的不断成熟和广泛应用，政府治理迎来了重大变革的机遇期，推动着政府治理体系和治理能力现代化的进程，智慧治理成为政府治理的常态，智能治理时代也悄然来临。同时，人工智能在政府治理领域中也面临很大的挑战，如科层制行政体制带来的"条"数据和"块"数据如何共享、个人信息安全如何保障、行政伦理问题凸显等。因此，积极利用人工智能技术降低行政运行成本、提高行政运行效率、有效回应并化解人工智能在政府治理应用过程中遭遇的瓶颈和障碍，是探索人工智能与政府治理之间关系的重要课题。

---

　　① 李龙,任颖."治理"一词的沿革考略:以语义分析与语用分析为方法[J].法制与社会发展,2014(4):23.

第一节　迎接智能治理时代的到来

20世纪90年代以来，伴随着互联网的快速发展，人类进入了互联网时代，电子政务成为政府治理的重要形式，电子政府悄然兴起。21世纪初，大数据时代来临，人工智能技术开始在政府治理中发挥作用。在强大的计算能力和先进的算法的处理下，原本孤立、冰冷的数据价值被不断深度挖掘，运用数据分析和处理的结果来解决政府治理遇到的难题成为政府治理的常态，智慧城市、智慧交通、智慧社区等智慧治理形式不断涌现。智慧治理是运用智能化的治理工具来实现治理的智能化的治理形式，在控制政府治理成本、降低治理难度的同时可以有效提升政府治理的水平和质量。随着人工智能技术的不断成熟，未来人工智能将会逐渐从弱人工智能发展成为强人工智能。弱人工智能虽然具备运用数据分析、推理和解决问题的能力，但其还是人造的机器，并不具备独立的自主意识，智慧城市、智慧交通、智慧社区等智慧治理的各种形式背后隐藏的还是人类的智慧。不同于弱人工智能，强人工智能不仅具备运用数据分析、推理和解决问题的能力，还具备自主的意识，可以根据具体应用场景的变化来提供具体的解决方案，实现了智慧治理向智能治理的转变。"从全球人工智能产业发展境况看，当前人类科技在如何唤起机器意识上还面临诸多难题，整体而言依然停留在较'弱'的阶段上，但随着相关技术的不断发展，尤其是大数据技术的不断成熟，目前的新一代人工智能无论在知识学习还是人机融合上，较之以往已有了巨大的飞跃和突破，在实现由'弱'到'强'的转变中正缓慢加以递进，并为各类机构的发展提供了更为智能的支撑"[①]，可以预见，国家治理也将逐步进入智能治理时代。

---

① 胡洪彬.人工智能时代政府治理模式的变革与创新[J].学术界,2018(4):76-77.

一、智能治理时代的到来

治理是一种与统治和管理不同的处理事务的理念，强调通过多元治理主体的积极参与以达成有效的共识机制来规范和约束彼此的行为，最终实现"善治"的目标。国家治理作为多种治理类型中的一种，是治理主体依据一定的治理权限和治理规则，运用一定的治理技术和手段来实现特定治理目标的行为过程。国家治理是治理艺术和治理技术的统一。为了实现和维系特定的国家治理秩序，治理主体在不断更新治理理念和有效运用治理艺术的同时，还需要利用和依靠一定的技术手段来提升国家治理的水平和能力。同时，治理技术和治理手段上的变革，也在很大程度上决定了国家治理具有阶段性特征，国家治理形态的变迁与人类社会的重大技术变革之间存在密切的关联。自治理理念被引入国家事务管理中以来，伴随用于国家治理、社会治理中的技术和手段的日渐成熟，国家治理谱系大体经历了传统的科层式治理、"互联网+"治理和智能治理三个阶段。科层式治理是指依靠传统的科层制的行政管理体制，来完成国家治理任务和实现国家治理目标的治理形态。科层式治理从本质上来说是传统的科层体制与现代治理理念的有机融合。但由于传统的科层制体制以纵向的层级划分和横向的职能分工为主要特征，这导致条块分割明显和等级分工明确的科层制体制与治理本身内含的开放、多元的理念之间难以有效兼容，公民、企业和社会组织等主体参与国家治理和社会治理的主动性和积极性不高，国家治理现代化目标的实现需要推动科层式治理形态进行相应的变革。

伴随互联网时代的到来，互联网技术在国家治理中的影响不断扩大，各级政府及其职能部门纷纷开通了门户网站，各种类型的电子政务平台也不断出现，国家治理实现了线上治理与线下治理的有机融合，公民、企业和社会组织参与国家治理和社会治理的技术门槛大大降低，参与治理的成本也随之下降，"互联网+"治理开始成为国家治理和社会治理的主流形态。互联网的出现及其技术的不断成熟，改变了传统的国家治理范式，使得国家治理的运行效率得以大幅提升。但是，互联网只是实现了人与人、组织与组织、人与组织之间的互联，并未真正实现万物的互联互通，互联网驱动下的国家治理范式并未出现颠覆性的变革，主导国家治理的主体依然是由人类按照一定结构模式组成的各种类型的组织，国家治理水平的提升和治理绩效的改善仍有赖于国家治理范式继续发生深刻的变革。而物联网技术的出现，实现了万物之间的互联互通，社会的运行状态、个体的行为过程、物体的位置和运行轨迹等都能以数据的形态呈现出来，为人工智能在国家治理中应用场景的不断拓展和应用程度的不断加深提供了无限的可能。人工智能依据大数据，能够较为快速准确地完成在之前看来非常复杂甚至是人类不可能完成的治理任务，国家治理的形态也随之发生着深刻变革，智能治理形态日渐凸显。如表9-1所示，与传统的科层式治理和较为现代的"互联网+"治理相比，智能治理在治理的主体、治理的依据、治理的标准和价值取向等方面具有根本性的不同，在一定程度上预示着一种新型治理形态的到来。

表9-1　国家治理形态

治理形态	科层式治理	"互联网+"治理	智能治理
社会形态	工业社会	互联网社会	智能社会
治理主体	科层制组织	互联网嵌入下的科层制组织	人类和人工智能
治理依据	小样本数据	小样本数据	大样本或全样本数据
治理标准	效率和规范	效率和民主	科学化和智能化

首先，在治理主体上，人工智能将成为智能治理时代的治理主体。智能治理与科层式治理和"互联网+"治理在治理主体的构成上存在着根本性的差异。在工业社会的科层式治理和互联网社会的"互联网+"治理等治理形态中，人及由人组成的不同类型的组织始终是治理的主体。但是在智能治理形态中，实施治理的主体将不再完全是人类和由人类构成的各种类型的组织，具有深度学习算法的人工智能有逐步取代人类成为治理主体的可能。目前，在国家治理中广泛应用的人工智能技术平台虽然都是由人

类设计出来的，但这些人工智能技术平台在运行过程中呈现出来的自主行为能力正不断增强。伴随人工智能技术在国家治理中应用场景的不断拓展和应用程度的不断加深，人工智能在国家治理中扮演的角色已不再单纯是治理的技术手段，人工智能已经具备了根据具体应用场景自主生成治理指令来完成特定治理任务的能力，人类与人工智能在国家治理中的关系正发生着深刻的改变。如果不对人工智能在国家治理中的应用进行适当的引导和规约，人类利用人工智能来实现治理可能会演变成人类听从人工智能指令来治理，人工智能主导国家治理的时代在将来可能成为现实。

其次，在治理依据上，小样本数据被大样本数据甚至是全样本数据取代。数据及通过处理和分析数据所得到的信息，是国家治理的重要依据。传统的科层式治理和"互联网+"治理在识别治理需求、界定治理问题、设计治理议程和选择治理方案时，通常依据的是数量有限的小样本数据。"小数据是人们有意、主动测量与采集的数据，是对选择性对象的追踪、记录、分析获得的精准信息，并且力图探求数据之间的因果联系，寻找研究对象或事物的内在逻辑。"①由于数量有限且样本选择带有很强的主观随意性，依据小样本数据界定出的治理问题和制定出的治理方案，必然存在一定程度的瑕疵。而智能治理则不同，智能治理依据的是大样本甚至是全样本的大数据。大数据不仅在数量上巨大，而且具有生成和传输速度快、形式多样、客观性强和真实度高等特点。利用具有强大计算能力和深度学习算法的人工智能系统，对大样本甚至全样本数据进行实时的处理和有效的分析，可以对治理需求进行较为准确的识别，为治理问题的准确界定、治理方案的科学设计和选择提供充分且可靠的依据，有助于国家治理水平和绩效的显著提升。

最后，在治理标准上，科学化和智能化所体现的技术导向正日渐成为国家治理的主要取向。国家治理在依靠治理技术的同时，也表现出鲜明的价值导向，民主便是现代国家治理应遵循的重要价值取向之一。科层式治理虽然强调严格的纵向分层和严密的横向分工，但是在治理指令的生成上

---

① 赵丽涛.大数据时代的关系赋权与社会公正[J].探索与争鸣,2018(10):101.

也强调决策过程的民主。"互联网+"治理在大幅提高行政运行效率的同时，也为民众参与公共政策议程提供了更多的便利，原本横亘在政府与民众之间的互动限制大为减少，网络问政成为可能，政府对民众诉求和社会关切的回应能更加及时有效，决策的民主化程度相应地得到很大程度的提升。在智能治理形态中，人工智能成为重要的治理主体，人工智能系统通过对大数据的提取和处理，能够科学地完成治理需求的有效识别、治理议程的精准设定和治理绩效的准确评估，国家治理更加倾向于治理议程确立的科学化和治理方案生成的智能化。"政府通过建设基础数据库、数据交换共享平台，将存在于各个部门的人口、法人、地理信息、宏观经济、证照资料等数据汇集之后，推向跨部门'一体化'数据应用系统，由此推动政府治理模式的转变，使政府治理从'主观主义''经验主义'迈向'精确主义''预测主义'。"①

二、智能治理的内涵：依据、核心和支撑

国家治理能力的提升和国家治理绩效的改善，有赖于国家治理所运用治理技术的不断变革和持续创新。同时，国家治理技术发生的重大变革，也会对国家治理格局和国家治理形态产生深刻影响。当前，世界正处于以人工智能技术为核心的第四次工业革命进程之中，人工智能技术在国家治理中的广泛应用和深度嵌入，不仅有效地提升了国家治理能力，驱动着国家治理绩效的改善，而且也对传统的国家治理形态产生着深刻的影响，推动着智能治理形态的出现。智能治理是一种以拥有先进算法和强大计算能力的智能技术平台为支撑，通过对大数据的提取和分析来自主完成特定治理任务的治理形态。其中，数据是智能治理的依据，算法是智能治理的核心，算力是智能治理的支撑。

---

① 于瑶.大数据推动政府治理创新的目标与路径[J].吉首大学学报(社会科学版),2018(3):67.

1.数据是智能治理的依据

在智能治理时代，数据已经从传统的数据形态向大数据转变。"大数据是指大量、多元、高速、复杂、多变的数据，需要用先进的计算方法和技术实现信息的采集、存储、分析和应用。"①大数据不仅数据量大，而且数据的生成速度非常快，单位数据的价值密度低。同时，大数据的类型也较为多样，从传统的以图片、文字为主发展到图片、文字、视频、物体运行轨迹、位置信息、热力分布图等多种类型。这些数据大体上可以分为结构化数据、非结构化数据和半结构化数据三种类型，其中结构化数据处理的难度最小，非结构化数据处理的难度较大。近年来，人工智能技术的快速发展，与大数据时代的到来和数据处理技术的进步密不可分。"人的本质是一切社会关系的总和，在一个由数据构成的世界，人也是一切数据足迹的总和。人工智能时代，公民个体社会经济生活以数据形式留下记录，每个个体无时无刻不是数据的生产者。"②数据作为人工智能的基石之一，是人工智能的智能化程度不断提升和自主意识不断增强的原料保障。要想提升人工智能的自主决策和自主行为能力，必须要给人工智能提供充分的数据，让其利用这些数据来自主完成高强度的学习和训练任务，从而有效提升人工智能的智能化程度和自主解决问题的能力。

从人工智能技术发展的历程来看，人工智能技术快速发展及其应用场景不断拓展的阶段也正是大数据开始出现和数据处理技术日渐成熟的时期，人工智能与大数据之间存在着强烈的内在关联。"进入信息时代，大数据作为一种核心资源日益深入人们生产与生活之中，数据本身暗含着政治、社会与伦理意义"③，数据在国家治理中的应用场景不断拓展的同时应用程度也在不断加深。在智能治理时代，"无论是把大数据单纯作为一种技术，还是一种抽象理念，或者是一个时代背景，它都将对政府治理理

---

① 陈振明.政府治理变革的技术基础：大数据与智能化时代的政府改革述评[J].行政论坛,2015
(6):3.

② 刘波.人工智能对现代政治的影响[J].人民论坛,2018(2):30.

③ 赵丽涛.大数据时代的关系赋权与社会公正[J].探索与争鸣,2018(10):102.

念、治理范式、治理内容、治理手段等产生不同程度的影响"①。智能治理形态的出现，使得特定的治理主体要运用一定的人工智能技术平台来完成特定的治理任务，而数据则是人工智能平台完成特定治理任务的依据。人工智能技术平台只有从既有的存量数据和实时的增量数据中提取到用于完成治理任务所需要的数据，才能运用算法来完成治理主体交付的治理任务。因此，在智能治理形态中，作为重要的战略性资源，数据是智能治理的依据。数据供给数量的多少和数据质量的好坏，在很大程度上决定了智能治理绩效的高低，那些掌握大数据采集、存储、处理和分析技术优势的国家和组织通常能够赢得智能治理时代的主动权。具体来说，数据作为智能治理的依据主要体现在以下三个方面。

首先，数据是智能治理议题确立的依据。国家治理需要完成特定的治理任务，治理任务的确定通常是由治理议题来决定的，而数据正是智能治理时代治理议题确立的依据。在大数据时代，社会运行的过程和个体运行的轨迹都可以以数据的形式和状态被保存下来。相比于传统数据，大数据的生成和存储较少受到人为因素的干扰和影响，从而保证了大数据的客观真实性。治理主体通过对相关数据的采集和分析可以对特定社会问题的出现和发展的过程进行精准的分析并对未来的演变趋势作出较为准确的预判，从而据此确立相关的治理议题，明确具体的治理任务。在智能治理时代，"数据是人工智能的重要组成内容，人工智能基于海量数据的提炼与分析，数据特性赋予政治行为过程的数据信息化特性。通过信息收集和智能筛选，在政治决策领域形成智能化的'科学建议'。国家的治理、政治的管理、公民的社会生活等都基于数据，对数据产生巨大的依赖度"②。

其次，数据是智能治理方案设计和行政运行流程优化的依据。在治理议题和治理任务明确后，治理主体还需要通过设计相应的治理方案来完成特定的治理任务，而智能治理方案设计的过程也离不开大数据的支撑。信息是决策方案设计的重要依据，决策主体掌握必要的数据和信息是确保决

---

① 刘叶婷,唐斯斯.大数据对政府治理的影响及挑战[J].电子政务,2014(6):20.

② 刘波.人工智能对现代政治的影响[J].人民论坛,2018(2):30.

策科学化水平不断提升的前提和基础。在智能治理形态中，海量的数据为智能治理方案的设计提供了充分的决策依据，特别是大数据在数据内容上能做到实时更新，为智能治理方案设计的科学化奠定了坚实的基础。同时，借助于对行政运行过程中产生的数据的提取和分析，人工智能技术平台"可以有效识别行政流程中的冗余环节，并以远超人力的形式形成公文流转过程，从而提高整个政府内部的行政流程效率"①。

最后，数据是检验智能治理绩效的依据。智能治理作为一种新型的技术治理形态，不仅在治理手段的先进性上要优于传统治理形态，而且在治理绩效评估的客观性和准确性上也强于传统治理形态。在传统的国家治理形态中，国家治理的绩效如何，通常是以随机抽样调查的结果作为评判依据的。由于国家治理绩效评估样本的选择带有很大的主观性，以及能采集到的供绩效评估主体使用的数据数量有限，使得治理绩效评估结果的科学性和准确性难以得到保障。而进入智能治理时代后，国家治理和政府治理的绩效如何，评估主体可以依据人工智能技术平台对行政运行过程中产生的数据的处理和分析结果来进行客观的评判，国家治理绩效评估的科学性和准确性得到大幅提升。

2.算法是智能治理的核心

算法是人工智能技术不断升级、自主功能不断增强和应用场景不断拓展的技术支撑。人工智能作为人类设计出来用于提高生产效率和方便人类生活的智能机器系统，实质上就是一个会学习的计算机程序，而决定人工智能系统学习功能强弱的核心因素之一便是人工智能的算法。

国家治理是治理主体利用一定的治理技术和手段来完成特定治理任务的行动和过程，治理主体的存在是治理任务得以顺利完成的前提和保障。例如，传统的科层式治理主要就是依靠等级严密的科层体制来实现国家治理指令的下达和治理任务的完成等治理目标的。"互联网+"国家治理形态的出现，虽然对政府治理效率提升帮助很大，但国家治理的各个环节还是离不开国家机关及其工作人员的全程参与，电子政务平台只是在很大程度

---

① 何哲.人工智能时代的政府适应与转型[J].行政管理改革,2016(8):57.

上加快了政务数据传递的速度，提高了行政运行的效率，并未从根本上改变国家和社会依靠人来治理的实质。而智能治理则不同，国家治理进入智能治理时代后，拥有先进算法的各类智能政务平台逐渐成为国家治理的主体，它们可以在脱离国家机关及其工作人员监督的前提下根据事先设定的治理目标来自主设计并执行治理方案，以实现以最低的成本来完成治理任务、改进治理绩效的目标。目前，包括在我国在内的世界很多国家投入使用的不同类型的智能政务平台，其内涵的算法使得智能政务平台可以通过不断地训练，模拟各种方案的运行结果，然后从中选择最优的方案来完成系统设定的任务，这些算法正是智能治理的核心，智能治理在某种程度上就是算法的治理。例如，在2018年9月发布的杭州城市数据大脑2.0版，具备自动发现套牌改装、乱停乱放等110种交通乱象的功能，然后对其进行规律性分析，据此来判定城市中哪些地方是交通的堵点、乱点、事故隐患点，以帮助交警部门实现警情闭环处置。杭州市内多个高架匝道的交通信号灯已经由人工智能算法技术接管，通过2分钟、4分钟、6分钟的不断学习、反馈和自我评价，人工智能系统可以不断优化交通信号灯的配时方案，有效地提升道路的通行效率①。

智能治理在某种程度上就是人工智能的算法在进行治理。具备了深度学习算法的人工智能，通过对人类提供的学习素材不停学习和训练，其自主行为能力不断提升，可以根据具体的应用场景来设计相应的运行方案，从而实现自主完成特定任务的目标。伴随人工智能在国家治理中应用场景的不断扩大和应用程度的不断加深，人工智能对国家治理形态变迁的影响日渐增强，推动着传统国家治理形态向智能治理形态的转变。

3.算力是智能治理的支撑

数据和算法是人工智能的两大基石。同时，算力又是人工智能技术的另一基石，人工智能技术的发展需要依赖具备强大计算能力的硬件作为支撑，智能治理是一种以算力为支撑的技术治理形态。算力作为人工智能技

---

① 张倩.杭州城市数据大脑升级助推交通治理[EB/OL].(2018-09-19)[2020-01-10].https://zj.zjol.com.cn/news.html?id=1034529.

术提升的基础，其在智能治理当中扮演着非常重要的角色，深度学习算法的突破除了依靠模拟多层神经网络技术的快速发展，也离不开具备强大计算能力的计算机系统给人工智能机器提供的自主学习空间。人工智能机器在对海量的数据进行自动分类和有效提取时，需要依靠具备强大计算能力的计算机系统，否则数据的价值和算法的功能难以得到有效呈现。物联网、移动互联网技术推动下的大数据时代的到来和人工智能深度学习算法取得的重大突破，推动着智能治理形态的出现。但是，仅仅有大数据的出现和人工智能算法的变革，尚不能完全实现从传统国家治理向智能治理形态的跨越，如何能够快速、准确、自动地完成大数据的处理任务并从中提取出有效的数据来为人工智能系统完成特定治理任务提供依据，成为智能治理必须要解决的问题。人类的数据处理技术能否取得重大突破，特别是计算系统处理海量大数据的能力即算力能否大幅提升成为决定智能治理形态能否出现的重要因素。因此，智能治理除了要依靠数据和算法外，还需要具备强大计算能力的超级计算机系统，超级计算机系统具备的超强算力是智能治理的有效支撑。

在智能治理形态中，智能治理运行的全过程都离不开对大数据的运用。大数据的数据量非常大，现有的大数据计量单位已经从之前的TB级别跃升到PB级别，大数据在为国家治理提供有效依据的同时，也对处理数据的计算机的计算能力提出了更高的要求。伴随大数据时代的到来，数据的价值日渐凸显，有关数据处理的技术也取得了较大的进展，云计算技术的出现和快速发展使得计算机具备的计算能力不断提升，为传统治理模式向智能治理形态的变迁提供了强大的算力支撑。"云计算是一种按使用量付费的模式，这种模式提供可用的、便捷的、按需的网络访问，进入可配置的计算资源共享池（资源包括网络、服务器、存储、应用软件、服务等），这些资源能够被快速提供，只需投入很少的管理工作，或与服务供应商进行很少的交互。"①

云计算技术通过互联网络可以将一项十分庞大而复杂的计算任务自动

---

① 秦荣生.大数据、云计算技术对审计的影响研究[J].审计研究,2014(6):24.

分拆成无数个小计算程序，然后交由多部服务器来完成，最后将计算结果反馈给用户。云计算作为一种分布式计算技术，突破了传统的集中式计算技术对计算速度和计算能力的限制，相同计算任务所需的计算时间大幅缩短，计算结果的准确性大幅提升。云计算技术的运用，可以实现在几秒之内完成海量数据的搜索和分析任务，使得大数据的处理变得不再困难，为智能治理中对数据的处理提供了强大的技术支撑，推动着智能治理水平的不断提升。

第二节　人工智能时代政府治理面临的机遇

大数据、机器算力和机器算法的快速发展，将人类带入了人工智能时代，人工智能的浪潮波及全球多个国家。据互联网数据中心最新发布的数据，2022 年全球人工智能收入预计同比增长 19.6%，达到 4328 亿美元，包括软件、硬件和服务。在这三个技术类别中，人工智能硬件和服务支出增长更快，人工智能软件支出份额 2022 年略有下降，这一趋势将持续到 2023 年。总体而言，人工智能服务预计在未来五年内实现最快的支出增长，年复合增长率（CAGR）为 22%，而人工智能硬件年复合增长率为 20.5%。①。人工智能时代的到来，对传统的政府治理理念、治理方式产生了巨大的冲击，也为政府治理模式的变革带来了前所未有的机遇。

一、有效控制政府规模

政府是国家进行阶级统治和社会管理的机关，阶级统治和社会管理是政府承担的两项基本职能。政府的职能是政府机构设置和人员编制数量的依据，政府职能的履行需要设置一定的政府机构和配置一定数量的工作人

---

① IDC：2022 年全球 AI 市场规模达到 4328 亿美元增长近 20%［EB/OL］.（2022-03-09）［2022-10-10］.https://baijiahao.baidu.com/s?id=1726812278664973348&wfr=spider&for=pcl.

员，政府具有的职能在很大程度上决定了政府规模的大小。由于政府运行需要花费一定的财政资金，如何有效地控制政府规模、压缩行政运行费用成为现代国家进行财政制度设计时要考虑的一个重大问题，有限政府和小政府成为很多人期盼的目标。英国学者C.N.帕金森认为，在一个组织中，机构和人员的增加并不完全来自现实工作的需要，而是有它自身的需要，有它自身的法则，这一法则被誉为"帕金森定律"，即机构和人员会不断膨胀。在现实生活中，各级政府和部门均有增加人员编制和上调财政预算的动机，在政府与立法机关的不断博弈中，政府机构的膨胀和财政预算的增加成为常态。代议机关控制政府规模的企图和政府机构设置不断膨胀现实之间的博弈，体现在现实中就是政府机构改革不断地陷入机构膨胀—机构精简—机构再膨胀的怪圈。例如，改革开放以来，我国的国家机构经历了多次较大幅度的改革，每次改革都取得了一定的成效，但总体来说并没有有效地控制政府规模。

政府机构和人员编制规模多少方为合适，并没有明确的衡量标准。政府规模过大，会导致政府难以处理好政府与市场、政府与社会的关系，导致政府失灵。同样，政府规模过小，也会导致政府难以有效承担其应有的职责，造成政府在某些领域的缺位。二战以后，伴随政府宏观调控、社会管理和公共服务职能的增强，政府规模不断扩大，行政国家不断兴起，控制政府规模的任务愈发艰难。近年来，我国为了有效控制政府规模，各级政府和部门陆续出台了政府权力清单，在很多领域推行政府向社会购买公共服务的做法，政府规模在一定程度上得到控制，但政府规模依然较大。如何在政府职能不断扩大的同时有效地控制政府规模、降低行政运行成本，成为世界各国政府面临的重大课题。人工智能技术在政府治理中的深度应用，为有效控制政府规模提供了强大的技术支撑。"人工智能的发展为优化处理海量政府数据提供了可能，通过机器学习和精准算法，人工智能排除了人为因素下的生理局限，可以实现对数据更为科学的分析与整合，进而提出前瞻性的决策方案。在人工智能环境下，多部门的协同治理因智能终端的嵌入而变得更为简洁，这不仅使得治理主体从简单劳动中解放出来，达到降低人力成本的治理目标，而且也有助于推进治理过程的扁平化，在打破行政壁垒的过程中，更好地理顺政府与市场的关系。显然，这些对于促进政府规模的精简和适度化发展都是有积极意义的。"①在政府权力运行过程中，将决策信息的收集、决策方案成本—收益的比较分析、行政问询等很多常规性和程序性的事务工作，交由人工智能平台来完成，不仅可以使行政成本大幅降低，而且可以使行政效率得到大幅度提升。

二、提高政府决策质量

政府运行的过程大体可分为行政决策、行政执行和行政监督三大类。行政决策是行政执行的依据，行政决策的成败和质量的高低与行政执行效果之间存在很强的关联性。信息是决策的依据，获取真实、有效且全面的信息、快速准确地处理信息和有效的决策程序是做好行政决策的根本保证。根据人类决策方案的全面与否，决策可以分为有限理性决策模型和完全理性决策模型。由于收集数据、处理数据和分析数据需要投入大量的时间和人力，在语音、视频、图片等保存难度较大和成本较高的传统治理时期，要为行政决策收集比较全面而真实的信息是很难做到的，这也导致行政决策存在诸多的不确定性和风险，决策质量也难以得到有效保障，政府治理绩效也会因此大打折扣。

互联网时代的到来，使得人与人之间的交往和事件的发展更多地通过网络方式加以传递，交往过程和事件历程以数据的形式被存储下来，大数据时代已经到来。"大数据是多方面多类型的现实行为和社会活动的汇聚，它能真实而客观地反映人们的行为和社会问题，对政府治理能够提供最翔实、最可靠的事实和依据，用事实说话，也就是用数据说话。"②人工智能在数据分类和处理上具有强大的优势，可以在一定程度上实现为决策提供全面、真实和有效信息的目标，有利于大大提高行政决策的质量。大数据

---

① 胡洪彬.人工智能时代政府治理模式的变革与创新[J].学术界,2018(4):77.

② 雷丽萍.大数据推进政府治理创新[J].中共山西省委党校学报,2018(5):85.

应用能够揭示传统技术方式难以发现的关联关系，推动政府数据开放共享，促进社会事业数据融合和资源整合，极大提升政府整体数据分析能力，为有效处理复杂社会问题提供新的手段。建立"用数据说话、用数据决策、用数据管理、用数据创新"的管理机制，实现基于数据的科学决策，将推动政府管理理念和社会治理模式进步，加快建设与社会主义市场经济体制和中国特色社会主义事业发展相适应的法治政府、创新政府、廉洁政府和服务型政府，逐步实现政府治理能力现代化。同时，在决策程序上，人工智能也为行政决策质量的提高提供了可靠的保障。在行政决策程序中，"在人工智能管理的政府下，人工神经网络（Artificial Neural Networks）将能代替人脑做出最优化的决策，而且比人类做得更好，不仅是廉洁、公正、高效的，而且能节约资源，提供最优方案，以解决机制僵化、决策缓慢、政策不连贯、权力制衡乏力等问题。传统政府管理由于社会信息资源有限，收集渠道和处理方式也相对单一，难以科学精确决策。而人工智能借助大数据、精算超算术、区块链等新一轮技术应用，可以全面提升更有效的决策信息支持，并根据需要自动智能生成相应的决策方案，供决策者选择，从而极大提升政府的决策质量，为推动政府治理能力现代化提供强大的决策智力及动力保障"①。

三、优化行政运行流程，提高行政运行效率

行政运行流程作为行政权实施的过程，是由多个行政环节构成的。行政目标是行政运行流程设计的主要依据，特定行政目标的实现往往有多个行政运行流程，如何设计行政运行流程是行政成本降低和行政效率提升的重要保障。设计合理的行政运行流程能够保障以较低的行政运行成本实现既定的行政目标，提高行政运行效率。20世纪70年代以来，西方国家掀起了"政府再造"运动，主张将企业管理中的流程和管理方法运用到政府管理中来，以实现提高政府运行效率的目标。作为"政府再造"运动的重

① 董立人.人工智能发展与政府治理创新研究[J].天津行政学院学报,2018(3):5.

要组成部分，政府流程再造主张以公众需求为核心，对政府组织机构设置和运行流程进行彻底的变革和重组，使得政府机构设置和行政运行流程能够适应不断变化的外部环境的需求，提升行政运行绩效，确保政府提供的公共产品和公共服务尽可能满足公众的需求。党的十八大以来，各级政府开始了以"简政放权、放管结合、优化服务"（以下简称"放管服"）为主要内容的转变政府职能和优化行政运行流程的改革。通过改革，行政审批项目得以大幅精简，公众和企业办事流程大幅简化，行政运行效率得到很大提升。例如，天津市滨海新区为了改变分散审批项目多、时间长的问题，于2014年5月设立了行政审批局，将所有行政审批事项交由一个部门集中办理，原有分散的流程被优化，行政审批环节大幅减少、行政审批效率大幅提高。自2013年以来的五年中，我国简政放权成效显著：国务院部门取消和下放行政审批事项的比例超过40%，不少地方超过70%；非行政许可审批彻底终结；国务院各部门设置的职业资格削减70%以上；全国减少各类"循环证明""奇葩证明"800余项；中央层面核准的投资项目数量累计减少90%；外商投资项目95%以上已由核准改为备案管理。特别是商事制度明显简化，工商登记由"先证后照"改为"先照后证"，前置审批事项压减87%以上，注册资本由"实缴制"改为"认缴制"，"多证合一、一照一码"改革深化，企业注册登记所需时间大幅缩短①。

"放管服"改革实施以来，我国各级政府在政府职能转变和行政运行流程优化上进行了很大幅度的改革，行政运行流程进一步优化、行政运行效率提高明显。但是，由于上述改革主要是由中央政府自上而下推动实施的，地方政府及其相关部门在具体落实中难免有所保留，许多还可以进一步精简和优化的流程没有改革。同时，由于政府工作人员在日常工作中与群众接触有限，对于公众的需求难以做到及时、全面、准确的了解，信息的不对称也导致政府实施的行政流程优化的行为与公众的期盼之间存在错位现象，使得改革成效不甚显著。人工智能在政府治理中的应用，有利于

---

① 新华社.力推简政放权 激发市场活力：我国五年简政放权进展巡礼[EB/OL].(2018-03-04)[2020-01-15].http://www.gov.cn/xinwen/2018/03/04/content_5270673.htm.

落实地方政府和部门行政运行流程优化进程，还可以对分散的公众需求进行智能化的采集、分类和整理，对每项行政运行流程所需的时间进行精准记录，并对各部门之间的行政运行关系进行有效的识别。伴随行政管理事务数量的不断增多和复杂程度的日益提高，"传统依赖于人的传递实现行政流程的协同，在面对越来越复杂的行政过程时，会形成严重的效率滞后。通过人工智能，可以有效识别行政流程中的冗余环节，并以远超人力的形式形成公文流转过程，从而提高整个政府内部的行政流程效率"①。

四、有效识别公众个性化需求，推动政府治理精细化

精细化治理是相对于传统的粗放式治理而言的。党的十八届五中全会强调，要推进社会治理精细化，构建全民共建共享的社会治理格局。当前，我国社会转型步伐不断加快，人民群众个性化的需求日益增多，继续采用传统的粗放式的政府治理模式，不仅难以满足民众的需求，政府治理绩效也难以有效提升，推动政府治理从粗放式向精细化转变是政府治理的重要任务。同时，中国特色社会主义进入新时代，我国社会主要矛盾已经转化为人民日益增长的美好生活需要和不平衡不充分的发展之间的矛盾，人民美好生活需要日益广泛，不仅对物质文化生活提出了更高要求，而且在民主、法治、公平、正义、安全、环境等方面的需求日益增长。社会主要矛盾的变化也需要我们抓紧转变政府治理思路，实现政府治理由粗放式向精细化的转变。政府采用精细化治理模式，就是从过去的治理模式走出来，将之前的模糊不清、粗放型治理转换为细致的、精准的、严格的治理，这是一个治理方式的重要转变。精细化治理，不仅在一定程度上促进政府的办事效率提高，还能提升政府在公众中的良好形象。通过精细化治理，政府可以提高行政效率，减少人民群众办事时间②。

---

① 何哲.人工智能时代的政府适应与转型[J].行政管理改革,2016(8):57.

② 刘京.政府精细化治理"四字诀"[EB/OL].(2018-04-24)[2020-01-15].http://www.rmlt.com.cn/2018/0424/517406.shtml?from=singlemessage.

精细化治理作为一种全新的政府治理理念，包括"精"和"细"两个方面。"精"是指精准，"细"是指细致，"精"是"细"的前提，只有精准识别人民群众的真实需求，才能做到细致有效地治理。精细化治理的核心理念在于四个字：精、准、细、严。精细化治理需要治理人员对细心、精心治理的必要性有一个充分正确的认识。所谓精，就是对治理的结果精益求精。所谓准，就是对治理的准确把握，包括对情报资源、对人事关系、对决策计划政策实行的程度以及衔接时间的准确把握。所谓细，就是对治理工作的细致化处理。所谓严，就是治理者对治理标准的严格，避免出现松散、闲散等现象①。在传统政府治理时期，由于政府工作人员数量有限和特定政府辖区内的居民数量众多，对每个民众的真实需求进行收集和整理是不现实的。同时，人民群众因为心有顾虑，一般也不愿意向政府工作人员袒露自己的真实想法。民众意愿的识别困难，给政府政策议程设置带来一定阻碍，导致很多政策在制定环节或在执行过程中出现目标偏离，难以取得实效。传统时代，是无法构建针对性的公民个性服务体系的。因为要建立海量公民的个性数据库，并且公民的数量众多而差异化诉求又很大，通过人工方式根本无法实现。而只有在大数据基础上的人工智能手段，才能有针对性地为每一位公民建立完备的数据档案，并适时调配公共资源满足公民的需求②。伴随大数据时代的到来和人工智能技术的广泛应用，获取、处理数据和信息的难度、成本大幅降低，快速、有效、准确识别群众真实需求成为可能。"大数据的三大精髓之一就是全体代替样本，政府治理的基础从少量的'样本数据'转变为海量、动态多样的'全体数据'，从而使政府能从更全面、更宏观的角度看待问题；大数据的相关性和强大分析力能够准确地把握规律，抓到主要矛盾和矛盾的主要方面，能够精确指出治理方向和对象。因此，借用大数据更容易实现精细管理、"精准"治理甚至个性服务，实现从行政主导到以人为本的服务型政

---

① 刘京. 政府精细化治理"四字诀"[EB/OL].（2018-04-24）[2020-01-15]. http://www.rmlt.com.cn/2018/0424/517406.shtml?from=singlemessage.

② 何哲. 人工智能时代的政府适应与转型[J]. 行政管理改革，2016（8）：57.

府转变"①，政府治理实现精细化的目标可期。例如，新华网的媒体人工智能平台——"媒体大脑"于2018年两会期间正式"上岗"。"媒体大脑"能在非常短的时间内迅速扫描上亿个网页，从中收集文本、图像、视频等数据，还能自动分析两会舆情、热点，进而生成可视化图表，连配音、配图和视频剪辑都由"媒体大脑"自动完成。"媒体大脑"还能在判断哪些新闻与两会相关、哪些议题会成为热点等问题上积累经验，综合计算分析舆情，俨然成了两会报道的"机器人专家"，大大提高了新闻传播的高效性、即时性、预见性、多融性以及受众的需求性。

很多民众不愿意在真实场景下表达的诉求和意愿通常会在网络空间里得以表达，人工智能通过对相关数据的采集和分析，有利于准确研判真实的社情民意，为相关政府部门提高治理的精细化水平提供保障。在大数据的时代下，人们的思维观念、思维方式都发生了明显的变化，只需要对网络上的相关资料进行整合，就能充分了解当前社会的发展状况。这一结果表明，信息时代的数据开放与共享已经成为社会需求的重要部分②。此外，将人工智能技术运用于政府治理中，可以及时地回复民众提出的问询，通过对民众问政热点的自动梳理和智能化分析，有利于政府及其相关部门及时地调整工作重点，及时回应群众反映的热点和难点问题。同时，政府可以更加精准地"从社会公众的角度出发考虑他们需要什么、想要什么，然后设计和提供相应的政府服务，并努力去减少公众与政府打交道时所产生的摩擦和痛点，让他们享受更加便捷的生活"③，从而不断提高政府行政的准确性，推动精细化治理目标的实现。

五、增进政府与公众的互动，提高群众满意度和政府公信力

与传统的统治和管理等方式不同，治理强调参与主体的多元化，多中

---

① 雷丽萍.大数据推进政府治理创新[J].中共山西省委党校学报,2018(5):85.

② 李霞.依托大数据,实现社会治理精细化[EB/OL].(2018-03-26)[2020-01-16].http://www.rmlt.com.cn/2018/0326/514719.shtml?bsh_bid=2153709692.

③ 戴长征,鲍静.数字政府治理:基于社会形态演变进程的考察[J].中国行政管理,2017(9):25.

心成为治理的主要特征。自20世纪90年代治理理念引进我国以来，变革传统的管理思维和管理方法，运用治理的思维和方式来调整政府与民众之间的关系及处理各类型的经济和社会事务成为各级政府的共识。但是，传统治理时代，政府与民众之间的互动受到的限制较多，封闭式的政策制定、政策执行和政策监督，使得部分民众对政府运行过程充满的质疑，政府的公信力大打折扣。同时，政府在政策议程中，因缺乏与公众有效的互动，对人民群众反映的热点问题不能及时地关注，导致政府制定出的政策与群众的真实诉求相去甚远，群众对政府的满意度较低。并且，伴随大数据时代的来临，政府在施政过程中也面临多元化的公众需求与政府工作人员有限的注意力之间的矛盾，回避而非面对成为部分政府官员的行为倾向，许多民众因询问的问题没有及时得到回复和解答，对政府的不满加剧，政府的公信力也在公共危机事件处置不当中受损。"信息时代不仅表现为对大数据的深度挖掘和大范围的信息共享，更是对政治、经济和社会秩序的变革和挑战。科技发展激化了当下各类事件的发酵速度和传播力度，呈现出无时空限制条件下的高度参与交互效应。尤其是负面事件的传播，更易引起井喷式的关注和评论。而政府官员的注意力和能力是有限的，信息时代的公共舆论被其视为一种需要谨慎规避的对象，进而使得他们无法准确预判所处环境，其避责行为进一步得到强化"①，政府与民众的关系也因此愈发难以协调和改善。

政府与民众积极有效的互动，是推动政府治理现代化的根本保障。大数据时代的到来，推动人类社会形态发生着深刻的变化。"社会形态的改变已经使得我们每个人的决策根植于更宽广的社会信息网络之中，使得我们每个人正在演变成为整个社会决策的一个有机组成部分；有关社会运行管理的政策产出越来越体现为不同民意之间的妥协而不是精英之间的共识。"②李克强总理在2018年政府工作报告中指出，要优化政府机构设置和职能配置，深化机构改革，形成职责明确、依法行政的政府治理体系，增

---

① 倪星，王锐.从邀功到避责:基层政府官员行为变化研究[J].政治学研究,2017(2):44.
② 戴长征，鲍静.数字政府治理:基于社会形态演变进程的考察[J].中国行政管理,2017(9):24.

强政府公信力和执行力。随着人工智能技术的日渐成熟，人工智能平台等的出现有助于解决政府工作人员的注意力有限和能力不足的问题，日常的政府与民众互动、信息的收集和分类、社会舆情的监控、网络空间舆情的监管等工作可以由政府建立的人工智能平台来完成，民众的意愿和诉求可以准确有效地被政府关注到，政府能够对民众进行更加有针对性的回应，进而有利于政府完善相关的政策议程，提高决策的科学化水平，改进政策执行的效果。因此，"在'智能化'时代的政府治理中，公民从被动参与转变为主动参与，从间接参与转变为有序直接参与。每个公民都是数字世界的副本，都是一个'准代码'，大数据为群众表达各种诉求提供新渠道，通过深度学习提取特征、模式，逐步形成政府治理主体多元化与多样性。相较于以往政府回应民众需求的滞后性，政府可借助人工智能提前预判广大人民群众对美好生活的需求"[1]。同时，借助于人工智能平台等技术，政府有条件将很多行政运行过程实时地传递给具体的行政相对人，政府与民众之间可以跨越时间和空间距离进行实时的互动，政府的公信力也将会因为行政运行过程的公开和透明而得到有效提高。

第三节　人工智能时代政府治理遭遇的挑战

人工智能时代的到来，给政府治理带来了前所未有的机遇，政府规模可以得到有效控制，行政决策质量不断提升，行政运行流程不断优化，政府与公众之间的互动变得更加及时有效，政府的公信力和群众的满意度得到不断的提升，政府治理的精细化水平得以不断提高。但是我们也要看到，上述人工智能给政府治理带来的机遇很多尚停留在理论层面，需要以各级政府领导及其工作人员转变理念，合理调整政府组织机构设置，不断优化既有行政运行流程和互联共享不同政府间和各部门之间的数据和信息等作为基础。同时，人工智能在政府治理中的应用，也会带来一定的风险

---

[1] 董立人.人工智能发展与政府治理创新研究[J].天津行政学院学报,2018(3):6.

和挑战，例如政府在多元治理体系中的中心地位面临冲击、政府如何面对拥有数据优势的大企业、各级政府在人工智能技术和人才方面的储备问题等。特别是我国作为后发国家，虽然在人工智能的应用上已追赶上世界发达国家，但是现有的人工智能技术中的核心算法等技术主要由西方发达国家的企业掌握，面对可能会出现的算法独裁，我们也要时刻注意防范。此外，人工智能在政府治理应用过程中，也会产生一些难以避免的行政伦理问题和个人信息的安全保护难题，这也是在人工智能时代政府治理领域面临的一些挑战。

一、科层制的行政组织体制难以有效适应智能化治理的需求

行政体制与政府治理理念之前存在较强的相关性，政府治理理念的转变需要推动行政管理体制发生相应的变化，否则再好再新的治理理念也难以在实践中运行，更别提取得好的运行绩效了。21世纪以来，大数据时代的到来和人工智能技术在政府治理中越来越广泛的应用，在推动政府治理理念更新的同时，也提出了变革传统行政体制的要求。人工智能技术嵌入政府治理中以后，通过对现有行政运行流程的分析和运行中存在问题的识别，有利于优化行政运行流程，提高行政效率。但这仅仅是提供了技术上的可能性，如果行政组织体制不按照人工智能技术的要求去进行组织机构设置和管理体制的有效变革，行政运行流程仍将难以得到合理优化，行政体制的刚性会严重束缚行政运行流程的智能化改造进程。近些年来我国一些地方在推动智慧城市、智慧交通、智慧社区建设等方面的例子也充分证明，"如果治理模式不能实现从'人找信息'向'信息找人'的彻底转变，则人工智能在政府治理的应用就无法摆脱边缘化的困境，其智能化的效果也必将大打折扣"[①]。

科层制的行政管理体制通过设置纵向行政层级和横向职能部门，完成了对行政权力运行的纵向和横向分工。纵向层级较多、横向部门分工过细

① 胡洪彬.人工智能时代政府治理模式的变革与创新[J].学术界,2018(4):81.

的行政体制，虽然有利于实现行政权力运行的规范性和治理秩序的稳定性，但在回应民众诉求和社会关切方面存在严重滞后的困境。同时，科层制体制在面对突发性的危机事件时，难以做到及时有效的应对，而"人工智能呼求的是适应性强和高度灵活性的体制模式，其发展和应用呼唤的是政府治理过程的扁平化与网络化，并在此基础上实现各主体之间的协同配合与互动互通，这是人工智能的应用实现最优化的基本前提，同时也恰是传统的科层制模式难以支撑和实现的"①。改革开放以来，我国高度集中的行政管理体制开始发生松动，新公共行政、新公共管理和新公共服务等西方行政理念陆续被引进并在政府行政体制改革中得到不同程度的体现，但是并未从根本上改变科层制的行政体制框架。将人工智能技术嵌入传统的科层制行政体制中，虽然可以在一定程度上起到提高治理绩效的效果，但是在将层级较多、分工较细的科层制体制变革为较为灵活、机动的扁平化和网络化的组织的过程中，人工智能所能起到的作用是非常有限的，或者更多地只能停留在理论层面。近年来，我国在政府治理过程中注重嵌入大数据和人工智能技术，政府治理模式正发生着深刻的变革，政府治理绩效不断改善。但是，在行政体制的变革上，我们依然较为落后，人工智能技术在更多时候只被当作政府治理的工具和手段，适应人工智能技术运用要求的灵活性的行政管理体制尚未建立起来，行政组织的扁平化和网络化改革任务较为繁重。

二、地区间、部门间的数据壁垒客观存在，数据共享和互联互通存在困难

数据、算法和算力是人工智能技术的三大基本构成要素，其中数据又被称为人工智能时代的"石油"。没有大数据的存在，再先进的算力和再强大的算法也发挥不了作用。如果说人工智能是婴孩，大数据就是奶粉。人工智能的核心在于数据支持，人工智能的发展需要学习大量知识和经

---

① 胡洪彬.人工智能时代政府治理模式的变革与创新[J].学术界,2018(4):81.

验，这些知识和经验其实就是数据，人工智能越是深度发展，所需要学习的数据量就越大、越具体。甚至有公司预测，到2021年，全球至少50%的GDP会通过数字化实现[①]。同时，仅仅有大数据的存在也不行，还需要各部门、各单位之间的数据可以共享和互通。孤立、静止的片段数据没有什么价值，只有将众多孤立的数据串联起来，不断地对比、分析和加工，才能将数据的价值深度挖掘出来。例如，在智慧城市交通建设过程中，人工智能平台给出的交通通行方案是建立在对每天每个交通路口通行的车辆、人流等数据进行分析和整理的基础之上的。

因此，人工智能技术嵌入现有的政府治理过程后，需要将原本分散在各地区、各部门的数据进行互联互通，以实现数据共享的目的，从而为人工智能技术在政府治理中的应用提供强大的数据支撑。李克强总理在2016年政府工作报告中强调，要大力推行"互联网+政务服务"，实现部门间数据共享，让居民和企业少跑腿、好办事、不添堵。但是在现实中，我国不同地区的政府之间和政府的不同部门之间存在着较为强大的政务数据壁垒。一方面，不同地区的政府和政府的不同部门出于地区利益和部门利益保护的考虑，不愿意共享彼此的数据和信息；另一方面，各地区和各部门在数据存储上采用的系统存在很大差异，彼此间存在数据和信息连通上的技术障碍，难以实现数据共享的目标。如果各地区和各部门拥有的政务大数据难以实现有效的互联和共享，政务数据对政府治理的作用也难以有效发挥，这也将导致资源浪费。2018年4月发布的《省级政府网上政务服务能力调查评估报告（2018）》显示，各地区网上政务服务平台大多从自身业务需求出发，基于已有的网络基础设施、业务系统和数据资源，基本采用独立模式建设，跨地区跨部门跨层级跨业务的信息资源共享共用和业务协同力度不够，信息孤岛仍然存在，数据壁垒难以从根本上彻底消除。公民户籍、教育、就业、生育、医疗、婚姻等一些基本信息处于分散、割据的碎片化状态，部门间、地区间互通共享或业务协同程度不高。同时，由

---

① 赵鸿宇.数据即权力？巨型企业或成"超级政府"［EB/OL］.（2018-10-17）［2022-02-10］.https://www.sohu.com/a/260004680_99910418.

于政务服务信息资源目录体系尚未成熟，没有形成高效的政务服务协同协调机制，造成信息资源底数不清，一事一办、重复采集、一数多源等情况较为普遍。此外，各省级政务服务平台对法人、人口等基础信息以及一些垂管系统数据的共享需求大，与此相比，国务院各部门对各地区网上政务服务平台数据开放共享进度缓慢，信息共享供需矛盾较为突出。

大数据是促进经济社会发展的重要引擎，也是推进国家治理体系和治理能力现代化的重要战略资源。政务大数据是大数据资源中的关键类型，是提高政务服务质量和水平不可缺少的工具。政务大数据的开放与共享对于公共产品和公共服务的提供来说具有重要的价值，对于公共服务供给侧结构改革具有重要的基础性作用。然而，当下政务大数据在开放与共享过程中仍然存在着技术短板、部门利益、安全陷阱、问责压力与产权纠结等障碍和壁垒，影响着政务大数据的充分开发和利用，增大了行政成本、制度成本和协调成本[1]。在大数据时代，很多数据的拥有者并非各级政府，而是拥有数据优势的大企业，这些拥有数据优势的超级企业如果不愿意将数据与政府共享，也将会使人工智能时代的政府治理陷入一定的困境，这些企业有演变成"超级政府"的可能性。因此，在人工智能时代，政府不仅要推动不同层级政府和各部门之间数据的共享，而且也要注意通过立法来保障政府对各类巨型企业所掌握数据的获取和使用的权力，并防止少数巨型企业滥用大数据来对抗政府治理问题的出现。对此，在实践中，"为防止私人企业通过获得数据强化自身力量，政府需加快发展包括算法和数据分析在内的多项技术，增强自身使用人工智能进行分析和决策的能力，使政府在人工智能领域处于领导地位。同时，对于民众的某些隐私数据，政府可以进行隔离处理，不让某个组织获得所有数据"[2]。

---

[1] 陈潭.政务大数据壁垒的生成与消解[J].求索,2016(12):14.

[2] 赵鸿宇.数据即权力？巨型企业或成"超级政府"[EB/OL].(2018-10-17)[2022-02-10].https://www.sohu.com/a/260004680_99910418.

三、政府面临人工智能技术开发和应用等方面的人才和技术瓶颈

人工智能技术在政府治理中的应用，可以有效地将原本孤立、分散、静态的数据整合成具有一定价值的数据链，政府有关部门可以据此来精准识别公众的真实需求，从而推动政府治理从粗放型向精细化转型。近年来，我国各级政府运用人工智能技术提升政府治理绩效的主动性和积极性不断增强，政府独自或者联合相关企业研发出了一定数量的人工智能技术平台，部分人工智能技术平台已经在政府治理的实践中取得了很好的成效。例如，2018年3月全国两会期间亮相的"媒体大脑"和杭州市政府联合阿里巴巴研发的"城市大脑"等。其中，杭州城市大脑投入使用一年后，相关统计数据显示，与交通数据相连的128个信号灯路口，试点区域通行时间减少15.3%。在主城区，城市大脑日均事件报警500次以上，准确率达92%，大大提高了执法指向性。在萧山区，试点区域约5平方千米。涉及道路18条、路口96个，畅通比例总体提升5%，高峰时段各道路车辆通行速度明显提升。探索对110、120等特殊车辆通行的干预，并进行实际路网的测试，经过50多次的实际演练测算，实验路线车速最高提升50%，救援时间提升7分钟以上①。2018年9月19日，杭州城市大脑2.0在2018云栖大会上正式发布。杭州城市大脑2.0将覆盖主城区、余杭区、萧山区共420平方千米。接管1300个路口信号灯、接入4500路视频，通过七大生命体征全面感知城市交通，并通过移动终端直接指挥杭州市的交警。并且，城市大脑首次开拓应用新领域，成为消防战士的得力助手，保障市民生命财产安全。未来，"杭州红绿灯"可能成为世界全新的一种红绿灯控制系统②。

---

① 城市数据大脑绘就智慧新生活[N].杭州日报,2017-12-06(A1).

② 杭州城市大脑2.0发布:已覆盖420平方公里,一年内管辖范围扩大28倍[EB/OL].(2018-09-20)[2020-02-07].http://zjnews.china.com.cn/yuanchuan/2018-09-20/147910.html.

　　人工智能技术在政府治理各个领域中的深度应用，虽然成效显著，但也从一个侧面暴露出各级政府在数据共享、人工智能技术研发和人才储备上存在的短板。从现有情况来看，我国不同地区和不同层级的政府之间以及政府内部不同部门之间的数据共享水平相对较低，政府在人工智能技术和人才储备等方面的意识还比较淡漠，人才和技术储备有限，政府对企业的数据和技术依赖比较严重。例如，"据盖特纳咨询公司的预测，2015年大数据为全球带来440万个IT新岗位中有2/3的人才缺口，其中中国大数据人才缺口达100万人。中国虽是人才大国，但从我国现有的人才储备和现有学科设置的方面来看，能够直接从事于大数据研究和应用的创新人才十分稀缺，这将成为制约政府治理创新的瓶颈"①。同时，现有的在政府治理中发挥重大作用的人工智能技术平台，绝大多数都是由企业研发完成的。而少数由政府相关部门自主研发的人工智能技术平台，其在运行中也需要由相关企业提供相应的技术支持。例如，浙江省杭州市在智慧交通建设上使用的"城市大脑"，就是由阿里巴巴集团旗下的阿里云自主研发的一款大规模通用计算操作系统。2018年全国两会期间使用的"媒体大脑"是我国第一个媒体人工智能平台。"媒体大脑"的研发单位是成立于2017年的新华智云科技有限公司，该公司是由新华通讯社和阿里巴巴联合组建而成，数据来源主要由新华通讯社负责提供，而技术支持则主要依靠阿里巴巴公司。

四、政府面临去中心化的挑战

　　在传统治理时代，权力是最重要的资源，拥有实际权力的政府是治理体系的核心和治理规则的制定者，很难有别的主体能够撼动政府在治理体系中的地位。进入人工智能时代后，大数据和算法在政府治理中开始扮演愈加重要的角色，谁掌握的数据多，谁掌握核心算法的制定权，谁就可能成为人工智能时代的核心。人工智能时代的到来，表面看并没有对现有的

---

① 朱友红.大数据时代的政府治理创新[J].中共山西省委党校学报,2015(6):87.

政府主导的治理体系有大的冲击，政府依旧是权力的实际拥有者和行使者，政府制定的法规、规章和行政规范性文件等规则依然在发挥作用。但是，随着人工智能技术嵌入政府治理格局程度的加深，由于政府在大数据的存储、使用和人工智能技术平台研发、运行等方面的人才和技术储备不足，政府对掌握大数据和人工智能技术优势的大企业的依赖程度将会不断加深，政府面临在人工智能时代治理体系中去中心化的挑战。

人工智能技术对政府治理的嵌入，主要由大数据和人工智能技术平台来推动，大数据的有效挖掘和智能技术平台的不断更新是确保政府治理绩效不断提升的根本保障，而政府部门在这两方面的优势都不明显。从大数据的存储方面来说，政府存储的数据无论是从数量还是从共享等方面都难以与少数大型企业竞争。大数据时代的到来，改变了人类社会的生产方式和生活方式，数字化生存成为人的常态，数据成为重要的战略资源。数据可以分为政务数据、消费数据和商业数据等类型。政府目前掌握的主要是公众与政府交往过程中产生的政务数据，而大量的公众消费数据和商业数据等主要掌握在少数大企业手中。而且政府的政务数据并没有做到完全的开放与共享，全国成立大数据管理机构的城市仅占很小比例，政务数据的价值没有得到深度挖掘和有效发挥，"数据沉睡"问题凸显。在人工智能技术平台的研发和运行上，政府对企业的技术依赖问题较为严重，很多智能平台的核心算法都由少数企业掌握，在国外，一些大型企业甚至拥有超过本国政府的优势，成为人工智能时代规则的制定者和秩序的主导者。同时，政府在使用少数企业开发的人工智能技术平台进行政府治理时，必然会产生大量的政务数据和信息会被企业后台掌握的问题，少数企业对政府的数据优势更加明显。

五、公民隐私和政务数据安全问题

在人工智能时代，作为人工智能基石之一的数据的重要性空前提高，被誉为"数字黑金""数字原油"。数据本身是孤立的、静态的，不将孤立的数据整合起来使用并挖掘其内在的价值，数据就没有任何意义。但是，"在人工智能发展过程中，只要使用数据，就有泄露风险。而如果过于严格地对数据加以保护，又会在很大程度上限制数据的使用，影响人工智能发展。这二者的平衡很难把握。""近年来，数据安全问题频出：2018年3月，一家名为'剑桥分析'的公司被曝以不正当方式获取了超过5000万脸书用户的数据，并将这些数据用于美国选举；2017年5月，一种名为'WannaCry'的勒索病毒在全球蔓延，不少企业因数据被勒索病毒加密而被迫关停……"①。2017年12月8日，习近平总书记在中共中央政治局就实施国家大数据战略进行第二次集体学习时强调，大数据发展日新月异，我们应该审时度势、精心谋划、超前布局、力争主动，深入了解大数据发展现状和趋势及其对经济社会发展的影响，分析我国大数据发展取得的成绩和存在的问题，推动实施国家大数据战略，加快完善数字基础设施，推进数据资源整合和开放共享，保障数据安全，加快建设数字中国，更好服务我国经济社会发展和人民生活改善。

人工智能技术在政府治理中的深度应用，在降低政府治理成本、解决政府治理难题和破解政府治理困境的同时，也容易引发数据泄露等安全问题。政府在利用由企业提供的人工智能技术平台时，智能技术平台搜集的政务数据等极有可能会被提供智能技术平台的企业获取，公共数据面临被泄露的风险。我国现有的关于数据安全方面的法律法规还不健全，有关数据窃取、非法使用等问题的刑事责任认定和处罚等方面的规定亟待完善。此外，政府在数据存储和数据安全防范等方面的人才和技术储备不足，这也在一定程度上加剧了民众对数据安全问题的担忧。目前，我国虽然已经有很多城市建立了专门的大数据管理机构，但这些机构的运行主要还处于对分散在各部门的数据进行整合以实现开放和共享数据目的的阶段，对数据存储和数据使用过程中的安全问题并没有给予过多的关注，相关的人才引进、设备投入和风险防控等问题有待进一步加强和完善。

---

① 赵鸿宇.数据即权力？巨型企业或成"超级政府"[EB/OL].(2018-10-17)[2022-02-10].https://www.sohu.com/a/260004680_99910418.

六、技术导向的人工智能治理引发的行政伦理问题

近年来，随着信息技术的发展及大数据等现代化科技手段与政府治理的深度交汇融合，大数据的应用领域逐渐向政府治理领域延伸，由此掀起了新一轮社会变革的浪潮。人工智能时代的到来，推动了传统的政府治理模式发生着深刻的变革，原有的政府治理体系中的治理主体、治理手段、治理价值取向等技术导向愈发深刻。人工智能技术在给政府治理带来绩效改进的同时，也因其浓烈的技术导向而引发了政府治理中的部分行政伦理问题。这些问题主要表现为：人工智能成为治理主体的合理性和责任界定问题、政府工作人员产生的技术依赖问题和技术导向引发的治理的规范性缺失问题。

第一，人工智能成为治理主体的合理性和责任界定问题。进入大数据时代后，人工智能技术的使用正在改变传统政府治理体系，推动传统政府治理模式发生深刻变革，突出表现之一就是人工智能作为一种新的主体类型在政府治理体系中正发挥着越来越重要的角色。但是，对于这种新型的治理主体，我们是否应该将其确认为独立的治理主体，还是仅仅将其视为推动治理手段更新和治理技术完善的工具而已？伴随人工智能技术的日渐成熟和完善，人工智能技术平台在政府治理过程中的角色，已经从单纯的信息采集、数据分析和辅助决策等人类的助手向可以依据适时收集到的数据进行自动决策的决策者的转变。如果不将人工智能确认为治理主体之一，那么其在实际决策中发挥的功能将如何进行确认？同样，如果将其确认为独立的治理主体，那么如果人工智能技术平台在治理中引发的不利影响及其造成的后果，又该如何进行责任界定并启动相应的赔偿程序？并且，由于人工智能技术平台尚未被确认为法律人格，也不具备独立的财产权，如果将人工智能技术平台确认为独立的治理主体并对其自主决策造成的后果承担责任，那又将如何确保责任的落实到位？这些问题，是人工智能技术嵌入政府治理过程中引发的诸多行政伦理问题的一部分。

当前，人工智能技术平台的自主意识和独立性不断增强，其在政府治理中应用后引发的责任分担问题将是不可避免的。但同时我们也要看到，人工智能技术的应用，是建立在人类设计的算法基础之上，虽然其自身的深度学习功能有助于人工智能进行独立自主的决策，但是人类在设计算法时的价值目标和伦理思考依然是起决定性作用的。在实践应用中很多人工智能技术运行的结果很大程度上体现了其设计者的利益考量，如果完全由人工智能来承担责任，既有现实的困境，也存在伦理上的不适。

第二，政府治理中对人工智能的技术依赖，导致政府工作人员不作为问题。政府治理是治理主体利用一定的治理手段和治理技术去解决经济发展和社会管理中遇到的问题，实现治理目标的过程。先进的治理手段和治理技术，有利于降低治理成本、简化治理环节和改进治理绩效。人工智能技术在政府治理中的应用，不仅丰富了治理手段，更是大幅提升了治理技术的先进程度，原本在传统治理时代难以实现的治理目标在智能治理时代变成了可能和现实。人工智能在给政府治理带来极大便利的同时，不能忽视的另一方面就是容易产生政府对于人工智能的技术依赖问题。

政府治理中对人工智能的技术依赖主要有以下两种类型：一是人工智能技术对于政府治理水平的提升、政府治理难度的降低和政府治理绩效的改进，使得政府官员形成了技术依赖，导致在政府治理的每个环节都习惯于使用和依靠人工智能技术，离开了数据支撑和智能技术，政府治理将会寸步难行。这种技术依赖，是技术应用于国家治理和日常社会管理以后会出现的正常现象，并不会引发行政伦理问题。二是政府官员出于避责心理，将所有的决策、执行和监督等行政运行流程全部交由人工智能技术平台完成。出于这种行政心理而产生的技术依赖，易导致政府官员不需要为行政运行结果承担任何责任的情况：如果决策成果、政策执行目标顺利实现和监督效果明显，政府官员就将功劳记于自己身上；而一旦出现决策失误、政策执行偏差和监督不力等引发的不良后果，政府官员就可以将责任推给人工智能技术平台，久而久之就可能会导致部分政府工作人员不作为。这种类型的技术依赖，正是我们在人工智能时代政府治理中要注意防范和化解的。人工智能技术仅仅是众多治理手段和技术中较为先进的一类，政府治理应当要积极利用先进的人工智能技术和大数据解决政府治理困境、降低政府治理成本，但不能形成对人工智能技术的完全依赖，毕竟政府治理不完全是纯技术性的问题，政府治理过程中充满了规范性的讨论和博弈，纯粹技术导向的政府治理思路是不可取的，也是难以实现善治目标的。

第三，技术导向的政府治理的规范性问题。政府治理是治理主体运用一定的治理手段来协调关系、化解矛盾、解决问题的过程。在不断增多且日益复杂的经济和社会事务中，既有技术性的难题，也有价值和规范层面的问题，这些问题使得政府治理的难度不断增加，行政运行成本不断提高。人工智能技术嵌入政府治理中，在解决政府治理面临的技术难题上具有较为明显的优势，通过对海量数据进行快速有效的分析和处理，可以提出较为科学合理的治理方案，有利于化解政府治理面临的技术性困境。例如，很多城市在治理交通拥堵、防范和化解公共安全隐患等方面，通过运用云计算等人工智能技术成功解决了现代城市治理中的部分治理困境。2016年10月，浙江省杭州市政府联合阿里巴巴公司推出了杭州城市大脑。城市大脑是一个人工智能中枢，该计算平台采用飞天操作系统，是由阿里云自主研发的超大规模通用计算操作系统，它将百万级的服务器连成一台超级计算机，提供源源不断的计算能力，以保证大脑能够"眼疾手快""当机立断"。城市大脑涉及的数据量巨大，仅视频摄像头就有5万多路。城市大脑的第一步，是将交通、能源、供水等基础设施全部数据化，把散落在城市各个单元的数据资源进行连接，打通"神经网络"。拥有数据资源后，采用超大规模计算平台、数据采集系统、数据交换中心、开放算法平台、数据应用平台五大系统高效运转。在治理交通拥堵上，城市大脑是一个能够对杭州市全城视频进行实时分析的人工智能系统，阿里云ET的视频识别算法，使城市大脑能够感知复杂道路下车辆的运行轨迹，准确率达99%以上。在实际运用过程中，结合手机地图、道路线圈记录的车辆行驶速度和数量，公交车、出租车等运行数据，城市大脑即可在一个虚拟的数字城市中构建算法模型,通过机器学习不断迭代优化,计算出更"聪明"的方案:每个路口红绿灯设置为多长时间通行效率最高?哪些路口应该禁止左转?公交车辆和线路如何调度更为合理?道路修建是否有更好的选择?

但是,政府治理面临的很多问题并非都是技术性问题,部分存在价值争议和规范适用难的问题,如果交由人工智能运用纯技术手段来解决的话,不但解决不了问题,反而有可能使得事态恶化。同时,"社会不是一大堆数据的简单堆砌,而是一个复杂的有机系统。没有人愿意把命运交给机器,或者由一堆数字来决定自己的命运。治理理性必须兼具形式与实质;否则,徒具形式而缺乏实质的数字不仅不能增进治理绩效,反而会损害治理绩效,从而阻碍社会治理现代化的进程"①。因此,在运用人工智能解决政府治理面临的复杂的经济和社会难题时,不能陷入完全的技术主义导向,行政人员和行政相对人的互动和交流是必要的,特别是对于那些存在价值争端和规范适用争议的事务,人工智能技术的应用只能扮演辅助和参考的角色,行政机关及其工作人员不能完全依赖人工智能处理的结果,需要根据具体的实际情况做出较为合理的处理,避免引起不必要的争执。

第四节 人工智能时代政府治理模式变革的基本思路

传统政府治理模式,在经历漫长时间的沿革后已具有稳定的结构,强大的惯性使得该模式可以抵御外界较大的冲击。当传统政府治理模式遭遇了人工智能技术后,既有的政府治理模式可能会发生了颠覆性的变化。但是,"技术很少能独自驱动伟大变革。相反,技术要得到有效应用,需要组织调整、政策变革与技术创新的紧密结合与良性互动。同时,推动创新

---

① 唐皇凤.我国城市治理精细化的困境与迷思[J].探索与争鸣,2017(9):98.

也需要保护基本的个人价值观和社会价值观"①。因此，面对人工智能技术给政府治理模式带来的深刻变革，我们要充分利用人工智能技术给政府治理带来的机遇，清晰地认识和分析人工智能技术给政府治理模式带来的挑战，积极变革现有政府组织模式和运行流程、推动数据整合和共享、加大人工智能技术研发和人才储备力度、积极化解人工智能引发的行政伦理问题，以实现推动政府治理流程不断优化、治理成本不断降低和治理绩效不断提升的目标。

一、变革现有政府组织模式和行政运行流程

政府组织模式与政府治理理念密切相关，政府治理理念在很大程度上决定了政府的组织设置模式；特定类型的政府组织模式又反过来决定了政府采用的治理模式，双方在不断的互动博弈过程中，形式了互相适应的结果。例如，传统的以政府为核心的自上而下的管制思维，决定了政府适应采用等级严格、权力分工明确的科层制组织体制。反过来，政府治理理念发生变化时，也需要变革现有的政府组织模式，否则新的治理理念的目标很难实现。

当传统的政府治理模式遭遇了人工智能技术后，要想实现政府治理模式的深刻变革，不仅需要更新各级政府官员的治理理念，树立开放、多元和共享的治理思维，还需要及时地变革现有的科层制的组织模式和较为刻板的行政运行流程。一方面，要推动政府行政层级的优化，实现政府组织的扁平化。特别是在城市治理中，可以推动城市核心区的区政府之间的区域重构和尺度重组，尝试撤销街道办事处等市辖区政府的派出机构，实现由市、区两级政府直接管辖社区的模式，保障数据传递的及时有效。另一方面，要变革现有较为刻板的行政运行流程，推动行政运行流程的智能化。我们需要根据人工智能技术应用过程中发现和总结的流程问题，及时

---

① 韦斯特.下一次浪潮:信息通信技术驱动的社会与政治创新[M].廖毅敏,译.上海:上海远东出版社,2012:3.

地删减不必要的运行环节，推动职能相似部门之间的合并重组，实现大部门制改革，尽量减少行政运行中的时间和效能损失。

二、推动数据整合和共享，确保政务数据安全

数据是人工智能时代的核心资源，也是政府实现精细化管理目标、推动政府治理绩效持续改进的重要支撑。"随着行政管理决策和公共服务对时效性要求的不断提高，'逐级请示'式的管理需要转变为政府部门间与社会的'扁平会商'，这对大数据应用提出了现实需求。因此，大数据驱动政府由'权力本位'向'数据本位'转型，政府则要树立大数据观，注重数据治理，做到凡事心中有'数'，形成'用数据说话、用数据决策、用数据管理、用数据创新'的思维。"①

"大数据的本质不在于'大'，而在于其蕴含的大数据思维。政府相关职能部门要运用大数据提升政府治理能力，就必须把这种大数据思维融入政府治理理念之中。"②但在现实中，我国存在地区与地区之间、部门与部门之间、地区和部门之间的数据壁垒，很多地区和部门之间的数据格式、系统不但不统一，而且彼此间不进行互联和共享，甚至是同一个地区的不同部门之间也难以做到数据开放和共享，因统计口径不一等原因导致的部门间、上下级政府间"数据打架"问题突出。面对政府在数据存储、共享等方面存在的不足，需要从以下三个方面进行改进。一是要统一政府数据传递、存储的平台和格式，保证不同地区和不同部门之间的数据在对接和转换上没有技术困境，降低数据采集成本。二是要组建统一的政府数据管理和服务中心，实现政府间和部门间数据彻底的开放和共享。例如，浙江政务服务网是信息技术和大数据在民生服务领域的成功典范，其成功的根本就在于各部门间的信息共享，他们共用一个数据库、共建一个信息平台、共享一个信息入口，将所有信息汇集成一个数据大脑，统一接收、统

---

① 雷丽萍.大数据推进政府治理创新[J].中共山西省委党校学报,2018(5):85.
② 雷丽萍.大数据推进政府治理创新[J].中共山西省委党校学报,2018(5):87.

一处理、统一回复，从根本上改变政府治理的沉疴旧疾，突破了原行政运转模式下的信息不对称、数据重复处理、工作效率低下等治理瓶颈，有效提升政务运作的工作效率、提高政务处理的工作质量，真正实现"高效化"政府①。

同时，我们还需要加大数据保护力度，对政府与公民互动过程产生的有关公民个人隐私的数据要采取加密保护措施，防止公民个人信息外泄。对此，"一要加强法律保护，建立符合中国国情的数据安全标准和数据应用规范，完善数据安全和隐私保护的法律法规，为数据开放和数据保护提供法理依据。二要加强制度保护，在国家层面出台政策，明确各级政府在大数据建设中的职责，建立数据保密与风险分级管理机制。三要加强技术保护，对涉及政府大数据的软硬件产品全部国产化、自主化，对数据应用设立权限和规范，主动与安全防控能力强的社会力量合作，开发符合要求的云安全产品，与国家权威的安全测评机构合作，开展数据安全评估、监督与审计，调集全社会力量筑牢'防火墙'"②。

三、加大人工智能技术研发和人才储备力度，确保政府对企业的数据和信息优势

与大数据一样，人工智能技术平台的研发和相关运行人才的储备也是非常重要的。人工智能技术的实现和发展，基于大量用户数据的收集和使用。掌握海量数据的大型人工智能企业，未来或将对国家和社会治理带来挑战。发展人工智能需加强对核心数据的保护，研究解决数据安全问题，同时强化政府在人工智能领域的领导地位，防止企业通过获得数据得到超乎寻常的能力③。面对现有的掌握了很多数据优势和人工智能算法等技术优势的超级企业，政府除了要通过严格立法、加大监管和处罚力度等法

---

① 陈旭萍.抢抓数据变革机遇 推进政府治理现代化[N].丽水日报,2018-07-08(2).

② 朱友红.大数据时代的政府治理创新[J].中共山西省委党校学报,2015(6):87.

③ 赵鸿宇.数据即权力？巨型企业或成"超级政府"[EB/OL].(2018-10-17)[2022-02-10].https://www.sohu.com/a/260004680_99910418.

律、制度和规范手段进行积极规约外，还需要加大自身在人工智能技术平台上的研发力度，积极培养相关的能够维护人工智能技术平台的人才，确保政府对企业的数据和信息优势。在相关的人工智能技术平台的研发上，虽然与企业合作研发或者直接从境内外的市场进行技术采购可能比较便利，但是安全性和稳定性存在很大风险，对此，各级政府可以以现有的大数据管理机构和信息管理部门为基础，集中政府部门内部的人才和技术力量，积极研发人工智能技术平台，以实现技术上的独立，防止少数企业的数据霸权和算法独裁现象的出现。

四、积极化解人工智能引发的行政伦理问题

目前，人工智能技术对政府治理的嵌入虽然还属于起步阶段，但人工智能技术应用过程中可能诱发的行政伦理问题已经开始逐步显现。对此，我们要未雨绸缪，树立忧患意识，若等到有关行政伦理问题从推测变成现实问题时，政府治理秩序必将陷入被动。为此，需要明确政府领导和工作人员在人工智能技术使用过程中的具体责任，坚决纠正政府治理过程中出现的技术依赖行为，将人工智能技术平台的角色明确为政府治理的技术手段，防止政府官员推诿扯皮现象的发生。同时，我们也要防范政府治理过程中的纯技术导向问题，在很多问题的处理和解决上，不仅要尊重人工智能技术平台的判定，也要充分发挥政府工作人员的能动性，推行技术分析和价值规范讨论相结合的解决问题的思路。

五、积极推动政府公共数据对民众和社会开放，充分发挥政务数据的价值

数据是人工智能时代的宝贵财富，在人工智能时代，谁掌握了数据，谁就掌握了话语权。数据的价值在于不停交换和使用，开放的数据是推动数据价值得以最大化的根本要求，沉睡的数据是没有任何价值的。2016年

5月9日，李克强总理在全国推进简政放权放管结合优化服务改革电视电话会议上强调，是时，我国信息数据资源80%以上掌握在各级政府部门手里，"深藏闺中"是极大浪费。在人工智能时代，政府在做好数据使用过程中的安全防范工作的同时，也要积极推动政府数据对民众和社会开放，充分发挥数据的价值。"为此，一要抓紧启动大数据立法，因为完整的数据开放立法体系会为数据开放提供法律基础。二要对数据进行分级管理，从国家层面编制'数据开放清单'，为政府数据开放提供制度依据。三要结合实际情况积极探索多样化的数据开放模式，在免费开放基础上，探索数据交易、数据捐赠等形式，最大程度地释放数据价值。四要引导社会机构参与数据开放共享，激活全社会数据潜力。"①

① 朱友红.大数据时代的政府治理创新[J].中共山西省委党校学报,2015(6):87.

第十章　人工智能时代的公共政策议程：影响与规约

  人工智能时代的到来，不仅深刻地改变着现代人类的生产方式、生活方式和思维方式，也对现代政府治理格局产生了重大影响。制定公共政策是政府实施治理的重要手段，政策问题的识别是否精准和政策方案的制定是否科学，直接关系到政策制定主体所制定的公共政策在治理实践中成效的发挥。具有深度学习算法的人工智能，通过对海量的数据进行必要的分类、整理和分析，可以对经济社会发展的趋势作出较为准确的判定，并由此对公共政策议程产生深刻的影响。人工智能技术在公共政策议程中的深度应用，使得政策制定主体对政策问题的界定更加准确、公共政策方案的制定更加科学、公共政策制定流程得以不断优化，公共政策的质量也随之不断提升。但同时，随着人工智能技术在公共政策议程中嵌入程度的不断加深，也会诱发公共政策制定、风险承担和责任认定等方面的道德风险，以及数据化、智能化决策所导致的公共政策制定和执行环节的技术理性对价值理性的强势，公共政策的公共性随之逐渐旁落，部分公共政策制定主体陷入对人工智能技术的深度依赖。为此，我们在利用人工智能技术提升政策问题识别的准确性和政策制定的科学性的同时，要采取一定的措施来防范公共政策议程中可能会出现的技术理性与价值理性失衡的问题，并积极化解政策制定和执行环节的道德风险，破除政策制定主体对人工智能技术的深度依赖。

  目前，学界关于人工智能对政府治理格局影响的研究主要集中于以下三个方面。一是大数据对政府治理模式的影响。例如雷丽萍对大数据推进政府治理创新的研究①。二是人工智能时代政府治理模式面临的深刻变革和积极创新。例如胡洪彬对人工智能时代政府治理模式的变革与创新进行了研究②，何哲论述了人工智能时代的政府适应与转型的问题③。三是政府在公共政策上如何应对人工智能技术的快速发展，以实现发展和规约的有效平衡。例如贾开等对世界主要国家有关人工智能公共政策的历史、特征及其启示进行了研究④。总的来看，上述研究主要从宏观上对人工智能与政府治理之间的关系进行了研究，有利于推动人工智能时代政府治理模式的有效变革。但是，现有研究对政府治理的具体领域和具体问题的探讨较少，例如缺少对人工智能对公共政策议程影响等方面的研究。当前，伴随大数据时代的到来和人工智能技术在政府治理中的深度应用，对人工智能时代公共政策议程的发展趋势、人工智能对公共政策分析带来的积极影响和不利后果、探索如何将人工智能技术和公共政策议程有效结合等问题进行深入分析具有很强的理论价值和现实意义。

第一节　人工智能时代的公共政策议程

一、公共政策议程

公共政策议程是指从公共政策的制定主体识别政策问题的性质和特征开始到具体的公共政策制定出台的整个过程。一个完整的公共政策议程大体包括政策问题的识别、政策目标的确立、备选政策方案的制定、政策方案的选择、公共政策的正式出台等基本环节。在公共政策议程的诸多环节

---

① 雷丽萍.大数据推进政府治理创新[J].中共山西省委党校学报,2018(5):84-88.
② 胡洪彬.人工智能时代政府治理模式的变革与创新[J].学术界,2018(4):75-87.
③ 何哲.人工智能时代的政府适应与转型[J].行政管理改革,2016(8):53-59.
④ 贾开,郭雨晖,雷鸿竹.人工智能公共政策的国际比较研究:历史、特征与启示[J].电子政务,2018(9):78-86.

中，政策问题的识别和政策方案的选择至关重要。

　　政策问题的识别是整个公共政策议程的起点，政策问题识别的及时与否和准确程度直接关系到最终出台的公共政策的科学性及其实际执行的效果。在一定的时期内，中央政府和各级地方政府通常会面对很多非常棘手的社会问题，这些社会问题的化解需要各级政府投入相当数量的人力、物力和财力。而中央政府和各级地方政府拥有的人力、物力和财力等资源终究是有限的，政府所掌握资源的有限性和社会问题的繁杂性之间的矛盾决定了在一定时期内政府只能将有限的社会问题纳入公共政策议程，而这些纳入公共政策议程中的社会问题就是政策问题。政策问题的识别一方面要做到及时，各级政府要密切关注并认真及时地回应社会各界民众的关切和社会舆情的变化，将一些群众反映强烈、社会关注度高、与广大人民群众利益关联密切的社会问题及时地纳入公共政策议程。另一方面，政策问题的识别也要做到尽可能精准，公共政策制定主体要能透过问题的表象抓住问题生成的深层次的逻辑，要善于找到政策问题真正的症结所在，以便为公共政策议程中的政策目标的确立和备选政策方案的制定等环节提供坚实的支撑。

　　政策方案的选择是公共政策议程中的核心环节之一。面对一定数量的备选政策方案，公共政策制定主体坚持什么样的价值取向、依据何种标准来选择备选方案对于整个公共政策议程来说至关重要。尤其是在重大行政决策上，公共政策的制定主体要坚持把公众参与、专家论证、风险评估、合法性审查、集体讨论决定等作为政策方案选择的法定程序，不能单纯地为了提高公共政策制定的效率而将必须要经过的法定决策程序省略掉，以免造成重大的决策失误。

二、人工智能时代公共政策议程的发展趋势

　　"人工智能是建立在现代算法基础上，以历史数据为支撑，而形成的具有感知、推理、学习、决策等思维活动并能够按照一定目标完成相应行

为的计算系统"①，按照人工智能的发展阶段，其可以分为弱人工智能、强人工智能、超人工智能。"虽然人工智能可以在很多领域和方面形成对人类智力思维的辅助和替代，然而究其根本，其主要呈现在三个领域的核心层面，分别在广泛的社会行为中产生作用：信息收集辅助与智能筛选；识别应答接受模糊任务并完成；替代人的自主决策与行为。其分别描述了由浅入深的人工智能对人的行为的辅助和替代。"②目前，人工智能在公共政策议程中的应用主要集中于辅助信息收集、职能化筛选两方面。伴随强人工智能时代的逐步临近和将来的超人工智能可能变成现实，人工智能可能会成为独立的公共政策分析的电子主体。

公共政策是政策制定主体依据一定的价值判断，通过一定的程序，对其认定的政策问题给出解答的方案。其中，政策问题的界定、政策主体的范围、决策标准的取舍等对公共政策的方案选择和决策过程等都会产生很大影响。人工智能时代的到来，对上述几个公共政策议程的重要环节都产生了不同程度的影响，公共政策的数据化、电子化、智能化、中立化和去中心化趋势日益明显。

1.公共政策问题识别和界定的数据化

公共政策是政策制定主体针对一定时期内的若干具体政策问题所作出的关于社会资源和社会价值的权威性分配。公共政策制定的时效性和执行的效果，与公共政策中体现的对社会问题的认知和政策问题的界定关系密切。一定时期内的社会问题往往很多，那些社会关注度高、与人民群众利益关联度大、情势发展较为急迫的问题应该优先进入政府公共政策的议程，成为政策问题。在传统的工业时代，社会问题的感知和政策问题的界定，主要依靠人类的主观感知和经验判断来作出，信息的收集、分析和处理等经济成本和时间成本巨大，这导致政策问题界定的准确率不高，制定出的政策的执行效果也难以保障。伴随后工业社会的逐步到来，人类的生

---

① 贾开,蒋余浩.人工智能治理的三个基本问题:技术逻辑、风险挑战与公共政策选择[J].中国行政管理,2017(10):41.

② 何哲.人工智能时代的政府适应与转型[J].行政管理改革,2016(8):55.

活、工作、学习过程和消费过程通过大数据形式得以保存，数字化存在成为人类的常态。人工智能通过对大数据中包含的海量信息的智能化筛选及热力图等的分析，可以非常准确地做到对社会问题的及时感知和政策问题的合理界定，政策问题识别和界定的数据化趋势越来越明显。2017 年 7月，国务院印发的《新一代人工智能发展规划》指出，人工智能技术可准确感知、预测、预警基础设施和社会安全运行的重大态势，及时把握群体认知及心理变化，主动决策反应，将显著提高社会治理的能力和水平，对有效维护社会稳定具有不可替代的作用。

2.公共政策制定主体的电子化

人工智能在公共政策制定过程中扮演着重要的角色。在弱人工智能时代，人工智能作为人类物质器官的延伸，拥有超越人类的统计、计算和分析能力，这一优势使其成为公共政策制定主体的重要辅助。随着人工智能技术的不断发展，人类会将具有模拟人类心理、情感和意志功能应用软件植入人工智能，人工智能可能由此产生自主意识，这时的人工智能就进入了强人工智能时代。在公共政策制定过程中，人工智能将会从原有的决策辅助工具系统变成公共政策的决策主体，政府部门及其工作人员反而可能成为人工智能决策结果的被动接受者，公共政策制定主体的电子化趋势日益明显。

3.公共政策制定过程的智能化

公共政策制定的过程包括社会问题感知、政策问题识别和界定、政策标准的选择、政策方案的制定和选择等环节。在弱人工智能时代，这些环节受到政策制定主体利益和价值倾向、社会舆情、媒体等多重因素的影响，主观性较强。随着人工智能的发展，人的数字化生存和现实社会的网络化、数据化将成为常态。人工智能技术通过对有关人类行为信息、网络舆情等大数据的分析和对各种决策方案执行过程和结果的技术模拟，可以将公共政策议程的全过程进行全景式的呈现，公共政策制定过程的智能化进程不断加快。"我们发现、分析和解决问题以及将政策方案付诸执行的方式，催生数据化决策及智能化决策，推动政府决策的民主化和科学化；

大数据可以让我们了解真实情况，带来更为开放、透明和负责的政府；大数据可以从数据共享、内部竞争、细分服务、智能决策、创新驱动等方面改进政府绩效。"①

随着人工智能技术在公共政策议程中的深度应用，公共政策制定过程的智能化水平不断提升，"人工智能系统能够提供更加精确的风险评估和预警，使战略决策从一种事实上的主观判断转变为精确化的选择过程，从而提升战略决策的科学性"②。同时，"在大数据环境下，深度学习算法可以通过监督学习或非监督学习的方式，分类归纳相关信息，并设立风险参数，通过逐步建立基于人工智能技术的风险预警系统"③，可以有效地对决策可能存在的风险进行及时的预警，防止决策失败，提高决策成功的概率。

4.公共政策决策标准的中立化

公共政策是政策制定主体为了解决特定的问题，依据一定的利益和立场，从若干个备选方案中选取一个方案的过程和结果。其中，政策主体的利益立场和价值评判标准会对政策问题的识别和特征界定、方案的选择等产生很大影响。经过科学化和民主化决策程序产生的某项公共政策，看上去与价值无涉，实际上背后隐藏了激烈的价值分歧，大多数决策都是多方利益博弈的结果。人工智能被广泛应用到公共政策领域后，政策问题的界定和政策方案的设计，主要依靠客观数据的采集、处理和分析，决策程序更加科学化，价值思考、价值判断在公共政策制定中的影响力逐步减弱，技术标准带来的情感中立正取代价值思考成为公共政策议程中决策的主要依据。在决策过程中，人工智能系统能够最大限度地排除人为因素的干扰，提高决策的可靠性。在参与决策的过程中，"人类会受到特定文化和社会心理的影响，但人工智能是一个完全客观和中立的决策体系，代表着纯粹理性的态度。人工智能决策体系只会受到参数的影响，不会出现激情

---

① 陈振明.政府治理变革的技术基础:大数据与智能化时代的政府改革述评[J].行政论坛,2015(6):7.

② 封帅.人工智能时代的国际关系:走向变革且不平等的世界[J].外交评论,2018(1):136.

③ 封帅.人工智能时代的国际关系:走向变革且不平等的世界[J].外交评论,2018(1):136.

驱动决策的现象。它不会因为自己对于'荣誉'等主观因素的渴望或者对于某些未知因素的'恐惧'而影响自己的决定，甚至也不会考虑与战略目标相冲突的道德因素。当处于战略优势环境时，人工智能不会轻敌自满，做出错误决策。而处于劣势状态时，人工智能决策系统也不会变得更加冒险。即便是从战略博弈最为原始的方面来看，人类决策者在考虑战略决定时，会受到个人心理素质、身体状态、抗压能力甚至环境舒适度的影响。人类永远无法摆脱荷尔蒙或葡萄糖对于身体的干扰，但人工智能不会因为疲劳而做出任何改变，因此，无论从哪个角度来看，人工智能系统都是最为可靠的决策者，是理性选择的最完美诠释。"[1]

5.公共政策决策主体的去中心化

在传统的公共政策议程中，公共政策的制定主体一般是各级政府及其职能部门，政府及其职能部门作为权力中心，掌握着大量的有价值的信息，拥有强大的数据采集、处理和分析能力，这些因素使得少数掌握权力的政治精英在公共政策决策体系中居于绝对的中心地位。"即使是在高度现代化的工业社会时代，社会生活中的每个个体也仍然在彼此影响不深的社会情境下进行独立决策，并有充足的时间进行谨慎思考和理性抉择，例外主要发生在诸如战争或突发事件等需要做出迅速决策的情形之中。在这样的条件下，社会的运行主要是以低频率的社会互动和有限的信息传递为基础构建的，社会决策主要是基于理性原则在精英群体之间寻求摇摆和平衡，并形成了一整套延续至今的社会决策模式：精英提案、大众投票，少数服从多数，亦即所谓'多数人的民主'"[2]，市场主体和社会主体在公共政策议程设定中处于边缘地位。人工智能时代的到来，改变了人类的存在形态和信息汇聚的路线图，政治生活成为人们多元和多样生活形态的一部分，人们的经济生活、文化生活等开始在人类生活日常中的比重越来越大，消费记录的数据化形态不断强化。由此导致的结果是，政府在信息获取上的优势不断被削弱。而一些大企业逐渐成为拥有充足信息和海量数据

① 封帅.人工智能时代的国际关系:走向变革且不平等的世界[J].外交评论,2018(1):137-138.
② 戴长征,鲍静.数字政府治理:基于社会形态演变进程的考察[J].中国行政管理,2017(9):23.

的主体，人工智能通过对海量信息的处理，可以非常准确地对未来的情势做出预测，拥有数据优势的大企业在公共政策决策体系中的地位越发强大，以至于很多地方政府在出台有关政策时需要从部分企业购买或者借用数据，人工智能时代公共决策主体的去中心化已经开始，政府不再仅仅是"由内而外"发布指导性意见的权威管理者，而是渐趋"由外而内"的社会信息融通者和智慧型社会公共服务者①。

第二节　人工智能给公共政策议程带来的积极影响

人是社会关系的总和，通过对人的过去和现在消费和社会交往等行为信息的记录和分析，可以对人的未来行为趋向作出较为准确的预测，但难点是如何将这些信息完全地记录并存储下来。随着移动互联时代的到来，人们的线上线下互动日渐频繁，我们的言行通过数据形式被不断记录并存储下来，数据化成为人类生存的常态，为人工智能技术在公共政策议程中应用场景的不断拓展提供了极大的便利和可能。人工智能借助于海量的数据信息和算法，通过感知、推理、学习、决策等思维活动，可以较为顺利地完成特定的分析和决策任务，从而对公共政策议程产生积极的影响。

一、政策问题的界定更加精准

在人工智能时代，现实社会的网络化呈现，使得人们可以运用人工智能准确感知公众舆论和界定政策问题。公众舆论的感知和政策问题的界定，是公共政策议程关键步骤，将哪些社会问题列入公共政策议程，如何清晰地界定政策问题的性质、发展程度、影响范围、目标群体，是制定出科学有效的公共政策的前提。在公共政策议程中，由谁决定哪些社会问题成为政策问题，对于政策制定过程来说是关键性的。决定哪些问题成为政

---

　　①戴长征，鲍静.数字政府治理：基于社会形态演变进程的考察[J].中国行政管理，2017(9)：25.

策问题，甚至比决定这些问题的解决办法更为重要①。在传统工业社会，我们的日常言行和政治生活主要集于现实空间运行，公众的内心关切无法通过其外在行为进行准确认定，公共政策制定主体在收集和处理社会问题信息、推动社会问题转化为政策问题等工作方面，需要耗费大量的人力、物力和财力，而且往往收效甚微。

后工业社会的到来，人的生存形式发生了根本变化。在人工智能时代，"人的本质是一切社会关系的总和，在一个由数据构成的世界，人也是一切数据足迹的总和。人工智能时代，公民个体社会经济生活以数据形式留下记录，每个个体无时无刻不是数据的生产者。数据是人工智能的重要组成内容，人工智能基于海量数据的提炼与分析，数据特性赋予政治行为过程的数据信息化特性。通过信息收集和智能筛选，在政治决策领域形成智能化的'科学建议'。国家的治理、政治的管理、公民的社会生活等都基于数据，对数据产生巨大的依赖度"②。大数据时代的到来和人工智能在大数据处理和应用上的优势，可以有效提升公共政策问题界定的准确性。人工智能凭借在海量数据自动收集、分类和筛选以及对人群热点的时间、空间分布等方面的优势，可以以低廉的成本、快速准确的方式来将社会问题的性质、范围、时间、空间、人群、舆情发展态势呈现给决策主体，有利于更加快速、科学、准确地找到政策问题症结，推动决策的及时出台，极大地提高公共政策的时效性。

二、政府决策的科学性大幅提高

公共舆论是公共政策制定、执行和变更的重要依据，获得真实而全面的舆情信息，是提升公共政策议程质量的关键。人工智能技术在公共政策分析过程中的应用，可以有效提升公共政策决策方案的科学性和准确性。在公共政策议程中，政策问题被科学准确地界定后，公共政策方案的制定

---

① 托马斯·R·戴伊.理解公共政策:第12版[M].谢明,译.北京:中国人民大学出版社,2011:28.
② 刘波.人工智能对现代政治的影响[J].人民论坛,2018(2):30.

和选择就成为公共政策议程的重要任务。围绕一个特定政策问题，设计的公共政策方案一般较多，如何在诸多方案中选择令人满意的方案，成为公共政策方案选择的难题。近些年来，各种各样公共政策分析工具的出台，为公共政策方案制定和分析提供了更多的选择。但是，公共政策制定主体在决策时面临的认知局限、信息不完备和时间有限等方面的难题并没有完全消解，影响了决策的科学性。伴随人工智能的快速发展和深度应用，深度学习算法正在公共政策领域得到广泛应用。通过深度学习算法的不断演进和运用，人工智能技术不仅可以更加精准地分析和界定政策问题，也可以有效地突破决策主体在编制方案时面临的信息、数据和时间有限的障碍，有助于更快速地对各种政策方案的执行结果作出精准预测，从而大大提高公共政策决策方案的科学性和准确性。

科学、准确、有效决策的前提"是对于前景和风险的准确预测与判断，但任何人类的决策行为本身都是根据极为有限的情报信息进行的具有较强主观色彩的猜测。同时，人类决策过程始终处于信息超载的状态下，决策者只能将部分信息作为战略判断的主要依据。根据认知心理学的观点，人类更容易吸纳那些符合自身偏好的信息，决策者也会因为固有的知识体系的影响，为自己建立认知捷径。这种普遍存在的状态会造成两种结果：有时决策者会由于自我认知的偏见而对各个领域的状态做出过于乐观的判断，有时又会因为信息触及其认知捷径的盲区，而夸大低概率事件出现的可能性。总之，传统的风险评估和预警具有明显的模糊性与偶然性特征"①。在人工智能技术应用于公共政策议程之后，人工智能技术可以帮助决策者通过技术手段以概率的方式精确表达决策风险的严重程度与应对策略的有效程度，即人工智能系统介入决策过程之后，决策过程将从原来的根据有限决策信息的主观猜测转变成从不同概率的前景中拣选决策方案。风险和策略的量化表达最大限度减少了决策过程中存在的不确定性，从而有助于保障决策科学化目标的实现。

人工智能技术的快速发展和应用的不断拓展，使得机器学习算法正在

---

① 封帅.人工智能时代的国际关系：走向变革且不平等的世界[J].外交评论,2018(1):136.

公共政策领域得到广泛应用。机器学习算法与传统算法的区别在于，传统算法是单纯执行人预先设计的指令，缺乏主动性和创造性，而机器学习算法是利用某些算法指导计算机利用已知数据得出适当模型，并利用此模型对新的情境作出判断，从而完成行为机制的过程。"更为重要的是，人工智能的决策模式与人类思维模式完全不同，它是在给定目标体系的情况下，利用多层次神经网络系统构建新的博弈策略。深度学习算法的特点决定了机器智能并不是模仿人类的决策过程，而是在充分理解目标的基础上主动构建新的策略。这些策略通常与人类的思维方式差异较大，但在实现博弈目标方面往往更加有效。深度学习的特点使得人类往往无法理解人工智能系统的思考方式，只能通过策略的执行结果进行推断，但该系统在现有以博弈模型为基础的竞技类游戏中都能够轻易地取得明显优势，并且找到人类思维的很多盲点加以有效利用。"[1]因此，通过机器学习算法的不断演进和运用，不仅可以更加精准地分析和界定政策问题，也可以有效地突破决策主体在编制方案时面临的信息、数据和时间有限的障碍，有助于更快速地对各种政策方案的执行结果作出精准预测，从而大大提高公共政策决策方案分析的科学性和准确性。

此外，人工智能深度学习算法还具备一个人类决策者不具备的优势，即深度学习算法可以不断地从决策错误中学习，避免同样的决策失误在后续的决策过程中重演，不断地改进和提升决策水平和质量。管理心理学中的归因理论认为，在面对一个特定的事件结果时，人类在心理上存在要为这个事件寻求一个或者多个原因的倾向，然后在诸多原因中选取一个他（们）认为最重要的原因，将其作为引发该事件特定结果的主因。在归因方面，人类心理存在一些规律性的倾向，往往将自身的成功归咎于自身的内因，将自身的失败归咎于外因。具体到公共政策方面来说，面对已经出现的决策失败结果，决策者出于面子、政绩考核顾虑和自身认知的局限等原因，倾向于将失败的主要原因归咎于外在环境或者决策执行者的问题，一般不愿意承认是自身决策的失误（即使是明显的决策失误），也很难从

---

① 封帅.人工智能时代的国际关系:走向变革且不平等的世界[J].外交评论,2018(1):137.

之前的决策失败中吸取教训，有可能导致同样的决策失误在之后的决策中再次出现。而人工智能属于技术系统，不存在所谓的"面子"问题和政绩考核的顾虑，通过自身的算法，可以不断吸取之前决策中出现失误的教训并不断根据具体应用场景改变决策方案，不仅有效避免了决策失误的重复发生，更加有效地提升了决策的科学性、有效性及决策实施后成功的概率。

三、有效降低公共政策分析成本和提高公共政策分析质量

在公共政策议程中，为了确保政策分析的质量，在政策问题的识别和界定、决策方案的科学性和可行性论证、政策执行监控、政策效果评估和反馈等环节需要投入大量的人力、物力和财力。同时，引入外部专家参与公共政策议程也是确保政策分析质量提升的重要环节。公共政策分析专家具备的专业知识和技能有助于决策方案的有效选取，但很多专家在决策时也容易受到自身的决策立场、价值观、利益关联和思维惯性等方面的制约，使得公共政策分析质量受到一定程度的影响。

公共政策的决策本身是决策主体在复杂的政策环境下对所能够获取的不完整决策信息进行筛选、分类、整理，并最终作出决断的过程。在互联网技术和大数据应用越来越成熟和越来越重要的现代社会，公共政策决策的科学性有赖于对大数据的收集、分析和利用。大数据的出现和应用，虽然提高了决策的科学性，同时也给决策者提出了如何在有限的时间内完成对决策所需信息的采集、筛选和分析整理，而这项任务如果完全利用人工手段来完成的话，难度可想而知，这也导致了很多决策者因为技术和成本原因而放弃了决策过程中对大数据的利用。但在人工智能算法介入之后，公共政策的决策过程就真正实现了对于大数据的深度利用。"人工智能系统可以利用科技力量，以人类无法比拟的工作效率阅读和分析数据，并通过对机器的'学习'和'训练'，在短时间内掌握人类分析人员需要用较

长时间训练才能获得的情报分析能力。"①因此,人工智能技术介入公共政策议程后,对提升决策质量有重要帮助作用的大数据的筛选和价值挖掘上存在的时间困境和人力、物力障碍将会在很大程度上被消解,降低政策分析成本,提高政策分析质量的愿望也变得更加可期。

在公共政策制定过程中,"凭借以往经验拍脑袋式的权威决策是成本最高、效率最低的决策方式,这种传统的经验决策是封闭式决策,其对瞬息万变的事态无法保证决策的科学性。相反,大数据是实现数据决策、智慧决策的重要手段,它可以通过对海量、动态、高增长、多元化、多样化数据高速处理,并通过对海量数据相关性分析快速获得有价值信息,提高公共决策能力,增强决策的科学性"②。因此,通过人工智能技术在公共政策分析过程中的大量运用,可以对公共政策分析所需要的数据收集、信息整理加工等大量的基础性工作进行替代,也可以对在公共政策方案的可行性、合法性、成本收益等分析环节所需要的技术专家、律师、财务分析人员等专业人士进行很大程度上的替代,从而可以将政策分析成本大大降低,分析速度得到大幅提升,有利于保证公共政策分析过程的客观公正,有效提升决策的质量。

四、推动公共政策议程设定模式从被动回应走向主动设定

公共政策是政府为应对政策问题而出台的系列解决方案,社会问题到政策问题的转变是政策议程正式启动的标志。因此,公共政策在出台时间上一般都要晚于社会问题生成之后很长一段时期。由于公共政策的议程和政策问题的形成、发展进程的不一致,从而会导致很多经过科学论证和民主决策程序后出台的公共政策在执行中的成效不佳,究其根源,不是公共政策制定本身的问题,而是政策出台后原先存在的社会问题或者政策问题已经发生变动所致,在政策议程上表现为自下而上的被动式决策过程。例

---

① 封帅.人工智能时代的国际关系:走向变革且不平等的世界[J].外交评论,2018(1):137.
② 雷丽萍.大数据推进政府治理创新[J].中共山西省委党校学报,2018(5):85.

・ 243 ・

如，在美国政治学中，一个占主要地位的政策制定模型是"自下而上"的大众驱动型的政策制定模型。这种"民主—多元主义"政策模型认为，在一个开放的社会里，任何问题都可以由下列行为主体予以确认：个人或集团，寻求获选的候选人，谋求提高声望并希望连任的政治领导人，试图确立政党原则并树立受大众欢迎的良好形象的政治党派，"制造"新闻的大众传媒，甚至还有寻求引起公众关注的抗议团体。

公共政策方案的出台一般在政策问题界定之后，公共政策议程呈现出"自下而上"的模式。传统的公共政策议程存在较为明显的被动性特征，一个社会问题只有严重到一定程度才会引起政府相关部门的重视，将社会问题纳入政策议程，然后出台政策予以解决。由于政策出台后，既有的政策问题已经发生一定的变化，导致政策效果难以确保。伴随人工智能时代的到来，"'权力正从国家向网络转移，凭借信息技术我们的社会互动正取代等级结构作为社会组织形式的主导地位'，数据和信息不但已在整个社会层面开始分享和传播，就连'权力'和'权威'也日趋支离破碎为各个'无组织'、'无中心'的网络化社会运动；有关社会公共问题的治理协商也已不再仅仅集中于精英内部的激烈辩论和民意代表之间的唇枪舌剑，普通民众通过自己的移动终端和社交工具也日趋深入参与其中"[①]。目前，随着人工智能技术在公共政策议程中应用场景的不断拓展，使得我们可以借助不断成熟的人工智能技术，通过智能信息收集和分类筛选数据，由人工智能自身主动地对特定目标群体的行为、心理和问题的发展历程、现状以及规律性展开及时分析，并对未来的行为发展趋势和心理变化进行精准预测，从而为公共政策问题的尽早界定和方案的尽快出台提供了可能和便利。人工智能对公共政策议程的这些积极影响，推动了公共政策议程由"自下而上"逐步转变为"自上而下"，公共政策滞后于政策问题很长时间方能出台的问题将可以得到有效解决，公共政策议程和政策问题进程的距离会不断缩小，政策议程与问题进程同步也可能会成为未来公共政策分析议程的常态。

---

① 戴长征,鲍静.数字政府治理:基于社会形态演变进程的考察[J].中国行政管理,2017(9):23.

第三节　人工智能给公共政策议程带来的不确定性风险

人工智能在对公共政策议程产生积极影响的同时，由于存在技术上的不确定性、法律规定的模糊性和责任上的道德风险等因素的影响，人工智能对于公共政策的现在和未来也产生了诸多不确定性影响，并且会带来新的政策问题。

一、公共政策议程中的技术分析和价值考量如何有效平衡

人类社会进入信息时代后，"社会形态的改变已经使得我们每个人的决策根植于更宽广的社会信息网络之中，使得我们每个人正在演变成为整个社会决策的一个有机组成部分；有关社会运行管理的政策产出越来越体现为不同民意之间的妥协而不是精英之间的共识"①。公共政策的合法性和合理性是我们制定和执行公共政策时要遵循的重要准则，公平和正义是我们制定和选择政策方案必须要重视的价值标准。公共政策是针对特定的政策问题，将有限的公共资源在目标群体之间进行权威性分配的过程和结果，其背后必然存在利益的博弈和价值排序的冲突。人工智能在公共政策领域的广泛应用，使得人工智能对大数据的采集、分析和处理的结果越来越成为政策问题识别、目标群体界定和方案选择的主要依据，很多原本充满了价值争论的人为因素在公共政策议程中的影响力不断下降，技术分析取代价值思考正成为人工智能时代公共政策议程发展的主要趋向，公共政策制定主体在很大程度上已经成为依据人工智能分析结果来作出政策选择的被动接受者。

公共政策的制定和分析是个技术性很强的工作，对于政策制定的技术工具运用和技术分析结果的依赖性很大，这从当前公共政策分析工具的多

① 戴长征,鲍静.数字政府治理:基于社会形态演变进程的考察[J].中国行政管理,2017(9):24.

学科化、多元化等方面可以很明显地判断出来,而大数据时代的到来和人工智能技术的深度应用更是对这一趋势的强化。但是公共政策的制定和分析过程也涉及利益分配和价值排序等多方面的问题,不能完全以技术分析工具得出来的结果作为政策制定的唯一依据。数据和技术工具是没有情感的,效益和效率是其评判公共政策方案的主要标准。由于公共政策涉及价值和资源的重新配置,技术分析和价值思考的有效平衡是公共政策分析应遵循的原则,很多在技术上最合理、在成本收益比例上最优的方案未必是最好的方案。技术分析可以成为我们解决社会问题、制定公共政策的参考,但不应该也不可以成为决定公共政策分析全过程的主导因素,公共政策分析的过程离不开价值思考和价值对话,如何寻求技术分析和价值思考在公共政策议程中的平衡应成为人工智能时代公共政策分析必须要回应的问题。

二、数据霸权与公共政策的公共性价值旁落的风险

进入人工智能时代后,公共政策主体的实质中心逐步从政府转移到拥有核心大数据优势的商业巨头,政府在数据上的优势不在,数据霸权态势逐渐呈现,政策的公共性存在旁落的可能。公共政策主体是指那些参与和影响公共政策问题界定、议程设定、方案选择、政策执行和监督等公共政策过程的组织、团体和个人的总称。公共政策主体虽然包含的类型很多很广,但国家机关特别是国家行政机关在公共政策问题界定和议程确立中一直占据着中心地位,政府拥有权力、数据、信息、政策议程规划等诸多方面的优势,企业和公民个人在很大程度上只是公共政策的被动接受者。人工智能时代的到来,给公共政策分析带来了很多便利,但也冲击了传统的以政府为中心的公共政策主体格局。

人工智能的研发和场景应用前期投入巨大,人工智能运行需要海量的数据来加以支撑。在移动互联时代,人类的生活和生产行为活动在不断生产数据,过去和现在数据的累积,可以很好地还原个体和事态的发展变迁

历程，并对未来作出很精准的预测。在这些方面，政府、社会组织、中小企业和公民个人存在明显的弱势，而大型互联网公司，通过其客户应用端在线用户的消费行为记录，获得了海量的消费信息，信息构成的数据成为这些互联网企业的宝藏。公共政策制定需要大量真实可靠的信息和数据作为支撑，移动互联时代的互联网巨头凭借其在数据分析开发和人工智能使用上的优势，在公共政策议程中的话语权不断增强，公共政策议程正逐步由权力主导向数据主导时代转变，谁掌握的数据多、数据全、数据精准，谁在人工智能时代的公共政策议程中就拥有更多的优势和权威。政府有关部门对大型商业巨头在数据上的优势及其使用规则，如果不加以严格规约的话，将会导致少数几个公司主导的"数据霸权"时代的来临，不仅使得政府机关在公共政策议程中被边缘化，而且也会增加个体隐私信息被泄露或者被不正当使用的概率，数据使用和开发对商业利益的过度追求，导致公共政策的公共性价值存在旁落的可能。

三、失业、收入分配差距等社会问题面临加剧的风险

伴随人工智能技术的快速发展和应用场景的不断拓展，人工智能替代人工的趋势不断强化，特别是对技术含量较低的制造业从业者的替代尤为明显，这将会在很大程度上加剧失业问题，使得社会贫富差距进一步扩大，并由此引发新的公共政策问题的出现。人工智能技术水平的提升和在生产领域的大范围应用，带来了生产效率的大幅提升，减少了人类的劳动强度，增加了人类的休闲时间，为人类的自由而全面的发展提供了更多的空间和可能，有利于解决马克思提出的工业时代中出现的人的异化问题。但是科技是一把双刃剑，人工智能在部分取代人工、解放人类的同时，也增加了技术性失业群体的数量。人工智能被很多人称为第四次技术革命，同每次技术革命进步一样，会因机器在部分领域和环节取代人工而导致技术性失业，但人工智能带来的技术性失业同之前的技术对人工的替代不一样，一是人工智能时代的技术性失业不是技术对部分劳动环节的替代，而

是对部分职业的整体替代，造成的失业者总量较多，部分职业将永久性丧失；二是人工智能导致的失业在不同人群中的影响分布程度不同，呈现出对产业链低端就业人口的影响远大于产业链中高端就业的人口，部分失业者因自身学历低和适合其工作的就业机会的大幅度减少而面临持续性失业的可能。

大量低学历就业人口的失业，不仅将会对其生活产生很大影响，而且可能会因长时间的甚至可能是永久性的失业，诱发群体性事件的产生，对社会稳定和公共安全产生很大冲击，这是我们在人工智能时代必须要正视的问题。研究显示，估计到2030年，将有7500万到3.75亿人（占全球劳动力总数的3%至14%）需要转换职业类别或失业。如果处理不好，这种变化可能会导致收入两极分化，加剧社会矛盾。麦肯锡全球研究所估计，迄今已知的技术不仅能取代全部职业中的5%，而且可以在过半职业中承担部分工作。将被人工智能完全替代的职业，是那些只需要基本认知技能（包括数据输入）或者主要依靠大量数据学习的岗位。除了于工业或技术水平要求不高的职业之外，还包括会计、金融和法律服务等领域的工作。此外，人工智能也在颠覆商业模式，彻底改变企业内部的组织方式，带来更深层次的社会经济挑战[1]。也许在不久的将来，"随着无人驾驶、智能决策系统等新技术的逐渐成熟，仓储、交通运输、城市管理，乃至法律、教育和医疗等行业，都将被深深卷入由人工智能引发的技术变革浪潮中去。这是一场具有产业革命意义的技术变革，它将改变人类生产的基本形态，也将改变社会经济的基本结构"[2]。

四、人工智能辅助决策诱发决策责任主体认定上的道德风险

人工智能凭借强大的数据采集、计算、分析、预测能力，在公共政策

---

① 人工智能崛起：我们还没准备好［EB/OL］.（2018-10-10）［2022-02-10］.http://www.banyuetan. org/dyp/detail/20181010/1000200033134991539139543970671222_1.html.

② 封帅.人工智能时代的国际关系：走向变革且不平等的世界［J］.外交评论,2018(1):143.

的制定过程中发挥着非常重要的角色，甚至有些人认为人工智能决策就是最好、最科学的决策方式。人工智能虽然功能强大，但毕竟是依据过往和现有的数据来对未来情境下可能发生的场景进行预测，部分数据和信息的缺失、既有信息和数据在传输过程中的变异和失真以及未来环境发生变异的可能性，都可能会导致人工智能在公共政策方案制定环节出现失误。同时，人工智能在公共政策过程中，扮演的是辅助决策的作用，人是决策的中心，人的主观判断和操作的失误也可能会导致人工智能辅助决策制定时出现问题，这就牵涉到决策失败的责任由谁来承担的问题。如果决策出现失败，政策制定主体出于避责的考虑，往往会将客观的和主观的责任全部推给人工智能。而由于人工智能是人工设定的辅助决策系统，虽然存在一定的自主性和能动性，但终究不是政策制定主体，不具备承担决策风险的主体资格和现实能力。决策者的避责和人工智能缺乏担责的能力，将会导致没有主体来承担决策失败责任的局面，决策责任认定上的道德风险问题开始凸显。

第四节　强化对人工智能进行规约的对策

人工智能的出现和发展，给社会问题的及时预警、政策问题的准确界定、政策方案的科学制定和政策执行效果的有效提升带来了积极的推动作用，有效降低了公共政策制定的成本和政策运行的风险。但同时，由于人工智能发展面临技术、法律、伦理规制上的诸多不确定性风险，对公共政策主体、公共政策分析价值、公共政策责任分担等方面带来了极大的不确定性。因此，对于人工智能时代公共政策议程发生的变化，我们要积极面对，一方面，要继续运用人工智能在问题界定、方案分析等方面的功能优势，推动公共政策成本的降低和质量的提升；另一方面，也要从制度、法律、伦理等层面不断强化对人工智能的规约，防止人工智能霸权的出现。

一、明确人工智能在公共政策议程中的辅助决策地位

在人工智能技术应用于公共政策议程后，要明确人工智能在公共政策制定中的辅助决策地位，不能任由其取代人类成为政策主体。"公共政策议程是指社会问题被决策者纳入政策问题视阈并确定需要采取行动予以解决的过程，它是公共政策的逻辑起点，在整个公共政策过程中扮演着关键角色。公共政策议程研究的主要任务是厘清社会问题如何成为政策问题，继而被排上决策者的议事日程。"①因此，公共政策议程不仅包括政府制定公共政策的过程，也包括社会问题的产生过程和社会问题向政策问题转化的过程，王绍光将公共政策议程分为传媒议程、公众议程和政策议程三类②。公共政策议程中，充满了人类意志的表达和聚合。随着人工智能技术的快速发展，人工智能在公共政策议程中的作用将会由现在的辅助收集数据和智能处理信息，转变为拥有一定意志的独立主体，福柯称之为"技术的主体性"。在他看来，"技术并不仅仅是工具，或者不仅仅是达到目的的手段；相反，其是政治行动者，手段与目的密不可分"。③对此，我们需要明确政策定位，对于所谓技术主体性的分析论证不能只停留在哲学层面的思考，还要面对现实层面的风险，不能草率行事。

人工智能是人工与智能的结合，但是随着人工智能逐步从初级的弱人工智能向强人工智能和超人工智能发展，人类对人工智能的控制能力将会不断减弱，具有强大自我复制能力的人工智能一旦具备了独立意识并超出了人类控制范围之后，那将会给人类带来巨大风险甚至灾难。对此，我们需要从法律上对人工智能在公共政策领域的运用进行积极有效的规约，明确人工智能在公共政策制定中只能处于辅助决策地位，不能任由其取代人类成为政策主体，更不能赋予其独立的法律人格。

① 陈宝胜,刘伟.公共政策议程研究的成果、限度与发展走向[J].江西社会科学,2013(4):190.
② 王绍光.中国公共政策议程设置的模式[J].开放时代,2008(2):43.
③ 贾开,蒋余浩.人工智能治理的三个基本问题:技术逻辑、风险挑战与公共政策选择[J].中国行政管理,2017(10):42.

二、寻求公共政策议程中的技术分析与价值考量的平衡

在人工智能技术应用于公共政策议程后，我们需要处理好技术理性和价值理性之间的关系，寻求公共政策分析过程中的技术分析与价值思考的平衡，不能任由技术分析成为公共政策分析的主导因素，确保公共政策的公共性价值的维系。公共政策议程充满了利益的博弈和价值的分歧，各种各样的政策问题解决方案即公共政策只是利益和价值博弈后取得暂时平衡的结果，没有哪一种决策方案是最优的，短暂平衡格局被打破，将预示新的公共政策取代既有的政策格局。人工智能在公共政策议程中的大规模应用，使得技术分析开始在政策分析中的功能愈发强大，技术分析开始成为很多公共政策问题界定和方案选择的唯一依据，价值分析在公共政策议程中的地位逐步淡化。人工智能通过算法和数据的使用，有助于公共政策分析质量的提升。但是，公共政策是有限理性与价值博弈的产物，在将人工智能运用于公共政策议程的同时，要注意将技术分析和价值思考进行有效平衡，不能任由技术分析成为公共政策分析的主导因素，技术分析只能是工具而已，不能成为目的本身。公共政策的出台除了要依据技术分析外，还需要价值思考的不断深入推进，以确保公共政策公共性价值得到有效落实。

三、确定人工智能参与公共政策议程后的责任分担原则

在人工智能技术应用于公共政策议程后，需要建立明确的公共政策决策责任界定机制，不能由人工智能代替政策主体承担公共政策决策责任。公共政策质量的高低与决策责任如何承担密切关联，谁决策、谁拍板、谁担责是公共政策决策主体责任分担机制的原则。在人工智能广泛应用于公共政策议程中的社会问题分析、政策问题界定、政策方案制定和选择等多项环节以后，人工智能和传统的公共政策的决策主体在决策中扮演着共同

主导政策议程的角色。如果通过政策的执行，政策目标顺利实现，将不存在责任分担的问题；但若出现政策执行失败，如何来界定决策主体的责任将面临很大困境。由于人工智能缺乏必要的独立人格和承担能力，由其来承担决策失败的责任暂且还不现实。因此，必须要建立明确的公共政策决策责任界定机制，明确由传统决策主体来担责的原则。同时，对于人工智能自身运行错误导致的决策失败的责任，应该由人工智能的设计者和运行者视具体情况来分担责任。

四、防止人工智能时代数据霸权出现

在人工智能技术应用于公共政策议程后，我们需要有效地规约少数拥有海量数据和人工智能应用技术优势的互联网企业，以防止人工智能时代数据霸权的出现。在人工智能时代，数据已经成为重要的战略资源，算法主导着人工智能技术应用的方向。随着人们生活和社会交往方式的逐渐数据化，我们每个人都成了数据的生产者，而那些提供各种类型的应用软件和云存储技术的大企业却成了数据的拥有者，少数大企业掌握了海量的数据。同时，这些企业在人工智能算法等技术研发上拥有明显的优势，数据和算法的叠加，使得少数企业对公共政策议程的影响力愈发强大。对此，从维系公共安全和公共政策公共性价值的角度出发，我们需要加快出台和完善数据采集、使用、转让等方面的法律法规和规章制度，以此来对拥有海量数据和人工智能算法技术优势的互联网平台企业进行有效规约，确保政府在公共政策决策体系中的主导地位，防止人工智能时代数据霸权的出现。

第十一章　人工智能时代的全球治理：
构建人类命运共同体

　　习近平总书记在党的十九大报告中强调，我们生活的世界充满希望，也充满挑战。我们不能因现实复杂而放弃梦想，不能因理想遥远而放弃追求。没有哪个国家能够独自应对人类面临的各种挑战，也没有哪个国家能够退回到自我封闭的孤岛。人工智能时代的到来，给全球治理体系和全球治理格局带来了很大的冲击，引发了我们对大型企业的数据霸权和算法独裁，以及人工智能技术发展到一定阶段后可能产生的危及全球治理体系和人类命运的技术风险等问题的担忧。人类只有一个地球，构建公平正义的世界秩序和保障人类未来的安全幸福是全人类的共同使命和美好期待，在人工智能时代构建人类数据、技术和命运共同体已经成为包括中国人民在内的世界各国人民的必然选择。

第一节　人工智能给全球治理带来的冲击

　　伴随近些年来移动互联网、物联网、大数据和人工智能技术的快速发展，人类正迎来被称为工业革命4.0版的人工智能时代。大数据时代的到来、深度学习等算法的突破和具有超强计算能力的计算机研制的成功，使得人工智能技术在不同行业的深度应用成为现实。人工智能技术在不断丰富和完善全球治理体系的同时，也对一直以来由民族国家所主导的全球治理体系和全球治理格局产生了巨大的冲击，拥有数据和算法技术优势的巨型企业及其背后的资本在全球治理中的影响力和控制力不断提升，全球治理体系和全球治理格局正发生着深刻的变革。人工智能技术在全球治理中的深度应用给全球治理体系和治理格局带来的冲击，包括拥有人工智能技术优势的少数巨型企业和发达国家对全球治理秩序的冲击以及人工智能本身对以人类为中心的全球治理秩序的冲击两种类型。其中，拥有人工智能技术优势的少数巨型企业和发达国家对全球治理秩序的冲击已经成为或即将成为全球治理必须要面对的现实问题，而人工智能本身对以人类为中心的全球治理秩序的冲击虽然是全球治理面临的潜在治理风险，但也需要对其做好应对的准备，因为这种治理风险一旦转化为现实问题，将会对人类的生存与发展问题产生极大的冲击，并引发诸多不确定性的风险。

具体来说，人工智能时代全球治理面临的挑战主要体现在以下四个方面：拥有人工智能技术优势的巨型企业对当前由民族国家所主导的全球治理体系和治理秩序的挑战；拥有人工智能技术优势的发达国家对人工智能技术发展滞后国家的技术霸权；强人工智能的出现及其异化可能带来的全球治理失序的风险，以及未来超级人工智能的出现可能会对由人类主导的全球治理秩序产生颠覆性的冲击。

一、拥有人工智能技术优势的少数巨型企业对当前由民族国家所主导的全球治理体系和治理秩序的挑战

1.拥有人工智能技术优势的少数巨型企业成为全球治理体系中的重要治理主体

相比于国家治理而言，全球治理是一项更为复杂的系统性工程。如何化解与世界各国利益和人类命运休戚相关的全球性问题，是全球治理的核心议题。而构建有效的全球治理体系是化解全球治理难题、提升全球治理能力和改善全球治理效能的基本前提和重要保障。1648年欧洲《威斯特伐利亚和约》的签订，不仅结束了席卷整个欧洲的三十年战争并推动了威斯特伐利亚体系的形成，进而标志着世界近现代国际关系体系的基本确立，

而且也标志着民族国家开始登上历史舞台，国家主权至上的国际法基本原则至此确立。此后，民族国家在国际社会中的影响力和控制力不断提升，民族国家逐渐成为国际社会中最主要的也是最重要的行为主体，以民族国家为主体的世界国际关系体系也处于不断的变革之中。在威斯特伐利亚体系确立之后，国际关系体系先后经历了1815年确立的维也纳体系、第一次世界大战之后产生的凡尔赛—华盛顿体系以及第二次世界大战之后形成的雅尔塔体系这样一个变迁历程。从20世纪90年代开始，伴随经济全球化浪潮和区域经济一体化进程的不断加速，各民族国家之间的经济联系和社会交往日益频繁，单个国家不愿也无力应对的全球性问题随之日渐增多。

经济全球化进程的不断加速，不仅使得人口、生产要素和资本在全球范围内开始加速流动，推动着世界经济版图发生着深刻的变革，而且也使得跨国公司在世界经济活动中的影响力和控制力不断增强，跨国公司开始与民族国家、政府间国际组织、非政府间国际组织和一些地区组织等一起成为国际社会重要的行为主体，并在全球治理中发挥着日益重要的作用。跨国公司以追求利润最大化为主要目标，有意绕开民族国家的法律约束，进而对民族国家的主权特别是经济主权构成了一定的威胁。以跨太平洋伙伴关系协定（TPP）为例，在原有WTO框架内，涉及的是商品货物在各协定国之间的自由（低关税）流动，而跨国公司在某主权国家做生意，必须遵守主权国家的法律和仲裁。为了绕开这些约束，TPP首次引入"投资者与国家间争端解决机制"（ISDS条款），设计出一套独立于WTO国家争端解决机制以外的新程序。根据ISDS条款，在TPP的框架内，规定主权国家法律必须服从TPP协定精神（打破主权国家壁垒，关税近乎为零，实现资本自由流动），如果投资对象国的政府决策损害了外国投资者的权益，则投资者可以绕开该国的司法体系，直接向国际商业仲裁机构提交争议，要求投资对象国政府赔偿损失。由此在TPP框架下可以对签约国政府的法律与政策变化所带来的损失要求赔偿，这极大地扩张了跨国公司的福利和利益分配①。

21世纪以来，伴随互联网技术的日渐成熟、大数据时代的到来和人工智能技术取得的重大突破，人工智能技术在全球治理中的应用场景不断拓展，其应用程度也随之不断加深。人工智能在全球治理中的深度应用，在推动全球治理能力不断提升和全球治理绩效不断改善的同时，也使得数据和算法在全球治理中的重要性日渐凸显，跨国公司中那些拥有数据资源、数据存储、数据分析和算法研发等技术优势的少数巨型企业在全球治理中的影响力和控制力日渐提升，拥有人工智能技术优势的少数巨型企业开始成为全球治理体系中的重要主体。

在前人工智能时代，跨国公司虽然在全球治理中发挥着重要的影响力，但其影响范围主要还是局限于经济领域，对部分民族国家主权的侵蚀也主要是在经济主权领域。民族国家之间通过签署自由贸易协定，可以在一定程度上化解跨国公司对全球治理特别是对全球经济秩序产生的冲击。但是在人工智能时代，人工智能技术的应用已经深入经济、政治、军事、文化等各个领域，如果不采取有效的应对措施，跨国公司中那些拥有人工智能技术优势的少数巨型企业很可能会取代民族国家成为全球治理体系中的核心治理主体，进而对全球治理秩序产生挑战。

2.拥有人工智能技术优势的少数巨型企业对全球治理秩序的挑战

随着互联网、大数据和人工智能技术的快速发展，人类社会正加速进入人工智能时代。在人工智能时代，跨国公司凭借自身的优势在全球治理中继续扮演着重要的角色，在化解全球治理难题和构建全球治理秩序等方面发挥着重要的作用。民族国家在利用人工智能技术来提升国家治理能力和改善国家治理绩效的同时，也产生了对于人工智能技术的深度依赖。"目前，几乎所有重要的人工智能领域的突破性成果都是在互联网时代的超级企业推动下出现的，谷歌、微软、IBM、Facebook、百度、腾讯、阿里巴巴这七大互联网超级商业巨头实际上掌控了当前人工智能领域的大部

---

① 美跨国公司成 TPP 最大赢家［EB/OL］.（2016-03-09）［2020-03-10］.http://news.youth.cn/gj/201603/t20160309_7723044.htm.

分话语权……他们建立的研究机构拥有海量的数据资源，并且拥有大学与其他研究机构无法企及的巨额研究经费，大部分人工智能的顶尖人才都逐渐汇聚到这些超级企业，并且根据企业的目标需求调整研究方向。"①

民族国家在国家治理中对于人工智能技术的依赖主要体现在对于数据的依赖和对于算法的依赖两个方面。数据的存储与分析及算法的研发与运用等方面的技术优势主要掌握在少数巨型企业手中，民族国家对于数据和算法的技术依赖也由此诱发了少数巨型企业对于民族国家的技术优势，并由此将技术优势逐渐转化为权力优势，而少数巨型企业对于民族国家的数据霸权和算法独裁就是其具体表现。伴随少数巨型企业对于民族国家数据霸权和算法独裁格局的确立，一直以来由民族国家所主导的全球治理秩序也会因此而受到较大的冲击。

（1）少数巨型企业对于民族国家可能会实施的数据霸权。互联网技术的出现，特别是移动互联网时代的到来，实现了人与人之间、人与组织之间以及组织与组织之间的互联。物联网的出现及其技术的不断成熟，实现了人类与物体之间和物体与物体之间的互联，推动了万物互联时代的到来，而万物互联的过程和结果最终都以数据的形式得以保存下来，人类也由此进入大数据时代。在大数据时代，人类通过对海量的数据依据一定的标准进行存储、分类和筛选，可以从中找出很多规律性的东西，并对未来进行科学准确的预测，以实现特定的治理目标。伴随数据在公司治理、国家治理、全球治理等领域中应用程度的不断加深，数据的资源属性日渐凸显，数据处理技术的重要性日渐提升，掌握了数据资源优势和数据处理技术优势的主体在全球治理中的影响力和话语权也将随之大幅提升。

伴随移动互联网技术的日渐成熟及其应用场景的不断拓展，各种类型的商业应用软件开始出现并日渐成为人们工作、生活、学习和消费等活动所习惯依赖的平台。在这些平台运行的过程中，海量平台客户的身份信息、工作信息、学习信息和消费信息等数据就被这些平台企业所掌握。凭借这些海量的数据及其拥有的数据存储与处理技术优势，这些平台企业可

---

① 封帅.人工智能时代的国际关系：走向变革且不平等的世界[J].外交评论,2018(1):146.

以在国家治理中发挥重要的作用。同时，伴随人工智能技术在政府治理中应用场景的不断拓展，各种类型的政务服务平台和应用软件也开始出现，广大民众在享受政务服务平台和政务类应用软件所带来的便利的同时，政府部门的公共数据也正在被这些政务服务平台和政务类应用软件的研发企业所获取。民族国家政府在借助于数据和数据处理技术来提升国家治理效能的同时，也产生了对于这些研发企业的技术依赖。

（2）少数巨型企业对于民族国家可能会开展的算法独裁。伴随人工智能在国家治理中应用程度的不断加深，世界各国的政府在利用人工智能技术来提升国家治理的精准性的同时，也逐渐产生了对于人工智能算法的技术依赖。目前，在人工智能算法的研发上，特别是在核心算法的研发上，少数几家巨型企业拥有绝对的技术优势。这些企业利用算法研发过程的不透明性和算法运行过程的不可解释性等特点，可以在技术外衣的掩饰之下展开针对民族国家的算法独裁，国家治理和全球治理所深度依赖的算法的不公平、不公正，会导致全球治理秩序的不公平、不公正。

伴随人工智能在国家治理和全球治理中应用场景的不断拓展和应用程度的不断加深，我们不得不思考算法独裁出现的可能性和其与公平正义之间的关系。算法与代码的设计都要依靠编程人员的判断与选择。由于编程人员对社会科学的知识往往缺乏深刻与充足的认识，所以很难保证把已有的规则准确地写入程序。因此，规则的数字化和代码化就有可能带来一系列不透明、不准确与不公平的问题。因此，不能将所有的问题都归结于技术问题，也不能将人类的命运都交给数据[1]。我们在利用人工智能技术来推动全球治理效率提升和全球治理绩效改善的同时，如何有效地防范和化解拥有人工智能技术优势的少数巨型企业对全球治理体系和全球治理秩序产生的冲击是一个值得各国政府深思的问题。

---

①高奇琦.人工智能：驯服赛维坦[M].上海：上海交通大学出版社，2018：38.

二、拥有人工智能技术优势的发达国家对人工智能技术发展滞后国家实施的技术霸权和规则霸权

全球治理体系是一个以民族国家为核心治理主体的复杂系统，各民族国家之间既有合作的意愿和可能，也存在利益上的纷争和诉求上的不一致，并由此引发国家与国家之间的博弈。人工智能时代的全球治理除了面临少数拥有人工智能技术优势的巨型企业对全球治理体系和全球治理秩序的挑战外，还面临着拥有人工智能技术优势的发达国家对人工智能技术发展滞后国家实施霸权的治理风险，发达国家和发展中国家之间的战略决策博弈和军事对抗格局将可能从不均衡进一步走向失衡，现有的全球治理体系和全球治理秩序也将面临重塑的可能。具体来说，拥有人工智能技术优势的发达国家对人工智能技术发展滞后国家实施的霸权主要分为技术霸权和规则霸权两种类型。拥有人工智能技术优势的发达国家通过在技术和规则两个领域对人工智能技术发展滞后国家所实施的霸权，会使得原本就在国家间竞争中处于弱势的发展中国家处于更为不利的境地，公平公正的全球治理秩序塑造的难度也随之进一步加大。

1. 技术霸权

人工智能技术的出现，以20世纪50年代初"图灵测试"的提出为标志。不过，在此后的很长一段时期内人工智能技术的发展较为缓慢，应用场景也非常有限。进入21世纪之后，伴随大数据时代的出现和人工智能深度学习算法技术取得的重大突破以及拥有超级计算能力的计算设备的研制成功，人工智能技术开始得以快速发展，人工智能的应用场景也随之不断拓展。伴随人工智能在经济社会发展和国家治理等领域应用场景的不断拓展和应用程度的不断加深，人工智能技术在经济社会发展和国家治理中的重要性日渐凸显，世界各国政府对于人工智能的重视程度也随之不断提升，越来越多的国家开始出台有关推动人工智能技术快速发展的政策。2016年，中国、美国和英国政府先后发布了国家层面的人工智能战略。

2017年，日本、加拿大、芬兰、新加坡和阿联酋等国先后发布了国家层面的人工智能战略。截至2020年7月，全球已有38个国家制定并发布了国家层面的人工智能战略或产业规划。此外，巴西、阿根廷、爱尔兰、印度尼西亚等国家也正在着手制定国家层面的人工智能战略规划。

人工智能是一个前沿科技，人工智能技术的发展不仅需要各国政府在战略和政策上予以高度的重视，而且也需要政府、企业和社会等主体投入相当数量的资金来推动。目前，世界各国在人工智能的技术研发、人才培养等方面的投入差距较大，加之各国原有的与人工智能技术相关的技术储备、人才储备等方面存在较大的差异，致使各国在人工智能技术方面的差距较大，以美国等为代表的少数发达国家在人工智能方面的技术优势较为明显，而绝大多数发展中国家在人工智能技术发展方面处于劣势地位。近些年来，美国和英国等少数发达国家不断加大对人工智能研发和人才培养的力度，同时在人工智能领域开展积极合作，以维持他们在人工智能领域绝对的优势地位。

美国、英国等少数发达国家在不断推动本国的人工智能技术快速发展的同时，也加大了对发展中国家在人工智能技术发展方面的技术管制的力度，意图压制发展中国家人工智能技术的发展水平。目前，伴随人工智能技术在经济社会发展和国家治理中的重要性的不断提升，少数掌握人工智能核心技术的发达国家针对在人工智能技术发展上较为滞后的发展中国家所实施的技术霸权问题日渐凸显。这不仅阻碍了发展中国家人工智能技术的发展速度和应用水平的提升，而且也不利于人工智能时代公正的全球治理秩序的塑造。例如，自2019年以来，中国多个人工智能企业如旷视科技、商汤科技、依图科技等人工智能公司先后被加入美国的"实体名单"。2020年1月3日，美国商务部下属的工业和安全局发布了一项新的出口管制措施。该项出口管制措施规定，自2020年1月6日起，美国企业出口某些地理空间图像软件时必须得到许可，才能将软件发送到海外（加拿大除外）。应用于智能化传感器、无人机、卫星和其他自动化设备的目标识别软件（民用和军用）都在此项出口管制措施的限制范围之内。

2.规则霸权

我们在看到少数拥有人工智能技术核心优势的发达国家对人工智能技术发展滞后的国家正在实施或可能会实施的人工智能技术霸权的同时，也要看到这些发达国家对人工智能技术发展滞后的发展中国家实施规则霸权的可能性。与其他先进的科学技术一样，人工智能技术也是一把双刃剑。伴随人工智能技术的快速发展及其在经济社会发展和国家治理等领域应用场景的不断拓展，人工智能技术在应用过程中所引发的治理风险和治理难题也逐渐呈现，给人工智能技术的发展及其应用确定一定的技术标准和伦理准则已经成为确保人工智能技术安全发展的内在要求和重要保障。在人工智能技术发展的技术标准和伦理准则的制定上，那些在人工智能技术发展和应用方面处于领先地位的发达国家拥有绝对的优势，而那些在人工智能技术发展和应用方面处于落后地位的发展中国家大多只能被动地接受由少数发达国家主导制定的技术标准和伦理准则。伴随由少数拥有人工智能技术优势的发达国家所主导的人工智能技术标准和伦理准则体系的确立，这些掌握人工智能核心技术优势的发达国家对于那些人工智能技术发展滞后国家的规则霸权也逐步确立。

数据是人工智能技术的基石之一，数据特别是个人信息的收集、存储、使用等方面的规则该如何确立是人工智能技术在发展和应用过程中必须要加以认真回应的问题。在个人信息保护和数据治理方面，中国一直在积极推动个人信息保护方面的立法工作，并为此而积极地构建个人信息等方面的数据保护制度。例如，2020年10月21日，《中华人民共和国个人信息保护法（草案）》公布并公开征求社会公众意见。《中华人民共和国个人信息保护法（草案）》明确规定，个人信息是以电子或者其他方式记录的与已识别或者可识别的自然人有关的各种信息；个人信息的处理包括个人信息的收集、存储、使用、加工、传输、提供、公开等活动。同时，该草案还确立了个人信息处理应遵循的原则，强调处理个人信息应当采用合法、正当的方式，具有明确、合理的目的，并应当限于实现处理目的的最小范围，公开处理规则，保证信息准确，采取安全保护措施等，并将上述原则贯穿于个人信息处理的全过程、各环节。此外，借鉴有关国家和地区的做法，草案还赋予了必要的域外适用效力，以充分保护我国境内个人的权益。但与此同时，美国和欧盟已经在数据保护等数据治理方面确立了各自的基本模式，并通过国际治理机制来积极地扩大各自数据治理模式的影响力和控制力。其中，欧盟制定并实施了《通用数据保护条例》（GDPR），还以此为核心构建起一套较为健全的个人信息制度体系。伴随《通用数据保护条例》的实施和影响力的不断增强，欧盟也逐渐成为全球个人信息保护和执法的中心。而美国则在跨境数据自由流动规则上逐渐形成了主导权。美国奉行"长臂管辖"规则以获取境外数据及其执法能力，尤为典型的就是2018年通过的《澄清数据合法使用法案》（CLOUD法案）为美国获取他国数据扫清制度性障碍。同时，美国还加紧利用数据出境的国际机制争夺数据资源，加速数据资源流向美国。例如，越来越多的亚太经济合作组织成员国（目前已有8个）加入了跨境隐私规则体系（CBPRs），这是以美国为主导的多边数据跨境流动机制。2018年12月美国主导的《美墨加协议》显著提高了数据跨境流动的自由程度。为逐步掌握主导权，美国联合部分盟国还在强化数据跨境流动安全审查及其渗透范围，目前主要在外商投资和基础设施建设领域对外国形成了制约能力。此外，在数据的跨境流动上，欧盟也在加紧推行自己的国际规则。例如，2019年5月实施的《欧盟非个人数据自由流动条例》和《欧盟非个人数据自由流动条例的实施指南》[①]。

与此同时，美国、欧盟等在人工智能算法的研发、使用和可解释性等方面的技术规则和伦理准则的制定方面也处于优势地位。例如，在算法治理上，"美国追求算法公平，消除算法歧视，要求算法使用机构对算法结果负责；欧盟注重推动人工智能伦理框架，注重算法的可信赖性，建立算法解释权和算法影响评估机制"[②]。伴随美国、欧盟在数据跨境流动、数

[①] 殷德生.中国数字经济走向世界的隐忧,缺主导权和话语权[EB/OL].(2020-12-09)[2020-12-15].https://www.thepaper.cn/newsDetail_forward_10267178.

[②] 殷德生.中国数字经济走向世界的隐忧,缺主导权和话语权[EB/OL].(2020-12-09)[2020-12-15].https://www.thepaper.cn/newsDetail_forward_10267178.

据使用和数据保护以及算法设计、算法运行和算法的可解释性等方面所制定的标准和规则的日渐完善，一套由西方发达国家所主导的人工智能技术标准和伦理规则体系也逐步建立起来，西方发达国家对人工智能技术发展滞后的国家实施规则霸权的可能性日渐增大。

三、强人工智能的出现及其异化可能会使得由人类主导的全球治理秩序面临失序的风险

人工智能时代的全球治理，除了要面对拥有人工智能技术优势的少数巨型企业对现有的以民族国家为核心治理主体的全球治理体系的冲击，以及少数拥有人工智能技术优势的发达国家对人工智能技术发展滞后国家实施的技术霸权和规则霸权等挑战外，还需要面对因人工智能技术的快速发展而引发的全球治理秩序失序甚至是被颠覆的挑战。少数巨型企业对于全球治理体系的冲击和少数发达国家对于人工智能技术发展滞后国家所实施的技术霸权和规则霸权，虽然会使得现有的全球治理体系和全球治理格局产生深刻的变革，但是全球治理秩序还是处于人类控制之下的，全球治理格局也还是由人类所主导。而伴随人工智能技术的快速发展，脱离人类控制的强人工智能和超人工智能在未来将会出现。强人工智能和超人工智能的出现，必将会对由人类所主导的全球治理秩序和全球治理格局产生深刻的影响，由人类所主导的全球治理秩序面临失序甚至是被颠覆的可能。

进入21世纪以来，伴随大数据时代的到来和人工智能深度学习算法技术取得的重大突破，人工智能技术迎来了快速发展的时期，人工智能的人工色彩渐渐淡化，而智能化水平日渐凸显。不过，就目前人工智能的发展水平来说，虽然人工智能的智能化水平正在不断提升，但人工智能还处于弱人工智能时代，现阶段人工智能的发展方向和运行过程还处于人类可以控制的状态，人工智能在发展和应用过程中已经或可能引发的风险基本可控。"但随着人工智能、计算机与机器人学等科学技术的快速发展，机器人拥有越来越强大的智能，机器人与人类的差别正在逐渐缩小，却是不争

的事实。比如，有的科学家正在研究拥有生物大脑（biological brain）的机器人"①，强人工智能时代可能会加速到来。

与弱人工智能相比，强人工智能将能够解决各种不同领域的复杂问题，能够自主支配自己的思想、情感、烦恼、优势、弱点和倾向等，人类对其决策逻辑及其运行过程难以进行有效的掌控，对于其在运行过程中可能会引发的风险也难以进行较为准确的预测。虽然强人工智能出现的时间尚不可知，但是面对可能会出现的能够自主完成复杂问题且能够自主支配自己思想、情感的强人工智能，人类需要注意下述两个方面的风险。一是强人工智能一旦出现，其可能会难以依据现有的由人类主导的全球治理准则来决策和行为，进而导致现有的由人类主导的全球治理秩序面临失序的风险。二是强人工智能本身存在异化的可能，会对由人类所主导的全球治理产生较大的冲击，进而引发全球治理秩序的失序。强人工智能在具体的应用过程中，如果出现了功能的异化，在人类无法控制强人工智能的情况下，全球治理秩序将面临很多的不确定性风险，这是我们在利用人工智能技术时必须要加以深入思考的问题。

四、未来出现的超级人工智能可能会颠覆由人类主导的全球治理秩序

"强人工智能可以轻松地做几乎所有需要'思考'的事情，但是还不能完成那些人们'不假思索'就能完成的事，这些行为对于其来说，还十分困难。"②因为，强人工智能虽然智能化水平已经非常高，但其还不具备人类所拥有的丰富情感以及人类不假思索就会做出某种行为的本能。但对于人工智能发展的终极形态的超人工智能来说，这些困难可能将不复存在。超人工智能的智能化水平不仅更高，而且其还具有与人类较为相似的情感和本能。在一定的程度上来说，超级人工智能已经可以视为一种独立

---

① 杜严勇.论机器人权利[J].哲学动态,2015(8):83.
② 詹可.人工智能法律人格问题研究[J].信息安全研究,2018(3):227.

于人类的新的生命体。

伴随人工智能技术的快速发展，如果未来超人工智能真的会出现，那时的全球治理秩序将不再是由人类来单独主导。人类与人工智能并存时代的全球治理秩序可能会是人类与人工智能共同商讨的结果，也可能会是人工智能取代人类来制定全球治理的规则，并进而塑造全球治理的秩序，现有的由人类主导的全球治理秩序面临被超人工智能颠覆的可能。在未来，"超人工智能可以代替人类作为地球上的主导生命形式，足够智能的机器可以比人类科学家更快地提高自己的能力，结果可能给人类的存在带来一场灾难。超人工智能对人类的生存可能存在着严重的威胁，令很多人担心和恐惧，它们能够为了实现自己的某些目的而将人类从地球上消灭"[①]。

因此，我们在分析人工智能技术给全球治理体系和全球治理格局带来的冲击时，除了要分析掌握人工智能技术优势的少数巨型企业对民族国家可能产生的数据霸权和算法独裁、拥有人工智能技术优势的少数发达国家对人工智能技术发展较为滞后的广大发展中国家可能产生的人工智能技术霸权与规则霸权，以及强人工智能在具体应用过程中一旦异化可能会导致的全球治理秩序失序等问题外，还需要认真思考未来超人工智能的出现会给全球人类命运带来的巨大冲击。现有的全球治理体系和全球治理秩序，不管是由资本主导、发达国家主导、资本和民族国家联合主导，抑或是数据和算法主导，其核心的议题和发展进程还是由人类来掌控的。但一旦出现比人类更加强大、反应速度更快、智能水平更高的超人工智能，人类在全球治理规则的制定和全球治理格局的塑造等方面的话语权和选择权将会受到很大的限制。到那时，人类的终极命运将会如何，也将充满很多变数。对此，我们必须要予以重视并设法尽早应对。目前，世界上很多国家已经开始注意到人工智能的快速发展给未来人类的命运带来的巨大风险。

---

① 詹可.人工智能法律人格问题研究[J].信息安全研究,2018(3):227.

第二节　构建人工智能时代的人类命运共同体

人工智能技术的快速发展及其在全球治理领域的深度应用，在有利于丰富全球治理体系、精准研判全球治理风险和提升全球治理能力的同时，也对全球治理体系和全球治理格局产生了较大的冲击。一方面，拥有人工智能技术优势的少数巨型企业在全球治理秩序塑造中的话语权日渐增强，拥有人工智能技术优势的少数发达国家对于人工智能技术发展较为滞后的国家可能会实施技术霸权和规则霸权，民族国家特别是广大发展中国家在全球治理体系中存在被边缘化的可能。另一方面，人工智能时代的全球治理也面临来自人工智能自身的冲击，不受人类控制的强人工智能的出现会使得由人类主导的全球治理秩序面临失序的可能，而完全独立于人类的超人工智能时代的到来将可能颠覆由人类主导的全球治理秩序，未来人类的命运将面临深刻的考验。

构建公平公正的国际政治经济新秩序是全球治理的主要价值取向，也是全世界人民的共同诉求。在利用科技为人类服务的同时严防科技给人类生存与发展带来的威胁。因此，面对人工智能技术的出现及其深度应用给全球治理体系和全球治理秩序带来的现实或可能的冲击，世界各国需要积极地展开合作，共同应对全球治理秩序可能会失序的风险。同时，面对强人工智能和超人工智能出现后可能会给全球治理和人类生存造成的冲击，全人类需要联合起来，为了人类共同的命运和未来而战是我们的必然选择。在人工智能时代，推动建立公平公正的国际政治经济新秩序和为了人类的命运和未来而战的共同目标指向就是要加速构建人类命运共同体。

一、人类命运共同体的思想和理论溯源

人类命运共同体是一个既崭新又古老的概念。从人类命运共同体的提

出时间来看，人类命运共同体是一个崭新的概念。2013年，习近平主席首次正式提出构建人类命运共同体的倡议。从人类命运共同体的思想和理论溯源来看，人类命运共同体又是一个古老的概念。我国古代的孔子和孟子等圣贤、古希腊时期的柏拉图等哲人、近代英法等国的空想社会主义者，以及马克思、恩格斯等马克思主义经典作家在其著述中都从不同角度对人类是一个休戚与共的命运共同体进行了论述，并期待构建一个理想的大同社会。

1. 我国古代的人类命运共同体思想

中华民族历来爱好和平、追求和睦、倡导和谐，"亲仁善邻""协和万邦""和而不同""求同存异"是中华民族一贯的美好传统，上下五千年的华夏文明史造就了屹立于世界民族之林的"和"文化。"和"文化蕴含着天人合一的宇宙观、协和万邦的国际观、和而不同的社会观、人心和善的道德观，充分展示了我国古代文化中所包含的朴素的人类命运共同体思想。

孔子认为，"己所不欲，勿施于人"（《论语·颜渊》），"有朋自远方来，不亦乐乎"（《论语·学而》）。在对其所期盼的人类命运共同体即儒家的大同社会进行论述时，孔子指出："大道之行也，天下为公。选贤与能，讲信修睦，故人不独亲其亲，不独子其子，使老有所终，壮有所用，幼有所长，鳏寡孤独废疾者，皆有所养。男有分，女有归。货恶其弃于地也，不必藏于己；力恶其不出于身也，不必为己。是故谋闭而不兴，盗窃乱贼而不作，故外户而不闭，是谓大同"（《礼记·礼运》）。

老子主张"见素抱朴""道法自然"。老子所主张的理想的人类社会是这样一种状态："不尚贤，使民不争；不贵难得之货，使民不为盗；不见可欲，使民心不乱。是以圣人之治，虚其心，实其腹，弱其志，强其骨。常使民无知无欲，使夫智者不敢为也。为无为，则无不治"（《道德经》第三章）。

孟子主张"亲亲而仁民，仁民而爱物"（《孟子·尽心上》）。孙子反对战争，因为"百战百胜，非善之善者也；不战而屈人之兵，善之善者也"(《孙子兵法·谋攻》)。墨子更为博爱，他提出要"兼相爱、交相利"(《墨子·兼爱中》)。王阳明主张"天下一家""夫圣人之心，以天地万物为一体，其视天下之人，无外内远近。……天下之人，皆相视如一家之亲"(《传习录》)。这些优秀的传统文化，不仅是中华文明得以不断传承和持续繁荣的精神支柱，而且也是构建人类命运共同体的思想渊源。

2.西方的人类命运共同体思想

与我国传统文化中蕴含着较为丰富的人类命运共同体思想一样，西方的思想中也蕴藏着较为丰富的人类命运共同体思想。其中，比较有代表性的是古希腊哲学家柏拉图对理想国家的论述和近代空想社会主义者对人人自由、人人平等和人人幸福的美好社会状态的描述。

古希腊的哲学家柏拉图在其名著《国家篇》(又译为《理想国》)中，对其所向往的理想国家进行了描绘。柏拉图眼中的理想国家是一个正义的城邦，实现全体公民的最大幸福是这个理想国家建立的首要目标。柏拉图认为，"当前我认为我们的首要任务乃是铸造出一个幸福国家的模型来，但不是支离破碎地铸造一个为了少数人幸福的国家，而是铸造一个整体的幸福国家"。[①] "我们建立这个国家的目标并不是为了某一个阶级的单独突出的幸福，而是为了全体公民的最大幸福；因为，我们认为在一个这样的城邦里最有可能找到正义，而在一个建立的最糟的城邦里最有可能找到不正义。"[②]

近代欧洲的空想社会主义者在对现实社会中存在的阶级压迫和阶级剥削等问题进行深刻揭露的基础上，主张建立一个没有阶级压迫和阶级剥削，能够实现人人自由、人人平等和人人幸福目标的理想社会。近代欧洲空想社会主义者的主要代表人物有莫尔、康帕内拉、圣西门、欧文和傅立叶等。其中，有部分空想社会主义者还将自己的理想付诸实践。例如，英国的空想社会主义者欧文就于1824年在美国印第安纳州开展新型移民社区建设的试验。不过，该项试验最终以失败告终。

---

① 柏拉图.理想国[M].郭斌和,张竹明,译.北京:商务印书馆,1986:133.
② 柏拉图.理想国[M].郭斌和,张竹明,译.北京:商务印书馆,1986:133.

3.马克思和恩格斯的人类命运共同体思想

马克思和恩格斯是马克思主义的创立者,这两位伟大的马克思主义经典作家在他们的著作中对于人类命运共同体问题进行了较为充分的阐述。马克思主义的人类命运共同体思想是建立在马克思主义的社会交往理论基础之上的。"马克思明确提出'人的真正的本质是人的共同体',人类社会的目标是建立自由人的联合体。因此,也'只有在共同体中,个人才能获得全面发展其才能的手段,也就是说,只有在共同体中才可能有个人自由'。"①

4.习近平总书记的人类命运共同体思想

党的十八大以来,在应对复杂多变的国际形势的过程中,习近平总书记在继承马克思主义社会交往理论和马克思主义经典作家关于人类命运共同体问题重要论述的基础上,又积极吸收了我国古代和西方有关人类命运共同体思想的精华,对人类命运共同体思想进行了进一步丰富和发展,为人类社会的发展和全球治理的未来指明了方向。

首先,人类命运共同体思想,是在和平与发展仍然是时代主题的背景下,在世界处于大发展、大变革与大调整的时期,为应对全球治理体系与国际秩序的变革需要而提出的科学思想。2017年1月,习近平总书记在联合国日内瓦总部发表演讲时强调:"世界经济增长乏力,金融危机阴云不散,发展鸿沟日益突出,兵戎相见时有发生,冷战思维和强权政治阴魂不散,恐怖主义、难民危机、重大传染性疾病、气候变化等非传统安全威胁持续蔓延……世界命运应该由各国共同掌握,国际规则应该由各国共同书写,全球事务应该由各国共同治理,发展成果应该由各国共同分享。"②习近平总书记在党的十九大报告中指出,世界正处于大发展大变革大调整时期,和平与发展仍是时代主题。全球治理体系和国际秩序变革加速推进,各国相互联系和依存日益加深,国际力量对比更趋平衡,和平发展的大势

---

① 马援.马克思主义世界交往理论及实践与当代人类命运共同体的建构[J].世界社会主义研究,2019(4):36.

② 习近平.共同构建人类命运共同体:在联合国日内瓦总部的演讲[N].人民日报,2017-01-20(2).

不可逆转。同时，世界面临的不稳定性不确定性非常突出，世界经济增长动能不足，贫富分化日益严重，恐怖主义、网络安全、重大传染性疾病、气候变化等非传统安全威胁持续蔓延，人类面临着许多共同挑战。

其次，人类命运共同体思想，经历了一个从构思到提出再到逐步完善的过程，是一个具有丰富内涵的思想体系。党的十八大报告首次出现了"人类命运共同体"概念，并对其内涵进行了阐释。党的十八大报告指出，"合作共赢，就是要倡导人类命运共同体意识，在追求本国利益时兼顾他国合理关切，在谋求本国发展中促进各国共同发展，建立更加平等均衡的新型全球发展伙伴关系，同舟共济，权责共担，增进人类共同利益"①。党的十八大之后，习近平总书记在多个国际场合强调"人类命运共同体"理念，并进一步解释了"人类命运共同体"的治理价值、目标及其实现路径。2013年3月，习近平总书记在当选国家主席后的首次出访时就提出，这个世界，越来越成为你中有我、我中有你的命运共同体。2015年3月，在以"亚洲新未来：迈向命运共同体"为主题的博鳌亚洲论坛上，习近平总书记在演讲中主张共同营造对亚洲、对世界都更为有利的地区秩序，通过迈向亚洲命运共同体，推动建设人类命运共同体。

2015年9月，国家主席习近平在第70届联合国大会一般性辩论中发表了题为《携手构建合作共赢新伙伴，同心打造人类命运共同体》的讲话。习近平总书记强调，我们要继承和弘扬联合国宪章的宗旨和原则，构建以合作共赢为核心的新型国际关系，打造人类命运共同体。在此次讲话中，习近平总书记还从政治、安全、经济、文化和生态五个主要方面全面阐述了构建人类命运共同体的总体框架和实践路径，即要建立平等相待、互商互谅的伙伴关系；要营造公道正义、共建共享的安全格局；要谋求开放创新、包容互惠的发展前景；要促进和而不同、兼收并蓄的文明交流；要构筑尊崇自然、绿色发展的生态体系②。习近平主席倡导的这五个方面的具体要求，不仅建构了人类命运共同体的总体布局，而且也生动地描绘了世

---

① 十八大以来重要文献选编：上[M].北京：中央文献出版社，2014：37.
② 习近平在联合国成立70周年系列峰会上的讲话[M].北京：人民出版社，2015：15-18.

界新格局的美好前景。2017 年 1 月，国家主席习近平在联合国日内瓦总部发表了题为《共同构建人类命运共同体》的主旨演讲。在此次演讲中，习近平总书记进一步提出了构建人类命运共同体的基本原则，即对话协商、共建共享、合作共赢、交流互鉴和绿色低碳。

2017 年 2 月 10 日，联合国社会发展委员会通过了"非洲发展新伙伴关系的社会层面"决议，呼吁国际社会本着合作共赢和构建人类命运共同体的精神，加强对非洲经济社会发展的支持。"构建人类命运共同体"理念被正式写入联合国决议，表明这一理念已经得到国际社会的广泛认可。2017 年 10 月，习近平总书记在党的十九大报告中强调，中国共产党是为中国人民谋幸福的政党，也是为人类进步事业而奋斗的政党。中国共产党始终把为人类作出新的更大的贡献作为自己的使命。中国将高举和平、发展、合作、共赢的旗帜，恪守维护世界和平、促进共同发展的外交政策宗旨，坚定不移在和平共处五项原则基础上发展同各国的友好合作，推动建设相互尊重、公平正义、合作共赢的新型国际关系。我们呼吁，各国人民同心协力，构建人类命运共同体，建设持久和平、普遍安全、共同繁荣、开放包容、清洁美丽的世界。要相互尊重、平等协商，坚决摒弃冷战思维和强权政治，走对话而不对抗、结伴而不结盟的国与国交往新路。要坚持以对话解决争端、以协商化解分歧，统筹应对传统和非传统安全威胁，反对一切形式的恐怖主义。要同舟共济，促进贸易和投资自由化便利化，推动经济全球化朝着更加开放、包容、普惠、平衡、共赢的方向发展。要尊重世界文明多样性，以文明交流超越文明隔阂、文明互鉴超越文明冲突、文明共存超越文明优越。要坚持环境友好，合作应对气候变化，保护好人类赖以生存的地球家园。

2017 年 12 月，在中国共产党与世界政党高层对话会上，国家主席习近平深刻阐述了人类命运共同体的科学内涵："人类命运共同体，顾名思义，就是每个民族、每个国家的前途命运都紧紧联系在一起，应该风雨同舟，荣辱与共，努力把我们生于斯、长于斯的这个星球建成一个和睦的大家庭，把世界各国人民对美好生活的向往变成现实。"①

最后，人类命运共同体思想，是中国应对全球治理体系变革、推动构建公平正义国际秩序、为了全人类共同利益而提供的中国方案和中国智慧，为人工智能时代的人类如何应对全球治理风险指明了方向。"习近平人类命运共同体思想自提出以后，伴随着'一带一路'倡议等全球合作理念与实践而不断丰富，逐渐为国际社会所认同，成为推动全球治理体系变革、构建新型国际关系和国际新秩序的共同价值规范。人类命运共同体思想是对中华优秀传统文化的创造性转化和创新性发展，是对马克思列宁主义的继承、创新和发展，是对新中国成立以来我国外交经验的科学总结和理论提升，蕴含着深厚的中国智慧。人类命运共同体思想为全球生态和谐、国际和平事业、变革全球治理体系、构建全球公平正义的新秩序贡献了中国智慧和中国方案。"②当前，人类正处于人工智能时代，人工智能技术的深度应用在丰富全球治理体系和提升全球治理能力的同时，也对全球治理体系和治理格局产生了巨大的冲击，全球治理面临的风险和难题不断集聚，需要世界各国人民紧密团结起来进行有效的应对，而习近平总书记的人类命运共同体思想正好为人工智能时代的人类如何应对全球治理风险指明了方向。

二、构建人工智能时代人类命运共同体的基本路径

人工智能时代的到来，在给全球治理体系的完善和全球治理能力的提升带来促进作用的同时，也使得单个国家无力独自应对的全球治理难题和治理风险日渐增多，人类主导的全球治理秩序面临失序的可能，人类的未来也充满了不确定性。人类只有一个地球，构建公平正义的全球治理秩序和在保障人类安全的前提下构建人人自由、人人幸福的美好家园是包括中

---

① 习近平谈治国理政：第3卷[M].北京：外文出版社，2020：433.
② 冯颜利，唐庆.习近平人类命运共同体思想的深刻内涵与时代价值[EB/OL].(2017-12-12)[2020-12-15].http://theory.people.com.cn/n1/2017/1212/c40531-29702035.html.

国人民在内的全世界各国人民的美好期待，也是包括中国政府在内的世界各国政府的共同使命，人工智能时代的各国和各国人民已经成为前途和命运都紧紧联系在一起的命运共同体。人工智能时代人类命运共同体的构建面临很多的困难，我们需要从各国联合起来强化对拥有人工智能技术优势的少数巨型企业的规约力度以构建人类数据命运共同体和人类算法命运共同体、推动发达国家与发展中国家协商共建人工智能技术标准和规则体系、积极发挥中国在人工智能时代命运共同体构建中的重要作用等方面来加快构建人工智能时代的人类命运共同体。

1.从法律和技术两个方面来有效规约少数巨型企业对数据的采集和使用，推动数据有序共享，抵制数据霸权，构建人类数据命运共同体

伴随人工智能在经济社会发展和国家治理等方面应用场景的不断拓展和应用程度的不断加深，拥有人工智能技术优势的少数巨型企业在国家治理和全球治理中的影响力和控制力不断增强，以追求利润最大化为决策和行为基本逻辑的少数巨型企业的行为正在对民族国家的主权安全和全球治理秩序产生较大的冲击，单个国家已经越来越无力应对这些巨型企业对全球治理体系和治理秩序发起的挑战。因此，在人工智能时代要构建人类命运共同体，世界各国必须要加强合作，各国要联合起来加大对拥有人工智能技术优势的少数巨型企业的规约力度，以确保数据使用和算法运行的安全有序。

数据是人工智能技术的基石之一，数据的使用不仅对于人工智能技术本身的发展至关重要，而且也是推动人工智能应用场景不断拓展和应用程度不断加深的基本前提和重要保障。没有数据的介入，人工智能不仅无法对信息进行智能筛选，也无法总结出事件和行为发生的规律并对未来的趋势进行精准预测，人工智能的应用场景也将因此受到影响和限制。因此，在人工智能时代，数据已经成为重要的战略资源。谁拥有了数据、谁掌握了数据处理的技术优势，谁就可以在人工智能时代拥有更多的话语权和更大的影响力。目前，全世界的数据量呈现出爆发式的增长态势，但是数据资源的分配呈现出极不均衡的格局，各国政府掌握了一定数量的公共数

据，大量的消费数据和个人信息数据基本都被少数巨型企业特别是那些巨型平台企业所掌握，而那些生产数据的个人通常却被排斥在享有个人数据所有权和使用权的主体之外。同时，在数据处理技术方面，数据的采集、存储、分类和处理等技术也主要是由少数科技巨头所掌握，政府在使用这些科技巨头所开发的智能政务服务平台的过程中，不仅产生了对这些科技巨头的技术依赖，而且也导致了很多公共数据被少数科技巨头所获取，进一步加剧了数据分配格局的不均衡。为此，世界各国需要在数据的采集、存储、使用等方面加强合作，强化对少数巨型企业在数据的采集和使用等方面的规约力度，推动数据有序共享，抵制数据霸权，构建人类数据共同体。

各国在数据立法方面要加强合作，构建较为合理的个人信息保护权利体系。随着物联网和移动互联网技术的日渐成熟，人们的社会交往和日常活动越来越呈现出数字化的特征，少数互联网平台企业掌握了海量的个人隐私等数据信息。在人工智能时代，一方面我们要鼓励相关企业对数据的采集、分类和分析，以此来充分挖掘数据的价值，不断拓展人工智能的应用场景。另一方面，我们也要加强数据立法工作，严格规范以互联网平台企业为主体的少数巨型企业的数据采集和使用等行为，防止这些企业利用手中的数据来从事不正当经营，侵害公民个人隐私和危害民族国家主权安全。

目前，在数据立法方面，欧盟和美国呈现出两种不同的立法模式，其目的都是打造以自身为中心的独立的数据王国。其中，欧盟的数据立法模式以构建数据基本权利为基础，以《通用数据保护条例》为代表。2020年12月15日，欧盟委员会公布了《数字服务法》和《数字市场法》两部新的数字法案，旨在进一步限制美国科技巨头的市场行为，规范欧盟数字市场秩序。而与欧盟不同，美国的数据立法采取的是以"自由式市场+强监管"为基础的模式，以《加利福尼亚州消费者隐私法案》为代表。与此同时，我国正在着手制定《个人信息保护法》和《数据安全法》。

从现有世界主要国家数据立法的进展情况来看，欧盟的数据立法主要侧重于数据基本权利的保护，美国的数据立法主要侧重于通过推动数据自由流动来加速发展数字经济。而我国的数据立法则试图在保障数据主体基本权利、防范化解数据安全风险与加快发展数字经济之间实现有效的平衡。当前人类已进入大数据时代，数据的跨境流动规模不断扩大，流动速度不断加快，数据跨境流动安全的监管问题越来越重要。如果各国在数据立法的目的上存在较大分歧的话，势必会给少数巨型企业在数据采集、分析和使用上滥用相关数据提供机会和空间。面对少数巨型企业可能实施的数据霸权，世界各国在数据立法上应改变各自为政的状态，在数据立法的基本目的和基本原则等方面展开积极的对话与合作，应将在保障数据主体基本权利、防范化解数据安全风险与加快发展数字经济等目标之间实现有效的平衡作为数据立法的基本原则，以此来构建较为协调的全球数据立法体系。同时，各国还需要加强在数据跨境流动监管方面的合作，加大对数据违规跨境流动行为的打击力度，最大限度地压缩少数巨型企业滥用数据霸权的空间，进而有效地规约少数巨型企业的数据霸权。

各国在数据存储和使用技术方面要加强合作，减轻各国政府对于少数巨型企业的技术依赖。拥有人工智能技术优势的企业不仅拥有数据存储方面的优势，而且其在数据平台的研发和运行等方面都拥有明显的技术优势，各国政府所使用的数据存储系统和政务服务平台基本上都是由少数巨型企业负责研发或保障运行的。为了有效地规约少数巨型企业的数据霸权，世界各国除了在数据立法方面要加强合作外，还需要在数据存储和使用等技术方面加强合作。为此，各国要在数据存储与分析系统等方面的技术研发和人才培养上积极地展开合作，特别是人工智能技术上拥有优势的少数发达国家要在数据存储与分析技术研发和人才培养等方面给发展中国家提供必要的帮助，尽可能弱化各国政府对少数巨型企业的技术依赖，确保各国所使用的数据存储与分析系统的安全。

2.从法律、技术和道德三个方面规约算法的研发与运行，推动算法正义的实现，抵制算法独裁，构建人类算法命运共同体

与数据一样，算法也是人工智能的一大基石。算法是算法研发者设计

出来的用于完成特定任务的一系列指令的集合，在形式上表现为由一定的字母、数字和符号所构成的代码。组成算法的代码从表面上看是一些缺乏生命、没有价值导向的冰冷的符号，但研发这些算法代码的设计者赋予了这些符号以特定的价值判断和行为指向，以使其能够按照算法设计者的价值取向和主观意图来生成相应的决策指令或完成特定的任务，算法设计的过程是不透明的，算法运行的环节也是不可解释的，最后导致算法运行的结果存在一定的不公正，算法黑箱、算法歧视、算法独裁、算法战争等就是典型的表现。目前，少数巨型企业在人工智能算法的设计和研发上拥有明显的技术优势，这些企业有利用算法进行独裁的可能性，世界各国应该加强合作，从法律、技术和道德三方面规约算法的研发与运行过程，以推动算法正义的实现，构建人类算法共同体。

首先，各国要加强在算法研发与运行等方面的立法合作，在全球范围内构建起规范有效的算法研发与运行规则体系。算法的研发与运行过程存在不透明性，这是致使拥有人工智能技术优势的少数巨型企业可以在技术的外衣下较为轻易地开展算法独裁的主要原因。为此，各国需要在法律上加强对算法研发过程与运行环节进行规约的力度，明确算法研发与设计企业在算法运行过程中所要承担的法律责任，以此来最大限度地抑制少数巨型企业使用算法进行独裁的动机和空间。同时，各国在算法研发与运行方面的立法上要改变各自为政的状态，加强在立法目的和立法原则等方面的立法合作，以在全球范围内构建起规范有效的算法研发与运行规则体系。

其次，各国政府要加强在算法研发与运行方面的技术合作，在全球范围内构建起安全统一的算法研发与运行技术标准和规则体系。算法的研发与运行是一项对研发技术要求较高、所需投资较大的工作，少数巨型企业在算法的研发特别是核心算法的研发上拥有较为显著的优势，这也是少数巨型企业得以能够进行算法独裁的优势所在。对此，各国政府在制定各自的算法研发与运行的技术标准和规则体系的同时，也需要加强合作，算法设计与运行要以确保人类的安全为基本准则，在全球范围内构建起安全统一的算法研发与运行技术标准和规则体系。

最后，各国政府要加强在算法研发与运行的道德和伦理准则方面的合作，在全球范围内构建起与人类道德伦理规范相兼容的算法道德和伦理规范体系。算法是人类设计与研发的，算法的运行只有处于人类的控制和监管之下，才能确保人类的安全。但是伴随深度学习算法技术的快速发展，人工智能算法的自主性愈发凸显，人类越来越难以控制人工智能算法的运行过程，算法在运行过程中所引发的道德和伦理问题不断增多，强化对算法设计过程与运行环节的道德约束和伦理监管已非常迫切。为此，各国政府在制定各自的人工智能算法研发过程与运行环节需遵循的道德和伦理规范的同时，也要加强合作，以与人类的道德和伦理规范兼容为基本原则，在全球范围内构建起安全统一的算法研发与运行的道德和伦理规范体系。

3.推动发达国家与发展中国家协商共建人工智能技术标准和规则体系，确保人工智能在维护人类安全的前提下发展和应用

与一般的先进技术不同，人工智能应用场景的不断拓展和应用程度的不断加深给全球治理带来的冲击不仅是巨大的，而且还可能是颠覆性的，由人类主导的全球治理体系和全球治理秩序在未来可能面临被超人工智能颠覆的风险。人工智能虽然是人类设计和制造出来的。但是我们也不能忘了，人类在研发人工智能的同时，可能也正在制造危及我们人类未来的对手，对于人工智能技术发展到一定阶段后可能产生的危及全球治理体系和人类命运的技术风险等问题的担忧，必须引起我们的警觉。强人工智能的异化是人类无法控制的。超人工智能一旦出现，他们将会是自然人之外的另一类生命体，对于人类依据人类意志制定的法律和社会规则体系，他们将不会轻易接受并将提出重新制定法律和社会规则的要求，并且那时的人工智能可能已经进入超人工智能时代，拥有比人类强大很多倍的力量，且在生命周期上存在无限延续的可能。可以设想，如果真的出现这种情况，人类的地位将会从地球的主导力量变成等同于今天自然界中的动物一样的生物，人类中心时代可能会被人工智能中心时代所取代，现有的地球秩序和人类命运将会遭遇颠覆性甚至是毁灭性的打击。

因此，在人工智能未来可能会引发人类主导的全球治理秩序失序其至是被颠覆的全球治理风险面前，拥有人工智能技术优势的发达国家和人工智能技术发展滞后的发展中国家彼此在命运上是休戚与共的。在依然由人类来主导全球治理秩序的情况下，拥有人工智能技术优势的发达国家通过对发展中国家实施人工智能技术霸权和人工智能规则霸权，可以达到将其国家利益最大化的目标。但一旦人工智能取代人类成为未来全球治理秩序的主导者，发达国家与发展中国家都将面临巨大的风险考验。为此，面对可能会出现的强人工智能的异化和超人工智能所引发的全球治理秩序失序或被颠覆的可能，发达国家不仅要停止其在与广大发展中国家的经济和社会交往时所实施的技术霸权和规则霸权，而且还需要在人工智能技术标准的制定和应用规则的确立等方面与广大发展中国家进行积极的对话与合作，以共同抵制人工智能的深度应用可能引发的危及全球治理体系和人类命运的风险，推动建设相互尊重、公平正义、合作共赢的新型国际关系，构建人类命运共同体。

4.积极贡献中国智慧和中国方案，充分发挥中国在人工智能时代人类命运共同体构建中的重要作用

中国作为联合国安理会的五大常任理事国之一，是一个负责任的大国，和平共处五项原则是我国外交的基本原则，倡导建立公平公正的国际政治经济新秩序是我国参与全球治理的一贯主张。"有鉴于此，基于人工智能在中国国内全面和深度发展的客观现实，中国需要进一步推动人工智能优化并使其尽可能服务于国家发展和社会进步。而且，作为新兴大国率先垂范，还应当就人工智能的科学应用、合理推广为世界尤其是发展中国家提供良好范本，一是积极推动国家人工智能治理体系的建立和完善，二是搭建人工智能治理国际合作平台，确立在人工智能治理国际合作中的合理定位，为全球人工智能治理贡献中国智慧。"①

---

① 巩辰.全球人工智能治理："未来"到来与全球治理新议程[J].国际展望,2018(5):49-50.

参考文献

一、学术专著

［1］克里斯托弗·斯坦纳.算法帝国［M］.李筱莹,译.北京:人民邮电出版社,2014.

［2］库兹韦尔.如何创造思维:人类思想所揭示出的奥秘［M］.盛杨燕,译.杭州:浙江人民出版社,2014.

［3］克里斯多夫·库克里克.微粒社会［M］.黄昆,夏柯,译.北京:中信出版社,2018.

［4］劳伦斯·莱斯格.代码2.0:网络空间中的法律［M］.李旭,沈伟伟,译.北京:清华大学出版社,2009.

［5］马丁·福特.机器人时代［M］.王吉美,牛筱萌,译.北京:中信出版社,2015.

［6］尼古拉·尼葛洛庞帝.数字化生存［M］.胡泳,范海燕,译.海口:海南出版社,1997.

［7］乔治·扎卡达基斯.人类的终极命运［M］.陈朝,译.北京:中信出版社,2017.

［8］史蒂夫·萨马蒂诺.碎片化时代:重新定义互联网+商业新常态［M］.念昕,译.北京:中国人民大学出版社,2015.

［9］陈威如,余卓轩.平台战略:正在席卷全球的商业模式革命［M］.北京:中信出版社,2013.

［10］陈兴良.刑法哲学［M］.北京：中国政法大学出版社，2009.

［11］高奇琦.人工智能：驯服赛维坦［M］.上海：上海交通大学出版社，2018.

［12］郭卫斌，杨建国.计算机导论［M］.上海：华东理工大学出版社，2012.

［13］王勇，戎珂.平台治理：在线市场的设计、运营与监管［M］.北京：中信出版集团，2018.

［14］徐晋.平台经济学：平台竞争的理论与实践［M］.上海：上海交通大学出版社，2007.

［15］徐恪，李沁.算法统治世界：智能经济的隐形秩序［M］.北京：清华大学出版社，2017.

［16］于凤霞.平台经济：新商业 新动能 新监管［M］.北京：电子工业出版社，2020.

［17］周学峰，李平.网络平台治理与法律责任［M］.北京：中国法制出版社，2018.

二、期刊论文

［1］陈宝胜，刘伟.公共政策议程研究的成果、限度与发展走向［J］.江西社会科学，2013（4）.

［2］陈鹏.智能治理时代的政府：风险防范和能力提升［J］.宁夏社会科学，2019（1）.

［3］戴长征，鲍静.数字政府治理：基于社会形态演变进程的考察［J］.中国行政管理，2017（9）.

［4］董立人.人工智能发展与政府治理创新研究［J］.天津行政学院学报，2018（3）.

［5］杜严勇.论机器人权利［J］.哲学动态，2015（8）.

［6］段伟文.人工智能时代的价值审度与伦理调适［J］.中国人民大学学

报,2017(6).

[7]高奇琦,李松.从功能分工到趣缘合作:人工智能时代的职业重塑[J].上海行政学院学报,2017(6).

[8]高奇琦,张结斌.社会补偿与个人适应:人工智能时代失业问题的两种解决[J].江西社会科学,2017(10).

[9]高奇琦,张鹏.论人工智能对未来法律的多方位挑战[J].华中科技大学学报(社会科学版),2018(1).

[10]何哲.人工智能时代的政府适应与转型[J].行政管理改革,2016(8).

[11]黄时进.重塑空间:大数据对新城市社会学的空间转向再建构[J].安徽师范大学学报(人文社会科学版),2018(4).

[12]黄欣荣.人工智能热潮的哲学反思[J].上海师范大学学报(哲学社会科学版),2018(4).

[13]李国山.人工智能与人类智能:两套概念,两种语言游戏[J].上海师范大学学报(哲学社会科学版),2018(4).

[14]马援.马克思主义世界交往理论及实践与当代人类命运共同体的建构[J].世界社会主义研究,2019(4).

[15]汝绪华.算法政治:风险、发生逻辑与治理[J].厦门大学学报(哲学社会科学版),2018(6).

[16]涂永前.人工智能、就业与我国劳动政策法制的变革[J].河南财经政法大学学报,2018(1).

[17]王肃之.人工智能犯罪的理论与立法问题初探[J].大连理工大学学报(社会科学版),2018(4).

[18]叶欣.私法上自然人法律人格之解析[J].武汉大学学报(哲学社会科学版),2011(6).

[19]余成峰.法律的"死亡":人工智能时代的法律功能危机[J].华东政法大学学报,2018(2).

[20]张劲松.人是机器的尺度:论人工智能与人类主体性[J].自然辩证法研究,2017(1).